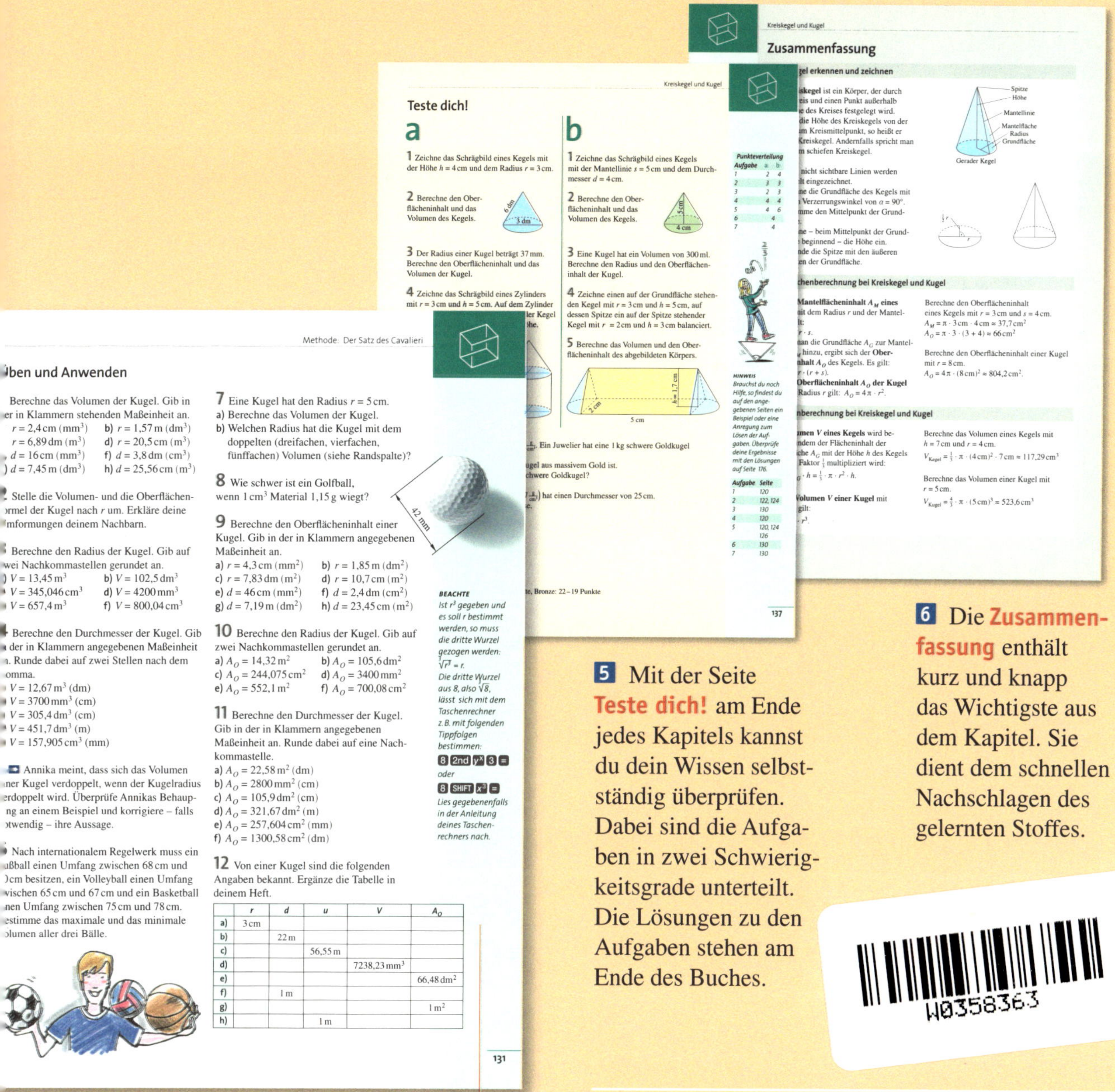

Üben und Anwenden

Berechne das Volumen der Kugel. Gib in der in Klammern stehenden Maßeinheit an.

7 Eine Kugel hat den Radius $r = 5\,cm$.
a) Berechne das Volumen der Kugel.
b) Welchen Radius hat die Kugel mit dem doppelten (dreifachen, vierfachen, fünffachen) Volumen (siehe Randspalte)?

8 Wie schwer ist ein Golfball, wenn $1\,cm^3$ Material 1,15 g wiegt?

9 Berechne den Oberflächeninhalt einer Kugel. Gib in der in Klammern angegebenen Maßeinheit an.

10 Berechne den Radius der Kugel. Gib auf zwei Nachkommastellen gerundet an.

11 Berechne den Durchmesser der Kugel. Gib in der in Klammern angegebenen Maßeinheit an. Runde dabei auf eine Nachkommastelle.

12 Von einer Kugel sind die folgenden Angaben bekannt. Ergänze die Tabelle in deinem Heft.

	r	d	u	V	A_O
a)	3 cm				
b)		22 m			
c)			56,55 m		
d)				7238,23 mm³	
e)					66,48 dm²
f)		1 m			
g)					1 m²
h)			1 m		

5 Mit der Seite **Teste dich!** am Ende jedes Kapitels kannst du dein Wissen selbstständig überprüfen. Dabei sind die Aufgaben in zwei Schwierigkeitsgrade unterteilt. Die Lösungen zu den Aufgaben stehen am Ende des Buches.

6 Die **Zusammenfassung** enthält kurz und knapp das Wichtigste aus dem Kapitel. Sie dient dem schnellen Nachschlagen des gelernten Stoffes.

129-1

Multimediales Zusatzangebot über Webcode im Internet:

1. Webseite **www.cornelsen.de/zahlen-und-groessen** aufrufen
2. Buchkennung eingeben: **MZG001152**
3. Mediencode eingeben: z. B. 129-1

Auf der Randspalte stehen beispielsweise interessante zusätzliche Informationen, Hinweise, Beispiele und Knobelaufgaben.

Die Farbe der Randspalte und die obere Buchecke stehen für einen bestimmten Bereich in der Mathematik: Arithmetik/Algebra (Blau), Funktionen (Rot), Geometrie (Grün), Stochastik (Gelb).

Was bietet das Buch noch?

Die **Themenseiten** enthalten Interessantes und Wissenswertes aus verschiedenen Lebensbereichen.

Auf den **Methodenseiten** lernst du z. B. den Umgang mit Werkzeugen oder Formen der Gruppenarbeit. Vielfach musst du Probleme lösen, Rechenwege erkunden und erklären, im Internet recherchieren oder eigene Arbeiten präsentieren.

In jedem Kapitel findest du unter den **Vermischten Übungen** weitere Aufgaben zu den Lerneinheiten des gesamten Kapitels.

Zahlen und Größen 9

Brandenburg

Herausgegeben von Reinhold Koullen
Udo Wennekers

unter Mitarbeit
der Verlagsredaktion

Beraterinnen Gabriele Nennmann, Oranienburg
Cornelia Steinbeck, Herzfelde

Cornelsen

Herausgeber:
Reinhold Koullen, Udo Wennekers

Erarbeitet von:
Ilona Gabriel, Vincent Hammel, Ines Knospe, Reinhold Koullen, Dr. Günter Ruprecht, Udo Wennekers

Redaktion: Viola Wilhelm
Illustration: Roland Beier
Technische Zeichnungen: Christian Görke, Ulrich Sengebusch
Bildredaktion: Peter Hartmann
Gestaltung und technische Umsetzung: CMS – Cross Media Solutions GmbH, Würzburg
Umschlag- und Vorsatzgestaltung: Wolfgang Lorenz, Hans Herschelmann

Begleitmaterialien zum Lehrwerk

für Schülerinnen und Schüler		*für Lehrerinnen und Lehrer*	
Arbeitsheft 9	978-3-06-001155-3	Lösungsheft 9	978-3-06-001153-7
Orientierungswissen kompakt 9	978-3-06-001162-9	Kopiervorlagen 9	978-3-06-001154-4

www.cornelsen.de

Unter der folgenden Adresse befinden sich multimediale Zusatzangebote für die Arbeit mit dem Schülerbuch:
www.cornelsen.de/zahlen-und-groessen
Die Buchkennung ist **MZG001152**.

1. Auflage, 1. Druck 2010

Alle Drucke dieser Auflage sind inhaltlich unverändert und können im Unterricht nebeneinander verwendet werden.

Druck: CS-Druck CornelsenStürtz, Berlin

ISBN 978-3-06-001152-0

Inhalt gedruckt auf säurefreiem Papier aus nachhaltiger Forstwirtschaft.

Inhalt

5 Rechnen mit reellen Zahlen und Wurzeln

27 Quadratische Funktionen

61 Gleichungen lösen

85 Zufall und Wahrscheinlichkeiten

Kreiskegel und Kugel

139

Anwendungen

Anhang

Rechnen mit reellen Zahlen und Wurzeln

Du kennst bereits natürliche Zahlen, ganze Zahlen und rationale Zahlen. Alle diese Zahlen sind bestimmten Punkten auf der Zahlengeraden zugeordnet. Es gibt aber auch Punkte auf der Zahlengeraden, denen man keine rationale Zahl zuordnen kann. Zu diesen Zahlen gehören z. B. viele Wurzeln.

Noch fit?

1 Berechne den Wert der Terme.

a) $4x + 15$ für $x = 2{,}5$
b) $12 - 1{,}5x$ für $x = 6$
c) $2x + 18y$ für $x = 4$ und $y = 3$
d) $7x + 5y$ für $x = 3$ und $y = 5$
e) $x + 10y$ für $x = 9$ und $y = 1{,}5$
f) $20 - 8x - 12y$ für $x = 2$ und $y = 0{,}5$

2 In einem Rechteck ist die Seite a doppelt so lang wie die Seite b. Der Flächeninhalt des Rechtecks beträgt $50\,\text{cm}^2$.
Wie lang sind die Seiten a und b?

3 Berechne die fehlende Größe des Kreises.

	Radius r	Durchmesser d	Umfang u	Flächeninhalt A
a)	5 cm			
b)		8 cm		
c)			12 dm	
d)				115,5

4 Berechne.

a) $\sqrt{64}$ b) $\sqrt{144}$ c) $\sqrt[3]{512}$ d) $\sqrt{361}$ e) $\sqrt{676}$ f) $\sqrt{225}$
g) $\sqrt[3]{1728}$ h) $\sqrt{1{,}69}$ i) $\sqrt[3]{0{,}7}$ j) $\sqrt{1024}$ k) $\sqrt{441}$ l) $\sqrt[3]{1\,000\,000}$

5 Schreibe als Zehnerpotenz.

a) Zehntausend b) 10 Billionen c) 0,1 Billarden d) 0,01 Milliarden
e) 1 Milliarde f) $\frac{1}{100\,000}$ g) $\frac{1}{1000}$ h) 100 Millionen

6 Schreibe in der in Klammern angegebenen Einheit.

a) 600 000 000 mm (km) b) 0,000 125 5 km (cm) c) $8{,}7\,\text{cm}^2$ (km^2)
d) $9\,\text{km}^2$ (mm^2) e) $15\,300\,\text{m}^2$ (ha) f) 75 000 g (t)
g) 0,3963 kg (mg) h) $5\,\text{m}^3$ (cm^3) i) 25 ml (l)

7 Vereinfache die Terme durch Ausklammern.

a) $ab + ac + a^2bc - ab^2$ b) $48x^2y + 60xyz + 96x^2y^2$ c) $15ab + 30ac + 9abc$
d) $88uvw + 56u^2v - 72u^2v^2$ e) $3{,}5a^2b^2 - 7a^2b$ f) $-\frac{1}{2}xyz - \frac{5}{12}x^2z + \frac{11}{2}x^2yz$

8 Schreibe mit Variablen. Löse dann die Klammern auf und fasse zusammen.

a) das Produkt aus der Summe und der Differenz zweier beliebiger natürlicher Zahlen
b) das Produkt aus dem Vorgänger und dem Nachfolger einer beliebigen natürlichen Zahl

Kurz und knapp

1. Die Kantenlängen eines Würfels werden verdreifacht. Welche Auswirkungen hat diese Änderung auf sein Volumen und seine Oberfläche?
2. Wie viele Steine mit quadratischer Grundfläche und 10 cm Kantenlänge benötigt man, um einen Weg, der 1,70 m breit und 15 m lang ist, zu pflastern?
3. Ein Rechteck ist 50 cm lang und 30 cm breit. Welche Seitenlänge hat ein flächengleiches Quadrat?
4. Ein Quader ist 6 cm lang, 5 cm breit und 10 cm hoch. Welche Seitenlänge hat ein Würfel mit dem gleichen Volumen?

Rechnen mit Quadratwurzeln

Erforschen und Entdecken

1 Timo und Annika diskutieren darüber, wie man mit Quadratwurzeln rechnet. Sie betrachten als erstes die Subtraktion.

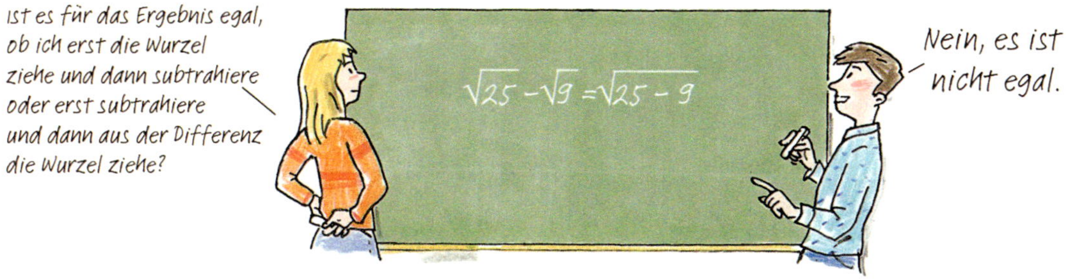

a) Timo versucht Annika zu erklären, wie man Wurzeln subtrahiert. Überprüfe anhand von mehreren Beispielwerten, ob Timos Aussage stimmt.

b) Überprüfe die gleichen Rechenschritte für die Addition, Multiplikation und Division. Formuliere jeweils einen Merksatz.

2 Ordne den Wurzeltermen die passenden Lösungen zu.

$\sqrt{9} + \sqrt{16}$ $\sqrt{9 \cdot 16}$ $\sqrt{64 - 49}$ $\sqrt{\frac{16}{4}}$ $\sqrt{9 + 16}$ $\frac{\sqrt{16}}{\sqrt{4}}$ $\sqrt{49 - 36}$ $\sqrt{49} - \sqrt{36}$ $\sqrt{9} \cdot \sqrt{16}$

$\sqrt{15}$ 12 5 2 1 7 2 12 $\sqrt{13}$

3 Ein quadratischer Spielplatz hat eine Fläche von $961\,\text{m}^2$. Er liegt an einer Kreuzung und soll ringsherum eingezäunt werden.
Wie viel Meter Zaun werden benötigt, wenn 4 Meter für eine Einfahrt frei bleiben sollen?

a) Berechne den Preis für den Zaun bei 22 € pro Meter.

b) An der Kreuzung wurde überall ein gleich breiter Fuß- und Radweg hinzugefügt. Dadurch ist das Grundstück nur noch $841\,\text{m}^2$ groß. Wie viel Meter Zaun werden nur noch benötigt? Fertige zunächst eine Skizze an.

c) Ein Schüler notiert zu Aufgabenteil b): $\sqrt{841} = 29 \cdot 4 = 116 - 4 = 112$.
Erkläre deinem Partner die Rechenschritte.
Korrigiere die Schreibweise und begründe.

4 Löse die folgenden Aufgaben mit Hilfe der in Aufgabe 1 formulierten Merksätze.

a) $\sqrt{9} + \sqrt{4}$ b) $\sqrt{3} \cdot \sqrt{12}$ c) $\frac{\sqrt{125}}{\sqrt{5}}$

d) $\sqrt{36 - 11}$ e) $\sqrt{3} \cdot \sqrt{27}$ f) $\sqrt{16} - \sqrt{9}$

Lesen und Verstehen

In einem Mofa-Kurs erklärt eine Verkehrspolizistin den Schülern anhand eines Films, wie ein Mofa-Fahrer durch rechtzeitiges Bremsen einen Zusammenstoß hätte verhindern können. Der Bremsweg des Mofas betrug 4 Meter.
Aus dem Bremsweg s kann die Polizei mit Hilfe der Formel $v^2 = s \cdot 100$ auf die gefahrene Geschwindigkeit v schließen.

Rechnung der Schülerinnen und Schüler:
$v^2 = 4 \cdot 100$
$v^2 = 400$
$v = \sqrt{400}$
$v = 20$

Vereinfachte Rechnung der Polizistin:
$v^2 = 4 \cdot 100$
$v = \sqrt{4} \cdot \sqrt{100}$
$v = 2 \cdot 10$
$v = 20$

Für das Rechnen mit Quadratwurzeln gibt es Rechengesetze. Die Anwendung dieser Gesetze vereinfacht das Rechnen mit Wurzeltermen.

Beim **Addieren (Subtrahieren)** von Quadratwurzeln darf man die Radikanden nicht addieren (subtrahieren).

Beim **Multiplizieren (Dividieren)** von Quadratwurzeln darf man die Radikanden multiplizieren (dividieren).

BEISPIEL 1

$\sqrt{9} + \sqrt{16} = 3 + 4 = 7$ 9 [√] [+] 16 [√] [=]
aber:
$\sqrt{9 + 16} = \sqrt{25} = 5$ [(] 9 [+] 16 [)] [√] [=]

$\sqrt{a} \cdot \sqrt{a} = \sqrt{a \cdot a} = \sqrt{a^2} = a$

$\sqrt{a} \cdot \sqrt{b} = \sqrt{a \cdot b}$

$\sqrt{3} \cdot \sqrt{12} = \sqrt{3 \cdot 12} = \sqrt{36} = 6$

[(] 3 [×] 12 [)] [√]

Gleiche Radikanden dürfen mit dem Distributivgesetz zusammengefasst werden.

BEISPIEL 2

$5\sqrt{6} - 2\sqrt{6} = (5 - 2) \cdot \sqrt{6}$
$= 3\sqrt{6} \approx 7{,}35$ 3 [×] 6 [√] [=]

Üben und Anwenden

AUFGEPASST
Quadriert man ein Produkt, so wird jeder Faktor quadriert.

BEISPIEL
$(ab)^2 = a^2b^2$
$(2 \cdot 3)^2 = 2^2 \cdot 3^2$

1 Berechne, ohne den Taschenrechner zu benutzen.
Beachte die Randspalte.
a) $(\sqrt{64})^2$ b) $(-\sqrt{37})^2$
c) $\sqrt{8{,}5^2}$ d) $(\sqrt{0{,}00125})^2$
e) $(2\sqrt{7})^2$ f) $4\sqrt{0{,}5^2}$
g) $7\sqrt{3{,}1^2}$ h) $(-5\sqrt{12})^2$

2 Berechne mit dem Taschenrechner. Runde auf zwei Stellen nach dem Komma.
a) $\sqrt{3{,}1}$ b) $\sqrt{21} : \sqrt{7}$
c) $\sqrt{0{,}045} - \sqrt{0{,}09}$ d) $\sqrt{300} : \sqrt{4{,}1}$
e) $\sqrt{3{,}69} \cdot 1{,}45$ f) $7{,}59 \cdot \sqrt{2{,}67}$
g) $431{,}9 + \sqrt{7394{,}1}$ h) $\sqrt{8{,}9} - \sqrt{1{,}8}$
i) $\sqrt{2{,}9} \cdot \sqrt{3{,}1}$ j) $\sqrt{0{,}3} + \sqrt{1{,}8}$

3 Rechne vorteilhaft.

a) $\sqrt{252} : \sqrt{7}$ b) $\sqrt{75} : \sqrt{3}$ c) $\sqrt{45} : \sqrt{5}$
d) $\sqrt{288} : \sqrt{2}$ e) $\sqrt{3{,}2} : \sqrt{0{,}2}$ f) $\sqrt{24} : \sqrt{6}$

4 Berechne wie im Beispiel.

BEISPIEL $\sqrt{12} = \sqrt{4 \cdot 3} = 2\sqrt{3}$

a) $\sqrt{44}$ b) $\sqrt{72}$ c) $\sqrt{45}$
d) $\sqrt{200}$ e) $\sqrt{320x}$ f) $\sqrt{294x^2y}$
g) $\sqrt{\frac{12}{180x^2}}$ h) $\sqrt{\frac{16}{17}}$ i) $\sqrt{\frac{xy^2}{13}}$

5 Vereinfache und berechne wenn möglich.

a) $\sqrt{\frac{1}{4}} : \sqrt{4}$ b) $\sqrt{20x^2} : \sqrt{\frac{1}{32}x^2}$
c) $\sqrt{972z} : \sqrt{12z}$ d) $\sqrt{16xy} : \sqrt{64xy + 8xy}$
e) $\sqrt{9x} : \sqrt{441xz}$ f) $\sqrt{a^2 - b^2} : \sqrt{a - b}$

6 Fasse die Terme zusammen und berechne. Runde die Ergebnisse auf zwei Stellen nach dem Komma.

a) $4\sqrt{8} - 6\sqrt{8} + 3\sqrt{8}$
b) $7\sqrt{3} + \sqrt{3} - 5\sqrt{3}$
c) $\frac{1}{3}\sqrt{11} - \frac{3}{6}\sqrt{11} + \frac{1}{2}\sqrt{11}$
d) $0{,}2\sqrt{7} - 0{,}4\sqrt{7} + 1{,}5\sqrt{7}$

7 Anna und Stefan wollen ihre Reaktionszeit messen. Dazu lässt einer der beiden ein Lineal fallen, das der andere auffangen soll. Ihre Reaktionszeit t lässt sich annähernd mit Hilfe der Faustformel $t = \sqrt{s} : \sqrt{5}$ berechnen. Die Variable s beschreibt die Fallstrecke des Lineals.

a) Im ersten Versuch fängt Anna das Lineal, nachdem es 22 cm gefallen ist, auf. Welche Reaktionszeit hat Anna demnach?
b) Im zweiten Versuch fängt Stefan das Lineal mit einer Reaktionszeit von 0,22 s auf. Welche Fallstrecke hat das Lineal zurückgelegt.
c) Wie bewertest du die Reaktionszeiten aus a) und b)? Beachte die Tabelle.

Zeit in s	Bewertung der Reaktionszeit
0,125	du liest Gedanken
0,144	rasend schnell
0,161	ausgezeichnet
0,177	sehr gut
0,191	gut
0,204	mehr als genügend

8 Was fällt dir auf?

a) Berechne.
$(\sqrt{9})^2$; $\sqrt{9^2}$; $\sqrt{14^2}$; $(\sqrt{14})^2$
b) Vergleiche.
$(\sqrt{6})^2$; $\sqrt{6^2}$; $(\sqrt{-6})^2$; $\sqrt{(-6)^2}$
c) Wie würdest du vorgehen, um $(\sqrt{5})^2$ zu berechnen?

9 Viele Taschenrechner verfügen über ein „Natural display". Damit werden z. B. Brüche und Quadratwurzeln auf die gleiche Weise eingegeben und angezeigt, wie sie in einem Mathematikbuch erscheinen.

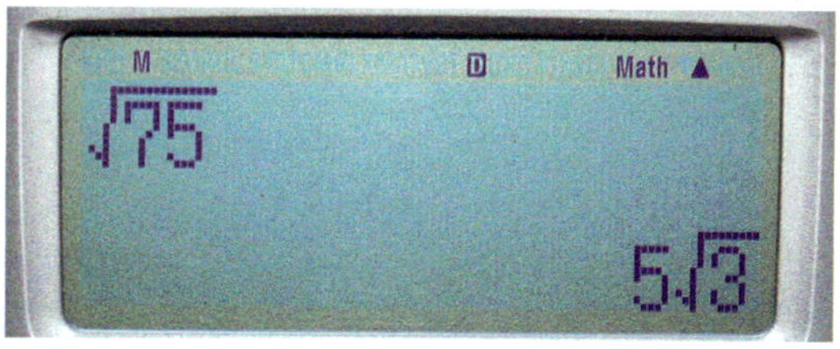

a) Gibt man $\sqrt{75}$ ein, zeigt der Rechner $5\sqrt{3}$ an. Finde eine mathematische Erklärung, warum der Taschenrechner die Eingabe wie im Bild umwandelt.
b) Überprüfe, ob $2\sqrt{6} = \sqrt{24}$ ist. Finde eine Erklärung.
c) Erfinde weitere Aufgaben dieser Art. Lass dir deine Aufgaben von deinem Partner erklären und umgekehrt.

10 Ein Rechteck soll in ein flächengleiches Quadrat umgewandelt werden. Welche Seitenlänge hat das Quadrat?

a) $a = 24\,\text{m}$; $b = 6\,\text{m}$
b) $A = 90{,}25\,\text{m}^2$; $b = 50\,\text{cm}$
c) $a = 700\,\text{cm}$; $b = 28\,\text{m}$
d) $a = 0{,}27\,\text{m}$; $A = 8\,100\,\text{cm}^2$

11 Welches Zeichen (= oder ≠) musst du einsetzen, wenn $a, b > 0$ sind? Gib jeweils ein Beispiel oder ein Gegenbeispiel an.

a) $(\sqrt{a})^2 \; \square \; \sqrt{a^2}$ b) $(-\sqrt{b})^2 \; \square \; \sqrt{b^2}$
c) $(-\sqrt{a})^2 \; \square \; -a$ d) $((\sqrt{a})^2)^2 \; \square \; a^2$

12 Begründe oder widerlege die Aussage. Die Summe der Quadratwurzel zweier Zahlen ergibt den gleichen Wert wie die Quadratwurzel der Summe dieser beiden Zahlen.

HINWEIS
Lässt sich ein Radikand so in ein Produkt zerlegen, dass mindestens ein Faktor eine Quadratwurzel hat, so lässt sich teilweise die Wurzel ziehen. Dieses Verfahren wird auch teilweises (partielles) Wurzelziehen genannt.

13 Bei welchen Zahlen ergibt das Wurzelziehen wieder die gleiche Zahl?

14 Vereinfache wie im Beispiel.

BEISPIEL $\sqrt{4x+4y} = \sqrt{4(x+y)} = 2\sqrt{x+y}$

a) $\sqrt{16x-16y}$ b) $\sqrt{9xy+9xy}$
c) $\sqrt{12m+24n}$ d) $\sqrt{20x^2-32x^2y}$
e) $\sqrt{63xy-27xy}$ f) $\sqrt{16x^2y^2+56x^2y^2}$

ZUM KNOBELN
Ein Mann sagte: „Ich bin x Jahre alt im Jahre x^2 des 20. Jahrhunderts.“ Wann wurde der Mann geboren? Haben Menschen im 21. Jahrhundert die Chance, einen ähnlichen Satz zu sagen?

15 Fasse die Terme zusammen und ziehe die Wurzel.
Benutze keinen Taschenrechner.

a) $\sqrt{4}+2\sqrt{4}$ b) $2\sqrt{25}+3\sqrt{25}$
c) $\sqrt{9}\cdot\sqrt{16}$ d) $5\sqrt{x^2}-2\sqrt{x^2}$
e) $\sqrt{5}\cdot\sqrt{45}$ f) $\sqrt{2x}\cdot\sqrt{18x}$
g) $\frac{\sqrt{196}}{\sqrt{4}}$ h) $\frac{\sqrt{196}}{\sqrt{4}}+\sqrt{9}$

16 Forme in einfache Terme um.

a) $\frac{\sqrt{28x}}{\sqrt{28y}}$ b) $\frac{\sqrt{19xy}}{\sqrt{32xy}}$
c) $\frac{\sqrt{63xy-27xy}}{\sqrt{x}}$ d) $\frac{\sqrt{81x^2-32x^2}}{5x}$
e) $\frac{\sqrt{13xy}}{\sqrt{260xz}}$ f) $\frac{\sqrt{16x^2y^2-4x^2y^2}}{\sqrt{56x^2y^2+8x^2y^2}}$

17 Warum ist $\sqrt{25}-\sqrt{9}$ nicht gleich $\sqrt{25-9}$? Begründe.
Finde eine ähnliche Aufgabe, die dann dein Tischnachbar begründen soll.

18 In den Taschenrechner mit „Natural Display“ wird in die obere Zeile die Aufgabe eingetippt. Unten rechts erscheint das Ergebnis.

a) Erkläre, wie der Taschenrechner zu diesen Ergebnissen kommt.

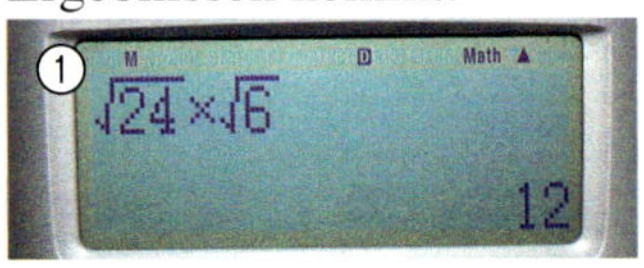

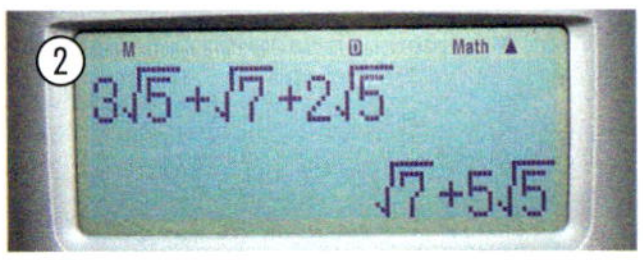

b) Stelle alle Zwischenschritte des Rechenwegs dar und beschreibe sie.

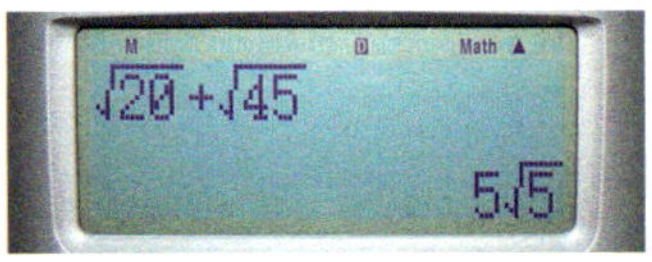

19 Zahlenmauern

a) Überprüfe, ob die Zahlenmauern richtig ausgefüllt sind. Korrigiere, wenn nötig, und vervollständige sie im Heft.

① Additionsmauer

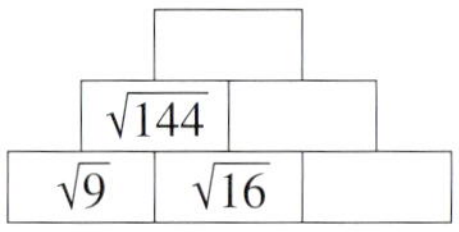

② Multiplikationsmauer

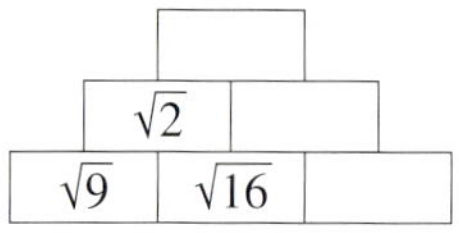

③ Subtraktionsmauer

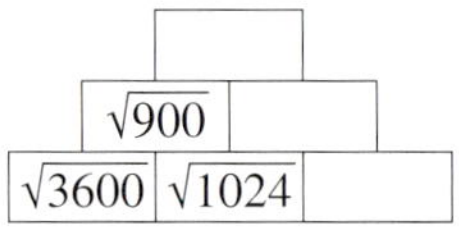

④ Additionsmauer

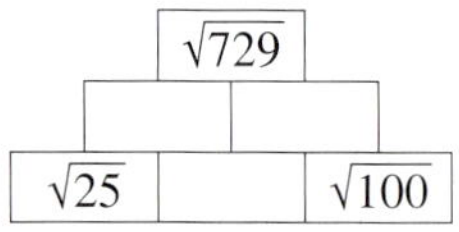

b) Erstelle zu ①, ②, ③ und ④ jeweils zwei weitere Zahlenmauern mit Wurzelzeichen.

c) Beschreibt, wie ihr vorgegangen seid. Notiert eure Ergebnisse und Vermutungen auf einem Plakat oder einer Folie.

20 Rechne vorteilhaft.

BEISPIEL $\sqrt{2}\cdot\sqrt{8} = \sqrt{2\cdot 8} = \sqrt{16} = 4$

a) $\sqrt{5}\cdot\sqrt{20}$ b) $\sqrt{6}\cdot\sqrt{24}$ c) $\sqrt{8}\cdot\sqrt{32}$
d) $\sqrt{5}\cdot\sqrt{45}$ e) $\sqrt{6}\cdot\sqrt{54}$ f) $\sqrt{8}\cdot\sqrt{98}$

21 Aus einem Produkt kann man die Wurzel ziehen, indem man aus jedem Faktor die Wurzel zieht. Berechne wie im Beispiel.

BEISPIEL $\sqrt{400} = \sqrt{4\cdot 100} = \sqrt{4}\cdot\sqrt{100}$
$= 2\cdot 10 = 20$

a) $\sqrt{900}$ b) $\sqrt{8100}$ c) $\sqrt{62\,500}$
d) $\sqrt{0{,}09}$ e) $\sqrt{0{,}36}$ f) $\sqrt{1{,}21}$

22 Lässt man einen Stein von einem Turm fallen, so kann man anhand seiner Fallzeit die annähernde Turmhöhe mit der Faustformel $s = 5t^2$ bestimmen. Dabei ist s die Höhe in m und t die Zeit in s.
Berechne die Turmhöhe.

a) $t = 3\,\text{s}$ b) $t = 6{,}5\,\text{s}$ c) $t = 11\,\text{s}$

23 Kennt man die Höhe eines Turms, so kann man berechnen, wie lange ein Stein, den man vom Turm fallen lässt, fällt. Berechne mit der Faustformel $t^2 = \frac{s}{5}$ (t = Zeit in s, s = Höhe in m) die annähernde Fallzeit.

a) $s = 20\,\text{m}$ b) $s = 85\,\text{m}$ c) $s = 250\,\text{m}$

Intervallschachtelung und irrationale Zahlen

Erforschen und Entdecken

1 Tische sind oft auch Gegenstände der Kunst.
Der italienische Designer Emilio Bergamin fertigte zum Beispiel modern-avantgardistische Klapptische an. Neben der interessanten Form bieten solche Tische zusätzlich viel Platz.
Bildet 3er-Gruppen und untersucht, wie sich die Tischfläche verändert, wenn man die Tischplattenteile ausklappt. Stellt dazu aus Papier (Tapete) ein Tischmodell her.

a) Welche Fläche hat die Tischplatte vorher bzw. nachher?
b) Wie lang ist die Seite k des ausgeklappten Tisches ungefähr? (Tipp: Zwischen welchen beiden natürlichen Zahlen liegt die Seitenlänge des ausgeklappten Tisches?)
c) Versucht, die Seitenlänge auf eine Nachkommastelle genau abzuschätzen. Prüft nach.
d) Gebt die Seitenlänge in den Taschenrechner ein. Was rechnet der Taschenrechner aus? Prüft mit Hilfe der Umkehroperation.

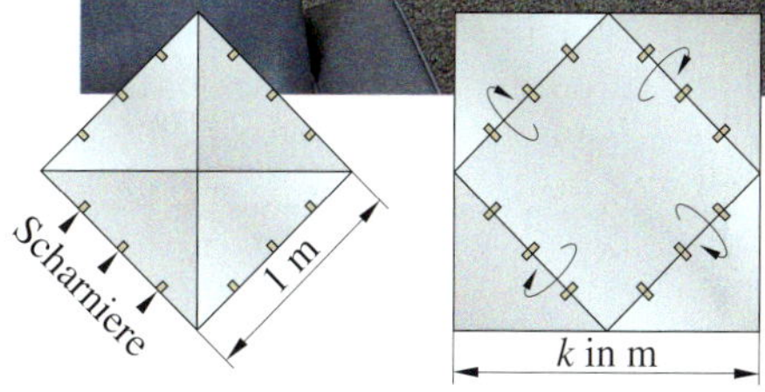

BEACHTE
Nutze zum Lösen der Aufgabe die beiden Zeichnungen zum Tisch.

2 Im Buch „Der Zahlenteufel“ erklärt dieser, dass „unvernünftige Zahlen […] hinter ihrem Komma völlig verrückt spielen“ (S. 75). Lest den Text mit verteilten Rollen. Führt ein Unterrichtsgespräch über den Traum. Findet in Partnerarbeit Antworten auf die Fragen.

Also: Rettich aus hundert ist zehn, Rettich aus zehntausend ist hundert. Und was ist Rettich aus fünfundzwanzig?
– Fünfundzwanzig, sagte Robert, ist fünf mal fünf. Also ist fünf der Rettich aus fünfundzwanzig.
– Wenn das so weitergeht, Robert, wirst du noch eines Tages mein Zauberlehrling. Rettich aus vier?
– Rettich aus vier ist zwei.
– Rettich aus 5929?
– Du spinnst ja, schrie Robert. Jetzt war er es, der die Fassung verlor. Wie soll ich das denn ausrechnen? Du hast doch selber gesagt, Rechnen sei nur was für Idioten. Damit werden wir schon in der Schule geplagt, davon brauche ich nicht auch noch zu träumen.
– Immer mit der Ruhe, sagte der Zahlenteufel. Für solche kleinen Probleme haben wir doch unsern Taschenrechner.
– Taschenrechner ist gut, meinte Robert. Das Ding ist ja so groß wie ein Sofa.
– Jedenfalls hat es eine Taste, auf der steht:

$\sqrt{}$

Du siehst sicher sofort, was das bedeutet.
– Rettich, rief Robert.
– Korrekt. Also probier mal:

$\sqrt{5929} =$

Robert probierte es, und sofort erschien die Lösung auf der Sofalehne:

77

– Wunderbar. Aber jetzt kommt's! Drücke bitte $\sqrt{2}$, aber halte dich gut fest!
Robert tippte und las:

1,4142135623730950488016887 24…

– Entsetzlich, sagte er. Das gibt ja überhaupt keinen Sinn. Der reinste Zahlensalat. Ich blicke nicht mehr durch.
– Niemand blickt da durch, mein lieber Robert. Das ist es ja. Der Rettich aus zwei ist eben eine unvernünftige Zahl.
– Und woher soll ich wissen, wie sie weitergeht hinter den letzten drei Ziffern? Denn daß sie immer weitergeht, ahne ich schon.

HINWEIS
Quelle: H. M. Enzensberger: „Der Zahlenteufel“; Hanser, 1997, dtv, 1999.

a) Worum geht es im Dialog?
b) Was habt ihr verstanden und was ist noch unklar?
c) Welche weiteren Fragen ergeben sich?
d) Kann man $\sqrt{2}$ als Bruch schreiben?
e) Woran erkennt man, ob der „Rettich“ einer Zahl „unvernünftig“ ist?
f) Gibt es auch „unvernünftige“ Brüche?

Lesen und Verstehen

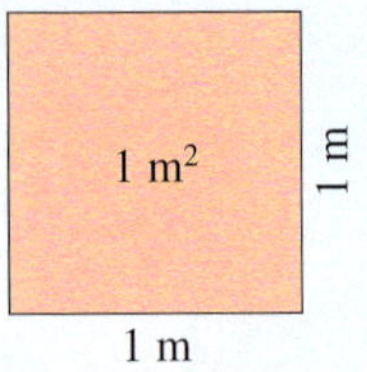

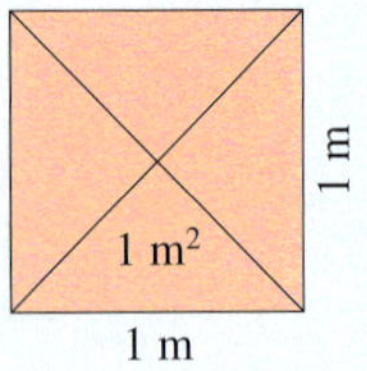

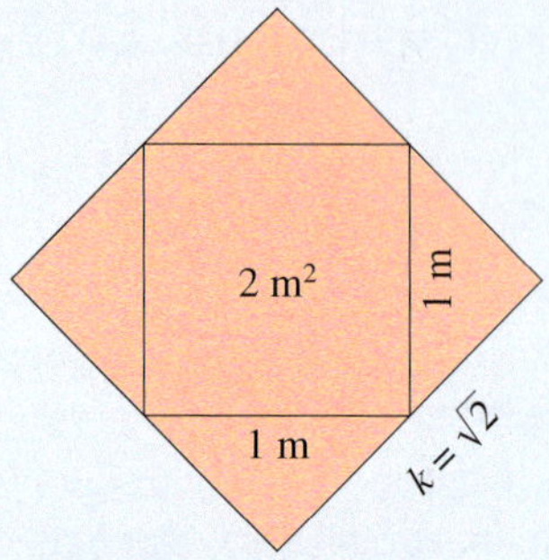

Alicia soll ein Quadrat mit dem Flächeninhalt von 2 m² herstellen und die Seitenlänge k möglichst genau angeben.
Alicia bastelt dieses Quadrat aus zwei Quadraten mit einem Flächeninhalt von 1 m². Die Seitenlänge des großen Quadrates muss $k = \sqrt{2}$ sein, da $k \cdot k = \sqrt{2} \cdot \sqrt{2} = 2$ ist.
Mit dem Zollstock misst Alicia eine Länge zwischen 1,41 m und 1,42 m.
Aber durch welchen Dezimalbruch wird $\sqrt{2}$ genau dargestellt?

Gesucht ist die Zahl k, die quadriert 2,0 ergibt, das heißt: für k^2 muss gelten, dass die letzte Ziffer eine 0 ist. Die letzte Ziffer von k kann aber nur 1, 2, …, 9 sein und keine dieser Ziffern ergibt beim Quadrieren eine 0 an letzter Stelle. k^2 kann an die Zahl 2,0 nur angenähert werden.

HINWEIS
Eine Zahl ist rational, wenn sie sich als Bruch (und somit als endlicher oder periodischer Dezimalbruch) schreiben lässt. Eine Zahl ist irrational, wenn sie sich nicht als Bruch darstellen lässt.

$\sqrt{2}$ kann nicht durch einen endlichen oder periodischen Dezimalbruch dargestellt werden. $\sqrt{2}$ ist demnach keine rationale Zahl. $\sqrt{2}$ ist eine von vielen **irrationalen Zahlen**. Irrationale Zahlen haben als Dezimalbruch unendlich viele Stellen nach dem Komma.

Mit der **Intervallschachtelung** können Quadratwurzeln aus Zahlen, die keine Quadratzahlen sind, wie z. B. $\sqrt{2}$ oder $\sqrt{3}$, beliebig genau angenähert werden.

	A	B	C	D	E	F	G	H	I	J	K	L	M	N	O
1	**Intervallschachtelung**			Wie groß ist		√2?									
2															
3	Intervalllänge		√2 liegt zwischen				Begründung								
4	1		1	und	2	weil	1²	=	1	<	2	<	4	=	2²
5	0,1		1,4	und	1,5	weil	1,4²	=	1,96	<	2	<	2,25	=	1,5²
6	0,01		1,41	und	1,42	weil	1,41²	=	1,9881	<	2	<	2,0164	=	1,42²
7	0,001		1,414	und	1,415	weil	1,414²	=	1,999396	<	2	<	2,002225	=	1,415²
8	0,0001		1,4142	und	1,4143	weil	1,4142²	=	1,999962	<	2	<	2,0002445	=	1,4143²
9	…		…		…		…		…				…		…

BEACHTE
Gesucht ist eine Zahl, die mit sich selbst multipliziert 2 ergibt. Also muss $\sqrt{2}$ zwischen 1 und 2 liegen. $1^2 = 1$ und $2^2 = 4$. Daher wird zunächst das Intervall von 1 bis 2 untersucht. Schrittweise wird die Intervalllänge verkleinert, um die gesuchte Zahl genauer einzugrenzen.

Eine **Intervallschachtelung** ist eine Folge von ineinander enthaltenen Intervallen. Die Intervalllängen kann man beliebig klein machen. Die Intervallschachtelung bestimmt genau eine Zahl, sie liegt in allen Intervallen.

Lassen sich irrationale Zahlen auch auf der Zahlengeraden finden?
Alicias Quadrat kann an die Zahlengerade angelegt werden. Aus der Zeichnung erkennt man, dass auch die Diagonalenlänge des Ausgangsquadrats $\sqrt{2}$ ist. Durch Abtragen dieser Länge auf der Zahlengeraden erhalten wir den Punkt für $\sqrt{2}$.

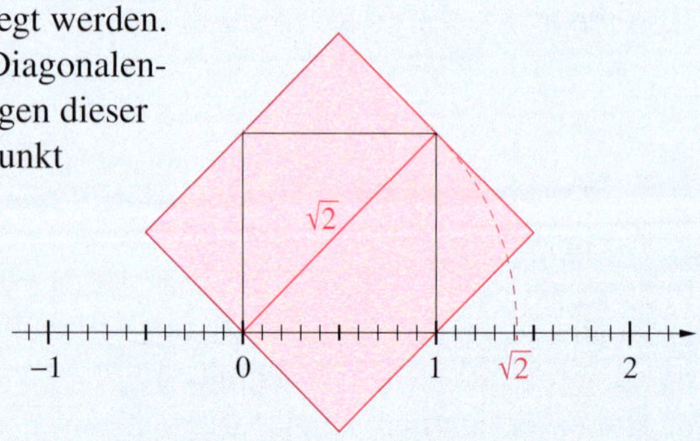

Auf der Zahlengeraden gibt es Punkte für rationale Zahlen und für irrationale Zahlen. Rationale Zahlen und irrationale Zahlen bilden zusammen die **reellen Zahlen**.

$\frac{x+y}{2}$

Üben und Anwenden

1 Ist die Zahl rational oder irrational?
a) $\sqrt{3}$ b) $\sqrt{4}$ c) $\sqrt{5}$
d) $\sqrt{\frac{1}{16}}$ e) $\sqrt{\frac{1}{10}}$ f) $\sqrt{1+10}$

2 Welche Wurzeln lassen sich genau und welche nur näherungsweise bestimmen?
a) $\sqrt{144}$ b) $\sqrt{5,5}$ c) $\sqrt{0,09}$
d) $\sqrt{0,064}$ e) $\sqrt{625}$ f) $\sqrt{6,25}$

3 Welche Zahlen sind rational, welche sind irrational? Begründe.
a) 1,491 625 364 9 … b) 0,567 676 …
c) 3,839 223 839 223 … d) 0,666 666 …

4 Setze *nie*, *immer* oder *manchmal* ein.
a) Irrationale Zahlen sind ▒ reelle Zahlen.
b) Reelle Zahlen sind ▒ rationale Zahlen.
c) Natürliche Zahlen sind ▒ reelle Zahlen.
d) Quadratwurzeln aus Zahlen sind ▒ irrationale Zahlen.

5 Gib die ersten fünf Intervalle einer Intervallschachtelung für $\sqrt{17} = 4{,}123\,105\ldots$ an.

6 Bestimme $\sqrt{3}$ ($\sqrt{11}$) mit einer Intervallschachtelung. Runde an der vierten Nachkommastelle. Notiere jedes Intervall.
BEISPIEL $1{,}7 < \sqrt{3} < 1{,}8$, denn
$1{,}7^2 = 2{,}89 < 3 < 1{,}8^2 = 3{,}24 \ldots$

7 Erkläre mit eigenen Worten, wie und warum man eine Intervallschachtelung durchführt.

8 Welche Quadratwurzeln gehören zu den Intervallschachtelungen?
a) [2; 3], [2,6; 2,7], [2,64; 2,65] …
b) [3; 4], [3,7; 3,8], [3,74; 3,75] …
c) [8; 9], [8,3; 8,4], [8,30; 8,31] …

9 Der Flächeninhalt eines Quadrats mit einer Seitenlänge $a = 5\,\text{m}$ wurde verdoppelt.
a) Gib den neuen Flächeninhalt an.
b) Zeichne im Maßstab 1 : 100. Miss die neue Seitenlänge. Kontrolliere die Messgenauigkeit mit Hilfe einer Rechnung.
c) Konstruiere ein Quadrat mit $a = \sqrt{2}$ ($\sqrt{32}$).

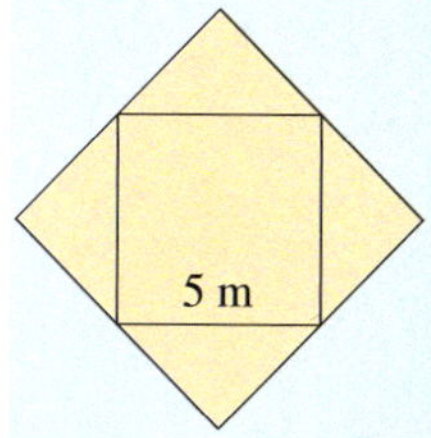

10 Zeichne auf einer Zahlengeraden $\sqrt{8}$ exakt ein. Präsentiert eure Vorgehensweisen in der Klasse. Vergleicht sie miteinander.

11 Papierformate.
a) Miss die Größe eines DIN-A4-Blattes.
b) Stimmen die folgenden Aussagen?
- Von DIN-An zu DIN-A($n+1$) gelangt man durch Halbieren des Blattes.
- Das Verhältnis von langer Seite zu kurzer Seite ist für alle Formate gleich.

c) Teile für jedes Papierformat die Höhe durch die Breite. Zeige, dass $\sqrt{2} : 1$ als Seitenverhältnis folgt.
d) Quadriere den Wert für das Höhe-Breite-Verhältnis. Was fällt dir auf?
e) Welchen Flächeninhalt hat ein DIN-A4-Blatt? Wie groß ist dann der Flächeninhalt eines A0-Blattes? Was fällt dir auf?

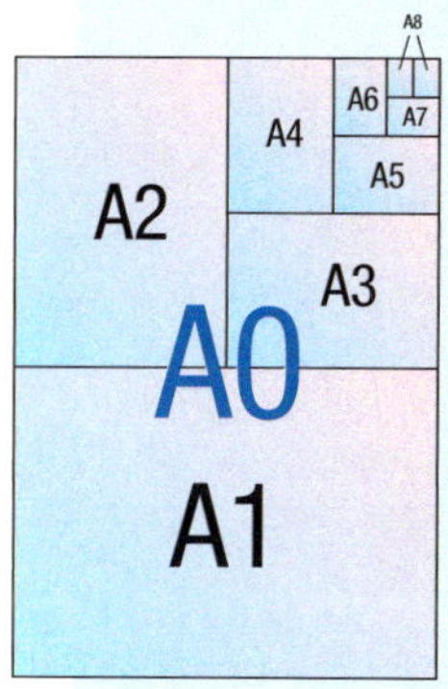

013-1
BEACHTE
Hinter dem Webcode verbirgt sich eine Linkliste zu Papierformaten.

12 Erläutere die Intervallschachtelung mit einem Tabellenkalkulationsprogramm.
a) Erstelle folgendes Tabellenblatt für $\sqrt{3}$. b) Berechne mit dem Tabellenblatt $\sqrt{12}$.

	A	B	C	D	E	F	G
1	**Bestimmung der Quadratwurzel durch Intervallschachtelung**						
2				Verfahren		Exakt	
3	Quadratwurzel aus	3	ist gleich	1,73205080756452		1,7320508075689	
4							
5	Näherungswert unten	quadriert	quadriert	Näherungswert oben		Mittelwert	Quadrat des
6	a_l	a_l^2	a_r^2	a_r		von a_l und a_r	Mittelwertes
7	1	1	9	3		2	4
8	1	1	4	2		1,5	2,25
9	1,5	2,25	4	2		1,75	3,0625
10	1,5	2,25	3,0625	1,75		1,625	2,640625
11	1,625	2,640625	3,0625	1,75		1,6875	2,84765625
12	1,6875	2,84765625	3,0625	1,75		1,71875	2,95410156250000

TIPP
*Das Quadrat des Mittelwertes wird mit dem Wert in **B3** verglichen. Ist es größer bzw. kleiner, wird der Mittelwert als obere bzw. untere Grenze eingesetzt.*

Methode: Direkte und indirekte Beweise*

Wie in der Kriminalistik spielen Beweise auch in der Mathematik eine entscheidende Rolle. Ein Ziel der Mathematik ist es, **wahre Aussagen** über Zahlen, Variablen, Funktionen, geometrische und andere mathematische Objekte zu formulieren. Solche Aussagen, die immer nur unter bestimmten Voraussetzungen gelten, nennt man **mathematische Sätze**.

BEISPIELE

① In jedem Dreieck beträgt die Innenwinkelsumme 180°.
② Für alle rationalen Zahlen a und b gilt: $(a+b)^2 = a^2 + 2ab + b^2$.

Die allgemeine Gültigkeit von Sätzen muss man beweisen. Man unterscheidet je nach Art der Beweisführung zwischen dem **direkten Beweis** und dem **indirekten Beweis**.

Beweise werden in der Algebra häufig geführt, indem geeignete Terme oder Gleichungen aufgestellt werden und dann durch Termumformungen die Behauptung bewiesen oder widerlegt wird.

Der direkte Beweis

Der direkte Beweis wird durch logische Schlussfolgerungen unter Benutzung bekannter Sachverhalte so geführt, dass die Aussage des Satzes direkt bestätigt wird.
Das Verfahren beim direkten Beweis wird an einem Beispiel vorgestellt.

HINWEIS
Ist ein Satz bewiesen, so kennzeichnet man das mit q.e.d. Dies ist die Abkürzung für die lateinischen Wörter „quod erat demonstrandum", was so viel heißt wie „was zu beweisen war".

Behauptung: Das Quadrat einer ungeraden Zahl ist gerade.
Beweis: a sei eine ungerade Zahl.

Es gilt: $a = 2n + 1 \quad |\,^2$

$a^2 = (2n+1)^2$

$a^2 = \underbrace{4n^2 + 4n}_{\text{gerade Zahlen}} + 1$ 1 ist eine ungerade Zahl.

Die Summanden $4n^2$ und $4n$ sind gerade Zahlen, da sie beide durch 2 teilbar sind.
Da die Summe aus zwei geraden und einer ungeraden Zahl ungerade ist, folgt:

a^2 ist eine ungerade Zahl. *q.e.d.*

1 Finde für die folgende Beweisführung die richtige Reihenfolge.

Da $\sqrt{a}$ und $\sqrt{b}$ nicht negativ sind, ist auch das Produkt $\sqrt{a} \cdot \sqrt{b}$ nicht negativ.

$= (\sqrt{a} \cdot \sqrt{b}) \cdot (\sqrt{a} \cdot \sqrt{b})$

$(\sqrt{a} \cdot \sqrt{b})^2$

$= \sqrt{a^2} \cdot \sqrt{b^2}$

$= \sqrt{a} \cdot \sqrt{a} \cdot \sqrt{b} \cdot \sqrt{b}$

$= a \cdot b$

Behauptung: Man kann zwei Wurzeln multiplizieren, indem man die Radikanden multipliziert und dann die Wurzel zieht. $\sqrt{a} \cdot \sqrt{b} = \sqrt{a \cdot b}$ bedeutet $\sqrt{a} \cdot \sqrt{b}$ ist die Wurzel aus dem Produkt $a \cdot b$.

2 Beweise, dass das Quadrat einer geraden Zahl gerade ist.

3 Beweise: Das Produkt einer geraden und einer ungeraden Zahl ist gerade.

4 Beweise den Satz:
Eine Zahl z, die durch 6 teilbar ist, ist auch durch 2 teilbar.

5 Beweise: Sind zwei Zahlen a und b durch eine Zahl c teilbar, ist auch ihre Summe durch c teilbar.

* Der Inhalt dieser Lerneinheit ist fakultativ.

Der indirekte Beweis oder Widerspruchsbeweis

Der indirekte Beweis geht von der Annahme aus, die das Gegenteil des zu beweisenden Satzes ist. Durch logische Schlussfolgerungen erzeugt man einen Widerspruch zur Annahme. Dadurch wird der Satz bestätigt.

An einem Beispiel aus der Lebenswirklichkeit wird die Vorgehensweise verdeutlicht:

1 Erkläre die folgenden Schritte des indirekten Beweises.
Behauptung: $\sqrt{2}$ ist irrational.
Annahme: $\sqrt{2}$ ist eine rationale Zahl.

Folgerungen	Erklärungen
1) $\sqrt{2}$ ist rational	
2) $\sqrt{2} = \frac{p}{q}$	quadrieren
3) $2 = \frac{p^2}{q^2}$	$\mid \cdot q^2$
4) $p^2 = 2q^2$	
5) p^2 ist gerade	(da Zweifaches von q^2)
6) p ist gerade	
7) $p = 2n$	
8) $p^2 = 4n^2$	
9) $4n^2 = 2q^2$	
10) $2n^2 = q^2$	
11) q^2 ist gerade	
12) q ist gerade	
13) $q = 2m$	
14) $\frac{p}{q}$ ist nicht vollständig gekürzt	

2 Notiere den Beweis für den Satz richtig:
Die Zahl 2 ist die einzige gerade Primzahl.

Damit ist diese Zahl keine Primzahl.
Die Zahl hat also außer 1 und sich selbst noch einen dritten Teiler, nämlich 2.
Das steht im Widerspruch zur Annahme.
Dann muss diese Zahl größer sein als 2.
Der Satz wurde bewiesen.
Es gibt also außer 2 keine weitere gerade Primzahl.
Jede gerade Zahl ist durch 2 teilbar.
Deswegen ist die Annahme falsch.
Annahme: Es gibt außer 2 noch eine gerade Primzahl.
Da diese Zahl außerdem gerade ist, ist sie durch 2 teilbar.

3 Erfinde selbst eine Geschichte zum indirekten Beweis.

4 Zeige, dass $\sqrt{8}$ irrational ist. Warum funktioniert der Beweis für $\sqrt{4}$ nicht?

Thema: Aufbau des Zahlensystems

016-1
ZUM WEITERARBEITEN
Unter dem Webcode findest du eine Linkliste zu Zahlensystemen.

Der Aufbau unseres heutigen Zahlensystems hat einige hundert Jahre gedauert.

Im Bereich der *natürlichen Zahlen* sind zwar Gleichungen der Form $x + 4 = 7$ lösbar, nicht aber solche der Form $x + 8 = 5$.
Dies führt auf die *negativen Zahlen.*

Im Bereich der *ganzen Zahlen* sind Gleichungen der Form $5x = 2$ nicht lösbar.
Dies führt auf die rationalen Zahlen.

Im Bereich der *rationalen Zahlen* sind Gleichungen der Form $x^2 = 2$ nicht lösbar.
Dies macht die Erweiterung des Zahlensystems auf die *irrationalen Zahlen* nötig.

Die rationalen Zahlen ergeben zusammen mit den irrationalen Zahlen die *reellen Zahlen.*
Im Bereich der reellen Zahlen ist jedoch die Gleichung $x^2 = -1$ nicht lösbar.
Dies macht die Erweiterung des Zahlensystems auf die *imaginären Zahlen* nötig.
Die reellen Zahlen ergeben zusammen mit den imaginären Zahlen die *komplexen Zahlen.*

016-2
BEACHTE
Unter dem Webcode ist ein Auszug eines Dialogs zu Zahlen aus „Fräulein Smillas Gespür für Schnee“ (Peter Høeg; Aus dem Dänischen von Monika Wesemann ©1994 Carl Hanser Verlag, München – Wien) nachzulesen.

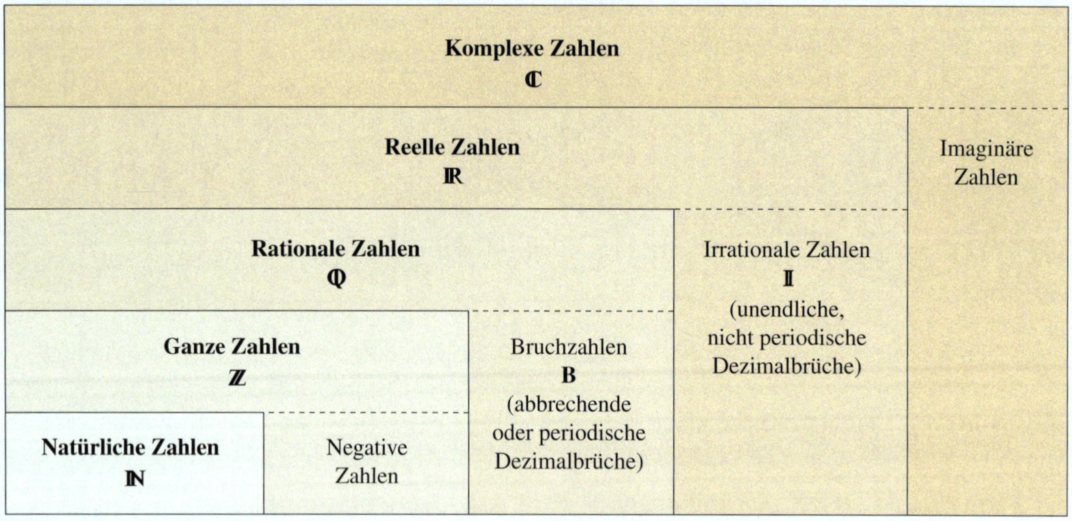

1 Erläutere die Darstellung des Zahlensystems.
Notiere Aussagen wie z. B.: „Ganze Zahlen sind immer auch reelle Zahlen, aber nicht jede reelle Zahl ist ein ganze Zahl.“
Vergleicht und überprüft eure Aussagen untereinander.

2 Schreibe bis zu den reellen Zahlen zu jedem Zahlbereich Zahlenbeispiele auf.

3 Finde weitere Beispiele für Gleichungen, die man in dem jeweiligen Zahlbereich nicht lösen kann.
Vergleicht und überprüft eure Gleichungen gegenseitig.

4 Welche der Aussagen sind wahr, welche sind falsch?
Begründe.
a) Jede rationale Zahl ist auch eine reelle Zahl.
b) Reelle Zahlen sind irrationale Zahlen.
c) Es gibt rationale Zahlen, die keine reellen Zahlen sind.
d) Es gibt keine irrationale Zahl, die eine natürliche Zahl ist.
e) Einige reelle Zahlen sind auch natürliche Zahlen.

5 Begründe, warum eine Zahlbereichserweiterung auf **imaginäre Zahlen** nötig wurde. Was sind komplexe Zahlen?

Wurzelgleichungen lösen

Erforschen und Entdecken

1 Arbeitet in Gruppen von zwei bis vier Personen.

a) Ordnet den Zahlenrätseln eine passende Gleichung zu. Überprüft, welche der angegebenen Zahlen Lösungen der Gleichungen sind.

- Subtrahiert man von einer Zahl 2 und zieht aus der Differenz die Wurzel, so erhält man 4.
- $x = 8$
- Addiert man 15 zu einer Zahl und zieht aus der Summe die Wurzel, so erhält man 5.
- $\sqrt{2x} = 4$
- $x = 10$
- $\sqrt{3x} = 6$
- Halbiert man eine Zahl, addiert 5 und zieht aus der Summe die Wurzel, so erhält man 3.
- $\sqrt{x-2} = 6$
- Multipliziert man eine Zahl mit 2 und zieht aus dem Produkt die Wurzel, so erhält man 4.
- $x = 12$
- $x = 18$
- Multipliziert man eine Zahl mit 3 und zieht aus dem Produkt die Wurzel, so erhält man 6.
- $\sqrt{\frac{x}{2}+5} = 3$
- $x = 8$
- $\sqrt{x+15} = 5$

b) Die Gleichungen werden **Wurzelgleichungen** genannt. Wie viele Lösungen kann eine Wurzelgleichung haben? Wann hat sie gar keine Lösung?

c) Formuliere ein eigenes Zahlenrätsel, in dem eine Wurzelgleichung vorkommt. Stelle es deinen Mitschülern vor.

2 Sandra soll die Wurzelgleichung $\sqrt{5x+6} = 6$ lösen. Sie geht dabei folgendermaßen vor.

Sandras Lösungsweg:

$$\sqrt{5x+6} = 6 \quad | \text{ Quadrieren}$$
$$5x + 6 = 36 \quad | -6$$
$$5x = 30 \quad | :5$$
$$\underline{\underline{x = 6}}$$

a) Schaue dir den Lösungsweg genau an. Wie geht Sandra vor? Erkläre deinem Sitznachbarn oder deiner Sitznachbarin, wie man Wurzelgleichungen löst.

b) Löst dann gemeinsam die folgenden Wurzelgleichungen.

① $\sqrt{x+5} = 10$
② $\sqrt{5x-1} = 7$
③ $\sqrt{2x} = 4$
④ $\sqrt{2x} = 4$

3 Betrachte die Wurzelgleichnung $\sqrt{3x-5-1} = 4$.

a) Warum bringt dich das Quadrieren beider Seiten in diesem Fall nicht weiter?

b) Wie musst du die Gleichung umformen, damit du sie anschließend durch Quadrieren beider Seiten lösen kannst? Gib die Lösung der Gleichung an.

c) Forme die folgenden Wurzelgleichungen so um, dass du sie durch Quadrieren beider Seiten lösen kannst. Löse dann die Wurzelgleichungen.

① $\sqrt{6x+10+2} = 10$ ② $\sqrt{3x+4-6} = 1$ ③ $\sqrt{5x-9+4} = 8$

017-1
HINWEIS
Unter dem angegebenen Webcode kannst du die Kärtchen ausdrucken und ausschneiden.

Lesen und Verstehen

Sebastian interessiert sich für die alte Pendeluhr seines Großvaters. Dieser hat ihm erzählt, dass die Zeit t, die das Pendel benötigt, um einmal hin und her zu schwingen, von der Länge des Pendels abhängt.
Das möchte er selbst ausprobieren und ein Fadenpendel basteln, das in einer Minute 60-mal hin und her schwingt.
Er recherchiert in einem Buch und findet die folgende Beziehung zwischen der Schwinungsdauer t und der Länge l des Pendels: $t \approx 2\sqrt{l}$.
Welche Länge l muss er für sein Pendel wählen, damit es in einer Sekunde eine volle Schwingung ausführt?

Gleichungen, in denen die Variable unter dem Wurzelzeichen steht, nennt man **Wurzelgleichungen**.

Um Wurzelgleichungen zu lösen, muss man das Wurzelzeichen entfernen.
Bei vielen Wurzelgleichungen genügt es, beide Seiten der Gleichung zu quadrieren.

BEISPIEL 1

$\sqrt{x+10} = 4 \quad |\text{ quadrieren}$

$x + 10 = 16 \quad | -10$

$x = 6$

ERINNERE DICH
Bei einer Äquivalenzumformung ändert sich die Lösungsmenge einer Gleichung nicht.

Beim Quadrieren handelt es sich nicht um eine Äquivalenzumformung, da z. B. Vorzeichenunterschiede zwischen beiden Seiten der Gleichungen aufgehoben werden. Daher muss für jede Lösung geprüft werden, ob sie auch Lösung der Ausgangsgleichung ist.

Probe: $\sqrt{6+10} = 4$

$\sqrt{16} = 4$

$4 = 4$ Übereinstimmung

Einige Wurzelgleichungen müssen vor dem Quadrieren so umgestellt werden, dass der Wurzelterm auf einer der beiden Seiten der Gleichung alleine steht.

BEISPIEL 2

$\sqrt{x+5} + 3 = 6 \quad | -3$

$\sqrt{x+5} = 3 \quad |\text{ quadrieren}$

$x + 5 = 9 \quad | -5$

$x = 4$

Probe: $\sqrt{4+5} + 3 = 6$

$\sqrt{9} + 3 = 6$

$6 = 6$ Übereinstimmung

Wurzelgleichungen sind nur für reelle Zahlen lösbar, für die der Radikand größer gleich null ist.

BEISPIEL 3

Die Gleichung $\sqrt{x-2} = 10$ hat den Definitionsbereich $D = \{x \mid x \in \mathbb{R} \text{ und } x \geq 2\}$

Üben und Anwenden

1 Löse die Wurzelgleichungen im Kopf.

a) $\sqrt{x} = 4$ b) $\sqrt{x} = 0$
c) $\sqrt{x} + 10 = 14$ d) $\sqrt{x} - 1 = 2$
e) $2\sqrt{x} = 10$ f) $\sqrt{x} + 1 = 8$
g) $\sqrt{x-4} = 4$ h) $\sqrt{4x} = 6$
i) $3\sqrt{x} = 27$ j) $6\sqrt{x-1} = 24$

2 Nenne eine Zahl, die halb so groß ist wie ihre Quadratwurzel.

3 Löse die Wurzelgleichungen.

a) $\sqrt{3x-2} = 5$
b) $\sqrt{4x-8} = 8$
c) $\sqrt{4+7x} = 5$
d) $\sqrt{x^2+12} = 6 - x$
e) $\sqrt{x+9} = \sqrt{3x-5}$
f) $\sqrt{x-3} = \sqrt{2x-15}$
g) $3\sqrt{2x-8} = \sqrt{5x+6}$
h) $4\sqrt{10x+1} = 6\sqrt{4x+4}$

4 Gib je zwei verschiedene Wurzelgleichungen mit den angegebenen Lösungen an.

a) $x = 8$ b) $x = 7$
c) $x = 2$ d) $x = 5$

5 Formuliere die Gleichungen als Zahlenrätsel.

a) $\sqrt{x-2} = 5$
b) $\sqrt{3x+x} = 4$
c) $\sqrt{8x+1} = 7$
d) $\sqrt{x+1} = 5$
e) $\sqrt{9x+5} = 12$

6 Ergänze die Lücken.

a) $\sqrt{9\square + 31} = 11$
b) $\sqrt{5\square + 20} = 25$
c) $\sqrt{5\square + 1} = \sqrt{6\square - 2}$
d) $\sqrt{3\square + 22} = \sqrt{9\square - 14}$
e) $\sqrt{4\square - 2} = \sqrt{3 + 12\square}$

7 Forme die Gleichungen erst um und löse sie dann durch Quadrieren auf beiden Seiten.

a) $\sqrt{3x+4} - 2 = 6$
b) $\sqrt{2x+4} + 9 = 15$
c) $\sqrt{11x-6} + 13 = 20$
d) $\sqrt{3x-20} - 2 = 3$
e) $\sqrt{18+14x} + 13 = 25$

8 Begründe, ohne die Gleichung zu lösen, warum die folgende Gleichung keine Lösung haben kann: $\sqrt{x} + 5 = 4$
Formuliere einen Merksatz.

9 Erläutere die Umformungen und korrigiere die Fehler.

1) $\sqrt{5x+5} = 5$ | Quadrieren
$5x + 5 = 5$ | -5
$5x = 0$ | $:5$
$x = 0$

2) $\sqrt{3x-2} + 6 = 10$ | Quadrieren
$3x - 2 + 6 = 100$
$3x = 96$ | $:3$
$x = 32$

10 An einer rechtwinkligen Waldkreuzung steht der abgebildete Wegweiser. Aus den Entfernungsangaben auf dem Wegweiser lässt sich die Luftlinienentfernung der beiden Orte berechnen.
Wie weit liegen Bruch und Schlag auseinander? Stelle eine Wurzelgleichung auf und löse diese.

11 Gib den Definitionsbereich der Wurzelgleichungen an.

a) $\sqrt{x} = 2$ b) $\sqrt{x-3} = 6$
c) $\sqrt{x+4} = 12$ d) $\sqrt{-x} = 8$
e) $\sqrt{3+2x} = 10$ f) $\sqrt{4-x} = 15$

12 Ordne jedem Zahlenrätsel aus dem oberen Feld eine Wurzelgleichung aus dem unteren Feld zu.

① Multipliziert man eine Zahl mit elf, addiert drei, zieht aus der Summe die Wurzel und addiert vier, so erhält man zehn.
② Addiert man zu einer Zahl fünf, zieht die Wurzel und multipliziert diese mit zwei, so erhält man sechs.
③ Multipliziert man eine Zahl mit zwei, subtrahiert vier und zieht die Wurzel aus der Differenz, so erhält man das Gleiche, wie wenn man zu der gesuchten Zahl sechs addiert und dann die Wurzel zieht.
④ Multipliziert man eine Zahl mit zehn, addiert eins und multipliziert die Wurzel aus der Summe mit ein Drittel so erhält man drei.

ⓐ $\sqrt{x-2}=5$ ⓑ $\sqrt{11x+3}+4=10$
ⓒ $\sqrt{2x-4}=\sqrt{x+6}$ ⓓ $2\sqrt{x+5}=60$

13 Löse die Wurzelgleichungen und mache anschließend die Probe.

a) $\sqrt{16x+13}-7=\frac{3}{4}$
b) $\sqrt{2x+3}=\sqrt{3x}$
c) $\sqrt{13x-21}=\sqrt{5x+19}$
d) $2\sqrt{7x-9}=\sqrt{6x}$
e) $\sqrt{8x+2}=4\sqrt{-12x+3}$
f) $\sqrt{27x-12}=\frac{5}{2}\sqrt{4x}$
g) $\frac{2}{\sqrt{x+\frac{1}{5}}}=4$
h) $\frac{14}{\sqrt{2x-18}}=2$

14 Stelle für jedes Zahlenrätsel eine Gleichung auf und löse diese anschließend.

a) Die Quadratwurzel aus der Summe einer Zahl und fünf ist sechs.
b) Die Quadratwurzel aus der Differenz einer Zahl und sechsundzwanzig ist acht.
c) Multipliziert man die Quadratwurzel aus der Summe einer Zahl und acht mit sechs, so erhält man vierundfünfzig.
d) Dividiert man die Quadratwurzel, aus der Differenz einer Zahl und zwei durch drei, erhält man zwei.

15 Löse die Wurzelgleichungen. Forme sie dazu zuerst um.

a) $\sqrt{5x-4}-12=-8$
b) $\sqrt{10x+14}+30=38$
c) $\sqrt{9x-14}+13=20$
d) $\sqrt{7x+22}-3=5$
e) $\sqrt{3x+1}+7=12$
f) $\sqrt{6x+4}+9=14$
g) $\sqrt{21x-6}+15=21$
h) $\sqrt{16x+1}-3=4$
i) $\sqrt{25x-11}+2=14$

16 Stelle für jedes Zahlenrätsel eine Gleichung auf und löse diese anschließend.

a) Wenn man zu einer Zahl drei addiert und die Wurzel aus der Summe zieht, so erhält man acht.
b) Subtrahiert man von einer Zahl zehn und zieht die Wurzel aus der Differenz, so erhält man neun.
c) Multipliziert man eine Zahl mit vier und zieht die Wurzel aus dem Produkt, so erhält man zwölf.
d) Multipliziert man eine Zahl mit drei, addiert 18 und zieht aus der Summe die Wurzel, so erhält man sechs.

17 Bestimme die Lösungen der Wurzelgleichungen.
Mache anschließend die Probe.

a) $\sqrt{5x+11}+7=13$
b) $\sqrt{2x+30}=\sqrt{12x}$
c) $\sqrt{5x-1}=\sqrt{4x+9}$
d) $\sqrt{7x-3}=\frac{3}{2}\sqrt{3x}$
e) $\sqrt{6x+22}=2\sqrt{2x+2}$
f) $\sqrt{3x-8}=\sqrt{2x}$
g) $\frac{4}{\sqrt{5x+6}}=1$
h) $\frac{2}{\sqrt{6x-12}}=6$
i) $\frac{5}{\sqrt{2x+3}}=1$

18 Die Zeit t, die ein Fadenpendel schwingt, hängt von der Länge l des Fadens ab.
Es gilt $t \approx 2\sqrt{l}$.
Stelle den Zusammenhang zwischen der Zeit t und der Länge l in einer Wertetabelle dar.
Bestimme dazu für verschiedene Fadenlängen die Schwingungsdauer.

Methode: Rechnen mit Näherungswerten

In manchen Situationen ist es sinnvoll oder notwendig mit Näherungswerten zu rechnen.

Tina und ihre Freundin gehen einkaufen. Sie haben 10 € zur Verfügung.
Im Einkaufsladen überschlagen sie die Preise der Lebensmittel, die bereits im Einkaufswagen liegen. Sie wollen abschätzen, ob sie sich noch ein Eis kaufen können.
Sie schätzen den Wert ihres Einkaufs auf 8 € und kaufen sich jeder noch ein Eis für je 1 €.

Lebensmittel	Preis in €
3 × Milch	1,65
Butter	0,89
Brot	1,99
Käse	2,59
Gurke	0,79
Summe geschätzt	8,00
Summe	7,91

Näherungswerte sind Zahlenangeben, die sich von den exakten Werten unterscheiden. Man erhält Näherungswerte z. B. beim Messen, Überschlagen, Runden oder beim Schätzen. Beim Rechnen mit Näherungswerten entstehen wieder Näherungswerte.

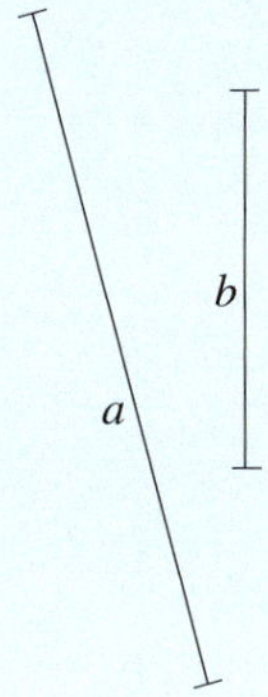

1 Schätze die Länge der in der Randspalte abgebildeten Strecken a und b. Miss dann die genaue Länge nach.

2 Handelt es sich bei den Zahlenangaben im Text um genaue Angaben oder um geschätzte Angaben? Begründe deine Entscheidung.
a) Im Dezember 2008 lag die Einwohnerzahl in Deutschland bei 82 046 000.
b) Bei dem Finalspiel der Fußballeuropameisterschaft 2008 waren 51 428 Zuschauer im Stadion.
c) Im August 2009 lag die Arbeitslosenzahl in Deutschland bei 3 470 000.
d) Gerhard Schröder war vom 27.10.1998 bis zum 22.11.2005 deutscher Bundeskanzler.
e) Im Jahr 2009 gab es in Brandenburg 290 555 Schüler.
f) Der spanische Maler Pablo Picasso lebte vom 25.10.1881 bis zum 8.04.1973. In dieser Zeit schuf der 50 000 Werke.

Addition und Subtraktion von Näherungswerten
Man addiert und subtrahiert Näherungswerte, die unterschiedlich genau angegeben sind, indem man den Näherungswert bestimmt, dessen letzte Ziffer am weitesten links steht. Auf diese Stelle wird das Ergebnis dann gerundet.

$0{,}36 + 0{,}4 + 1{,}135 = 1{,}895 \approx 1{,}9$

3 Berechne die Näherungswerte. Überlege jeweils auf welche Stelle gerundet werden muss.

a) 2,562 + 85,9	b) 13,77 – 1,37 – 1,3	c) 14,22 + 0,444 – 1,5
d) 12,25 + 4,5	e) 3,6 + 9,541 – 4,2	f) 3,0 + 7,26 + 8,4
g) 0,35 – 0,35	h) 6,45 + 25,3 – 2,4	i) 144,23 – 9,7

4 Ein annähernd rechteckiges Grundstück wurde durch Abschreiten der Seitenlängen vermessen. Es ist 12,5 m breit und 48,7 m lang.
Das Grundstück soll umzäumt werden.
a) Wie viel Meter Zaun wird dafür benötigt?
b) Welchen Flächeninhalt hat das Grundstück ungefähr?
c) Begründe deine Wahl der Genauigkeit der Ergebnisse.

Vermischte Übungen

1 Bestimme die beiden benachbarten Zahlen mit einer und mit zwei Stellen hinter dem Komma.

a) $\sqrt{5}$ b) $-\sqrt{7}$ c) $\sqrt{12}$
d) $-\sqrt{15}$ e) $\sqrt{8}$ f) $-\sqrt{10}$

2 Trage auf einer Zahlengeraden ein.

a) $\sqrt{2}$ b) $\sqrt{5}$ c) $\sqrt{10}$ d) $\sqrt{300}$

3 Die Differenz der Quadratwurzeln zweier Zahlen ergibt den gleichen Wert wie die Quadratwurzel der Differenz beider Zahlen. Begründe oder widerlege diese Aussage.

4 Formuliere die Rechenregel für die Multiplikation von Quadratwurzeln. Gibt es auch eine Regel für die Addition? Nenne auch geltende Rechengesetze.

5 Stelle mit den Kästchen Gleichungen auf. Jedes Kästchen muss in mindestens einer der Gleichungen vorkommen. Vergleicht und kontrolliert eure Gleichungen untereinander.

$\sqrt{64+36}$ | $\cdot$ | $\sqrt{64}$ | $+$ | $\sqrt{36}$ | 48 | 100 | 18 | 54 | $=$ | $\sqrt{100}$ | 14 | $\sqrt{64 \cdot 36}$ | 10

6 Kontrolliere die Rechenwege ohne Taschenrechner.
Erläutere, was falsch gemacht wurde, indem du die richtige Rechnung in dein Heft schreibst.

a) $\sqrt{64} + \sqrt{36} = \sqrt{100} = 10$
b) $\sqrt{16} + \sqrt{9} = 7$
c) $\sqrt{169} - \sqrt{25} = 14 - 5 = 9$
d) $\sqrt{81} + \sqrt{144} = \sqrt{255} = 15$
e) $\sqrt{100} - \sqrt{64} = 6$
f) $\sqrt{16+9} = 5$
g) $\sqrt{169-25} = 13 - 5 = 8$
h) $\sqrt{81+144} = \sqrt{256} = 16$
i) $\sqrt{100-64} = 2$

7 Rechne ohne Taschenrechner.

a) $\sqrt{4 \cdot 100 \cdot 25}$ b) $\sqrt{4} \cdot \sqrt{100} \cdot \sqrt{25}$
c) $\sqrt{900}$ d) $\sqrt{90\,000}$
e) $\sqrt{5} \cdot \sqrt{?} = \sqrt{10}$ f) $\sqrt{25} \cdot \sqrt{?} = 20$

8 Fasse zusammen, wenn möglich.
Berechne das Ergebnis. Runde auf Hunderstel.

a) $\sqrt{8} + \sqrt{8}$ b) $4\sqrt{7} - \sqrt{7}$
c) $5\sqrt{5} - 8\sqrt{5}$ d) $11\sqrt{3} + 9\sqrt{3}$
e) $2\sqrt{20} - \frac{1}{3}\sqrt{20}$ f) $3{,}5\sqrt{32} - \sqrt{32}$
g) $8\sqrt{7} - 12{,}4\sqrt{7}$ h) $\sqrt{3} + \sqrt{4}$
i) $2\sqrt{5} - 3\sqrt{6}$ j) $7\sqrt{9} - 1{,}4\sqrt{8}$
k) $6{,}4\sqrt{13} + 7{,}2\sqrt{12}$ l) $0{,}5\sqrt{20} + 0{,}5\sqrt{21}$
m) $19\sqrt{36} - 24\sqrt{30}$ n) $13{,}2\sqrt{28} - 0{,}9\sqrt{25}$

9 Rechne vorteilhaft ohne Verwendung des Taschenrechners.

a) $\frac{3}{4}\sqrt{16} - \frac{1}{8}\sqrt{16} - \frac{1}{2}\sqrt{16}$
b) $\frac{1}{2}\sqrt{81} - \frac{3}{4}\sqrt{81} + \frac{1}{6}\sqrt{81}$
c) $0{,}3\sqrt{9} + 0{,}7\sqrt{9} - 0{,}5\sqrt{9}$

10 Fasse zusammen und vereinfache.

a) $\sqrt{2a} \cdot \sqrt{18a}$
b) $\sqrt{20x} \cdot \sqrt{5y}$
c) $\sqrt{28m} \cdot \sqrt{7mn}$
d) $\sqrt{5a} \cdot \sqrt{15b} \cdot \sqrt{27ab}$

11 Schreibe die Wurzel als Produkt aus einer Zahl und einer Wurzel.

BEISPIEL $\sqrt{20} = \sqrt{4 \cdot 5} = 2\sqrt{5}$

a) $\sqrt{12}$ b) $\sqrt{18}$ c) $\sqrt{45}$
d) $\sqrt{150}$ e) $\sqrt{60a}$ f) $\sqrt{50b}$
g) $\sqrt{300xy}$ h) $\sqrt{147ab^2}$ i) $\sqrt{108x^2y}$

12 $\sqrt{85}$ ergibt im Taschenrechner 9,219 544 457. Drückt man wieder x^2, wird die Zahl 85 angezeigt.
Gibt man aber das vorher erhaltene Ergebnis 9,219 544 457 ein und drückt x^2, so erhält man 84,999 999 99.
Wie kommt das? Begründe.

13 Wähle als Radikanden eine beliebige Zahl, die keine Quadratzahl ist. Führe eine Intervallschachtelung bis zu einer Intervalllänge von 0,0001 durch.

14 Bestimme mittels Intervallschachtelung jeweils die Quadratwurzel.
Gib jedes Intervall an und runde auf vier Nachkommastellen.

a) $\sqrt{5}$ b) $\sqrt{7}$ c) $\sqrt{10}$

15 Welche der angegebenen Zahlen sind rational, welche sind irrational?
Begründe deine Entscheidung.

0,421 052 632 … 5,333 333 …

1,533 333 … 0,923 076 923 …

2,066 666 … 0,483 870 968 …

16 Bestimme, ob die Aussagen richtig oder falsch sind und begründe.

a) Wenn man die Differenz zweier rationaler Zahlen bildet, so ist diese wieder rational.
b) Wenn man die Summe einer rationalen Zahl und einer irrationalen Zahl bildet, so ist diese irrational.
c) Wenn man die Differenz zweier irrationaler Zahlen bildet, so ist diese irrational.

17 Die angegebenen reellen Zahlen sollen der Größe nach sortiert werden.
Beginne mit der größten und ende mit der kleinsten Zahl.

a) $\frac{1}{3}$ 0,333 33 0,3 $\sqrt{0{,}1024}$ $\sqrt{\frac{1}{3}}$ $\sqrt{\frac{9}{17}}$ $\sqrt{\frac{14}{29}}$

b) $\frac{2}{3}$ $\sqrt{\frac{3}{25}}$ 0,6 $\sqrt{0{,}428}$ $\frac{9}{15}$ 0,666 666 $\sqrt{\frac{9}{15}}$

18 Löse die Wurzelgleichungen.

a) $\sqrt{32x+4} = 10$
b) $\sqrt{18x-8} = \sqrt{16x}$
c) $\sqrt{12x+24} = 12$
d) $\sqrt{\frac{x}{2}} + 1 = 4$
e) $\sqrt{4x+41} = 21$
f) $\sqrt{23x+6} = 12$

19 Entscheide ohne umzuformen, ob die Gleichung eine Lösung haben kann.

a) $\sqrt{5x} + 24 = 10$
b) $\sqrt{2x} + 6 = -9$
c) $\sqrt{x} + 4 = 14$
d) $\sqrt{13x} + 20 = 3$
e) $\sqrt{12x} - 4 = 20$
f) $\sqrt{\frac{x}{2}+2} - 3 = 6$
g) $\sqrt{16x-22} - 25 = 50$
h) $\sqrt{9x+2} + 12 = 8$

20 Lisa denkt sich folgendes Zahlenrätsel.

a) An welche Zahl hat Lisa gedacht?
b) Überlege dir ein weiteres Zahlenrätsel und stelle es deinem Nachbarn oder deiner Nachbarin.

21 Entscheide, ob die Gleichung richtig aufgestellt wurde.
Korrigiere gegebenenfalls. Löse dann die Gleichung.

a) Die Wurzel aus der Summe einer Zahl und 7 ist halb so groß wie 8.
Wurzelgleichung: $\frac{\sqrt{x+7}}{2} = 8$
b) Die Wurzel aus dem Produkt einer Zahl und 3 ist 6.
Wurzelgleichung: $\sqrt{3x} = 6$
c) Die Wurzel aus der Differenz einer Zahl und 16 ist 3.
Wurzelgleichung: $\sqrt{x+16} = 3$
d) Die Wurzel aus der Summe einer Zahl und 12 ist gleich der Wurzel aus der Differenz des Zweifachen dieser Zahl und 1.
Wurzelgleichung: $\sqrt{x+12} = 2x - 1$

22 Gib die Lösungen der folgenden Wurzelgleichungen an.

a) $\sqrt{4x-3} = \sqrt{3x+33}$
b) $\sqrt{6x-9} = \sqrt{5x+3}$
c) $\sqrt{42x+24} = 2\sqrt{3x+81}$
d) $\sqrt{\frac{x}{4}+12} = \sqrt{6x-3}$
e) $\sqrt{11x+12} = \sqrt{26x+10}$
f) $\sqrt{15x+19} = 8$
g) $\sqrt{2x+2} = \sqrt{x+24}$
h) $\sqrt{4x-13} = \sqrt{x+4}$

23 An einer Kreuzung im Wald treffen zwei Wanderwege in einem rechten Winkel aufeinander. An dieser Kreuzung steht der abgebildete Wegweiser. Ein Wanderer kommt aus Klein-Glien und wandert nach Belzig. Er überlegt sich, wie viele Kilometer er gespart hätte, wäre er den direkten Weg (also die Luftlinienentfernung) gewandert. Berechne die Luftlinienentfernung der beiden Orte.

24 Löse die Wurzelgleichungen. Runde auf zwei Nachkommastellen.

a) $10\frac{\sqrt{5+x}}{\sqrt{20x}} = 3$
b) $8\frac{\sqrt{x-3}}{\sqrt{5x}} = 2$
c) $\sqrt{\frac{2}{x}} + 4 = 14$
d) $\frac{4\sqrt{5x+3}}{\sqrt{4x-10}} = 5$
e) $\frac{14\sqrt{x+12}}{\sqrt{6x-2}} = 18$
f) $\frac{3\sqrt{x+9}}{4\sqrt{5x-3}} = 6$
g) $\frac{3\sqrt{4x-1}}{\sqrt{x+1}} = 2$
h) $12\frac{\sqrt{-2x+4}}{\sqrt{5x+3}} = 2$

25 Durch ein annähernd quadratisches Feld soll diagonal ein Weg gebaut werden. Die Länge und Breite des Feldes beträgt etwa 450 m. Nun soll das Feld umzäunt werden.

a) Wie lang wird der neue Weg?
b) Schätze, wie viel Zaun benötigt wird, um das Feld zu umzäunen.

TIPP
Überlege dir zunächst, wie breit der Weg sein könnte.

26 Löse die Wurzelgleichungen im Kopf.

a) $\sqrt{x+5} = 5$
b) $\sqrt{x+19} = 7$
c) $\sqrt{x-4} = 2$
d) $\sqrt{x-3} = 3$
e) $\sqrt{x-10} = 6$
f) $\sqrt{2x+2} = 4$

27 Das Bild zeigt eine so genannte Wurzelschnecke. Gebildet wird die Wurzelschnecke indem man ein rechtwinkliges Dreieck mit zwei Katheten der Länge $a = 1$ cm zeichnet. Dann wird an die Hypotenuse eine Senkrechte der Länge $b = 1$ cm gezeichnet und zu einem Dreieck ergänzt. Auf diese Weise fährt man beliebig oft fort.

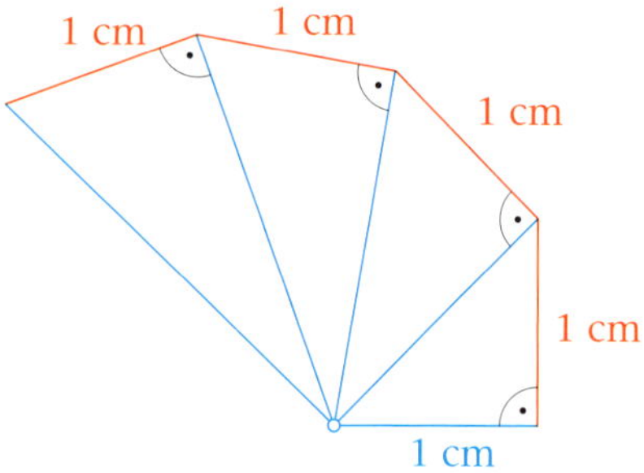

a) Zeichne die Schnecke in dein Heft.
b) Miss die Längen der Hypotenusen. Überlege und begründe, warum das Objekt Wurzelschnecke genannt wird.
c) Ab welcher Länge der Hypotenuse überschneiden sich die Dreiecke?
d) Die Streckenlängen, die den Wurzeln in der Wurzelspirale entsprechen, können mit dem Zirkel auf einer Zahlengeraden abgetragen werden. Man trägt sie vom Nullpunkt aus nach rechts ab. Die Schnittpunkte der Kreisbogen und der Zahlengeraden werden mit der Wurzel identifiziert. Trage alle Streckenlängen bis $\sqrt{10}$ ab.

28 Konstruiere eine Strecke der Länge $\sqrt{5}$.

29 Stelle mit den Kärtchen Wurzelgleichungen auf und löse diese. Dabei muss jedes Kärtchen mindestens einmal vorkommen.

$\sqrt{x+3}$ | $\sqrt{x+30}$ | $\sqrt{16}$ | 4 | $\sqrt{\frac{x}{2}+7}$ | $\sqrt{\frac{1}{4}}$ | $\frac{1}{2}$ | $\sqrt{x+3}$ | $=$ | $\frac{x}{2}$ | $\sqrt{2x-10}$ | 9

Teste dich!

a | **b**

1 Berechne, runde gegebenenfalls auf Hundertstel.
a) $\sqrt{2}+\sqrt{5}$ b) $\sqrt{16}-\sqrt{4}$ c) $\sqrt{9}+\sqrt{17}$ d) $\frac{\sqrt{4}}{\sqrt{11}}$ e) $\sqrt{50}:\sqrt{2}$ f) $\frac{\sqrt{8}}{3\sqrt{2,5}}$

a

2 Vereinfache und berechne, wenn möglich ohne Taschenrechner.
a) $\sqrt{32}:\sqrt{2}$
b) $\sqrt{3}\cdot\sqrt{12}$
c) $\sqrt{4}-\sqrt{16}$
d) $\sqrt{25}+\sqrt{9}$
e) $\sqrt{50}:\sqrt{2}+\sqrt{49}$
f) $\sqrt{100}:\sqrt{4}+\sqrt{121}$

b

2 Vereinfache und berechne, wenn möglich ohne Taschenrechner.
a) $\sqrt{25}+\sqrt{9}$
b) $\sqrt{0,5}:\sqrt{\frac{1}{2}}$
c) $\sqrt{\frac{1}{36}}-\sqrt{4}$
d) $\sqrt{72}\cdot\sqrt{2}$
e) $\frac{\sqrt{60}}{\sqrt{\sqrt{25}+\sqrt{100}}}$
f) $\sqrt{125}\cdot\frac{\sqrt{2}}{\sqrt{10}}$

3 Rechne vorteilhaft.
a) $\sqrt{147}:\sqrt{3}$ b) $\sqrt{24}\cdot\sqrt{6}$ c) $\sqrt{125}:\sqrt{5}$ d) $\sqrt{192}:\sqrt{3}$ e) $\sqrt{12}\cdot\sqrt{4}:\sqrt{3}$

a

4 Welche Wurzeln lassen sich genau und welche nur näherungsweise bestimmen? (6 Punkte)
a) $\sqrt{169}$ b) $\sqrt{2,5}$ c) $\sqrt{0,04}$
d) $\sqrt{0,049}$ e) $\sqrt{400}$ f) $\sqrt{32}$

5 Welche Zahlen sind rational, welche sind irrational? Begründe deine Entscheidung.
a) 0,333 333 … b) 1,414 213 562 …
c) 0,313 131 … d) 0,142 857 142 857 …

6 Forme die Wurzelgleichungen gegebenenfalls um und löse diese.
a) $\sqrt{3x-2}=2$
b) $\sqrt{2x+1}=5$
c) $\sqrt{6x-9}=3$
d) $\sqrt{5x+6}=\sqrt{9x-18}$
e) $\sqrt{6x+16}=\sqrt{7x+8}$
f) $\sqrt{10x+6}+6=22$

b

4 Bestimme $\sqrt{7}$ mit einer Intervallschachtelung.
Runde auf drei Nachkommastellen. Notiere jedes Intervall.

5 Bestimme, ob die Zahl rational oder irrational ist.
a) $\sqrt{9}$ b) $\sqrt{5}$ c) $\sqrt{7}$
d) $\sqrt{\frac{1}{36}}$ e) $\sqrt{12-1}$ f) $\sqrt{\frac{1}{20}}$

6 Forme die Wurzelgleichungen gegebenenfalls um und löse diese.
a) $\sqrt{13x-3}+2=9$
b) $\sqrt{4x+4}+10=18$
c) $\sqrt{3x-9}+2=11$
d) $\sqrt{14x+2}-3=7$
e) $\sqrt{\sqrt{11x+3}+10}=4$
f) $\sqrt{\sqrt{2x+1}-3}=2$

7 Subtrahiert man von einer Zahl 20, zieht die Wurzel aus der Differenz und subtrahiert drei, so erhält man sieben. Welche Zahl ist gemeint?

Gold: 47–44 Punkte, Silber: 43–38 Punkte, Bronze: 37–32 Punkte

Punkteverteilung

<table>
<tr><th>Aufgabe</th><th>a</th><th>b</th></tr>
<tr><td>1</td><td colspan="2">6</td></tr>
<tr><td>2</td><td>8</td><td>8</td></tr>
<tr><td>3</td><td colspan="2">5</td></tr>
<tr><td>4</td><td>6</td><td>10</td></tr>
<tr><td>5</td><td>4</td><td>6</td></tr>
<tr><td>6</td><td>6</td><td>6</td></tr>
<tr><td>7</td><td colspan="2">6</td></tr>
</table>

HINWEIS
Brauchst du noch Hilfe, so findest du auf den angegebenen Seiten ein Beispiel oder eine Anregung zum Lösen der Aufgaben. Überprüfe deine Ergebnisse mit den Lösungen auf Seite 169.

Aufgabe	Seite
1	8
2	8
3	8
4	12
5	12
6	18
7	18

Zusammenfassung

→ Seite 8

Rechnen mit Quadratwurzeln

Beim **Addieren** (**Subtrahieren**) von Quadratwurzeln darf man die Radikanden nicht addieren (subtrahieren).

$\sqrt{9} + \sqrt{16} = 3 + 4 = 7$ aber
$\sqrt{9 + 16} = \sqrt{25} = 5$

Beim **Multiplizieren (Dividieren)** von Quadratwurzeln darf man die Radikanden multiplizieren (dividieren):
$\sqrt{a} \cdot \sqrt{b} = \sqrt{a \cdot b}$

$\sqrt{16} \cdot \sqrt{4} = 4 \cdot 2 = 8$
$\sqrt{16 \cdot 4} = \sqrt{64} = 8$

Gleiche Radikanden dürfen mit dem Distributivgesetz zusammengefasst werden:
$a \cdot \sqrt{b} + c \cdot \sqrt{b} = (a + c) \cdot \sqrt{b}$

$5 \cdot \sqrt{6} - 2 \cdot \sqrt{6} = (5 - 2) \cdot \sqrt{6} = 3 \cdot \sqrt{6} \approx 7{,}35$

→ Seite 12

Intervallschachtelung und irrationale Zahlen

Irrationale Zahlen haben als Dezimalbruch unendlich viele Stellen nach dem Komma. Man kann sie mit Hilfe einer Intervallschachtelung beliebig genau annähern.
Eine **Intervallschachtelung** ist eine Folge von ineinander enthaltenen Intervallen. Die Intervalllängen kann man beliebig klein werden lassen. Die Intervallschachtelung bestimmt genau eine Zahl, sie liegt in allen Intervallen.

Die rationalen Zahlen und die irrationalen Zahlen zusammen bilden die **reellen Zahlen**.

Irrationale Zahlen:
$\sqrt{2}, \sqrt{10}$
Näherungsweise Bestimmung von $\sqrt{2}$ mit einer Intervallschachtelung:
[1; 2]
[1,4; 1,5]
[1,41; 1,42]
[1,414; 1,415]
[1,4142; 1,4143]

→ Seite 18

Wurzelgleichungen lösen

Gleichungen, in denen die Variable unter dem Wurzelzeichen steht, nennt man **Wurzelgleichungen**.

$$\begin{aligned} \sqrt{x+5} + 3 &= 6 \quad &|-3 \\ \sqrt{x+5} &= 3 \quad &|\text{ quadrieren} \\ x + 5 &= 9 \quad &|-5 \\ x &= 4 \end{aligned}$$

Um Wurzelgleichungen zu lösen, muss man das Wurzelzeichen entfernen.
Bei vielen Wurzelgleichungen genügt es beide Seiten der Gleichung zu quadrieren. Einige Wurzelgleichungen müssen vor dem Quadrieren so umgestellt werden, dass der Wurzelterm auf einer der beiden Seiten der Gleichung alleine steht.

Probe:
$$\begin{aligned} \sqrt{x+5} + 3 &= 6 \\ \sqrt{4+5} + 3 &= 6 \\ \sqrt{9} + 3 &= 6 \\ 6 &= 6 \end{aligned}$$
Übereinstimmung, d. h. die gefundene Lösung $x = 4$ ist Lösung der Ausgangsgleichung.

Beim Quadrieren handelt es sich nicht um eine Äquivalenzumformung. Daher macht man anschließend eine Probe, um zu prüfen, ob die gefundene Lösung auch Lösung der Ausgangsgleichung ist.

Wurzelgleichungen sind nur für reelle Zahlen lösbar, für die der Radikand größer gleich null ist.

$\sqrt{x - 3} = 12$ hat den Definitionsbereich
$D = \{x \mid x \in \mathbb{R} \text{ und } x \geq 3\}$

Quadratische Funktionen

Ein Vulkanausbruch!
Glühendheiße Lava schießt aus dem Krater und wird in einem parabelförmigen Bogen ausgeworfen. Später erstarrt sie zu besonders fruchtbarer Erde.

Noch fit?

1 Handelt es sich bei den Abbildungen um Funktionen?
Begründe deine Antwort.

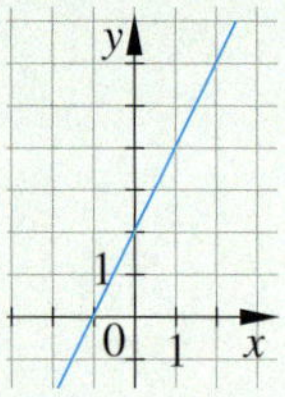

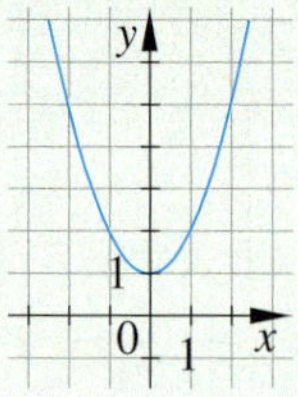

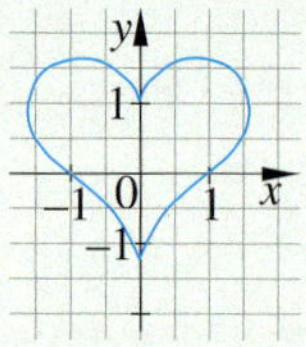

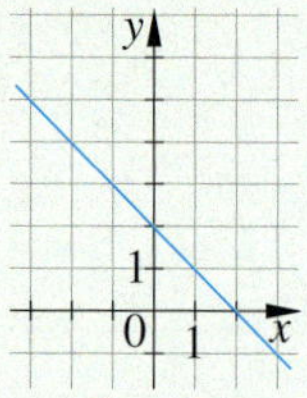

2 Berechne die Aufgaben ohne Taschenrechner.

a) $-7 \cdot 8$ b) $-9 \cdot (-11)$ c) $-14 \cdot 3$ d) $-\frac{3}{4} \cdot 2$ e) $\frac{2}{5} \cdot (-3)$
f) $60 : (-4)$ g) $-48 : 3$ h) $-70 : (-14)$ i) $12 : \left(-\frac{1}{2}\right)$ j) $2\frac{3}{4} : 2$
k) $\frac{3}{5} : \frac{1}{2}$ l) $\frac{9}{14} \cdot \frac{1}{3}$ m) $\frac{6}{7} : 3$ n) $9\frac{2}{3} : \left(-\frac{1}{3}\right)$ o) $4\frac{1}{12} : \frac{1}{3}$

3 Lineare Funktionen können mit der Funktionsgleichung $f(x) = mx + n$ beschrieben werden.
a) Erläutere die Bedeutung der Variablen m und n.
b) Zeichne die linearen Funktionen mit Hilfe eines Steigungsdreiecks.
① $m = 3;\ n = 2$ ② $m = -\frac{1}{2};\ n = 5$ ③ $m = \frac{2}{3};\ n = -20$

4 Welche Funktionsgleichungen gehören zu den rechts abgebildeten Funktionen?

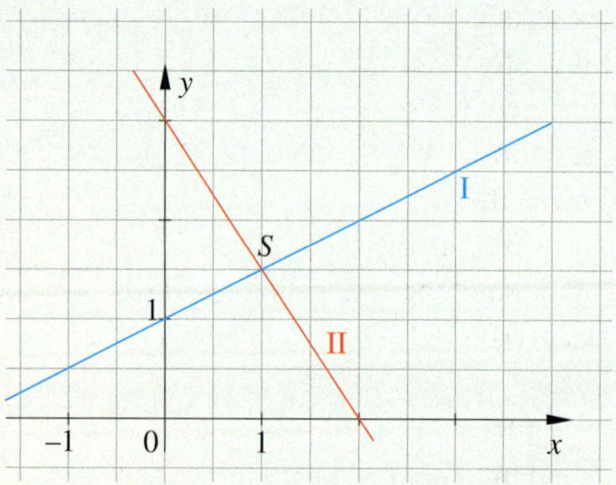

5 Lege zunächst eine Wertetabelle von $x = -3$ bis $x = 3$ an. Zeichne dann die Funktionen und gib jeweils die Schnittpunkte der Funktionen mit den Koordinatenachsen an.
a) $f(x) = 3x - 2$ b) $f(x) = -\frac{3}{4}x + 4$
c) $f(x) = -x - 1$ d) $f(x) = \frac{2}{3}x + 2$

ZUM KNOBELN
Vor fünf Jahren war Emmi so alt wie Hans heute ist. Zusammen sind sie heute 33 Jahre alt. Wie alt sind die beiden?

6 Gegeben ist die Funktion $f(x) = 3x - 4$.
a) Die folgenden Punkte liegen auf dem Graphen der Funktion. Gib die fehlenden Koordinaten für die Punkte. $P(-2|y)$, $Q(12|y)$, $R(x|-25)$ und $S(x|-0{,}5)$ an.
b) Überprüfe, ob die folgenden Punkte auf dem Graphen liegen: $T(4|8)$; $K(-5|-19)$; $V(-3|14)$
c) Bestimme den Schnittpunkt der Funktion mit der x-Achse.
d) Bestimme den Schnittpunkt der Funktion mit der Funktion $g(x) = -2x + 6$.

Kurz und knapp

1. Der Flächeninhalt eines Kreises mit dem Radius $r = 4\,\text{cm}$ beträgt _______ cm^2.
2. Wie lange benötigt man für eine Strecke von 315 km bei einer Geschwindigkeit von $90\,\frac{\text{km}}{\text{h}}$?
3. Setze <, > oder = ein: $\sqrt{24} \cdot \sqrt{6}$ $\square$ $\sqrt{36} + \sqrt{25}$
4. Wie lang ist die Diagonale in einem Rechteck mit $a = 6\,\text{cm}$ und $b = 8\,\text{cm}$?
5. Notiere jeweils die Quadrate folgender Zahlen:
11; 12; 13; 14; 15; 20; 25; 0,2; 0,4; 1,2
6. Was ist eine Funktion?

Binomische Formeln

Erforschen und Entdecken

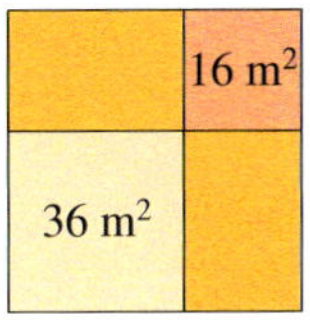

Figur 1

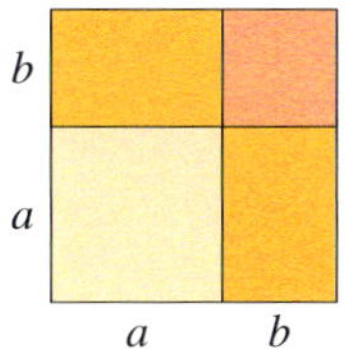

Figur 2

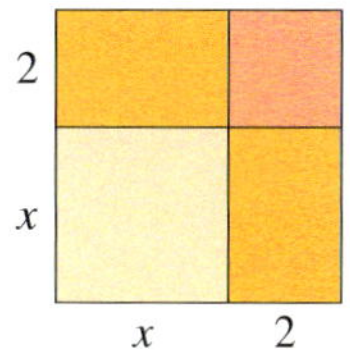

Figur 3

1 Die Quadrate sind in vier Teilflächen zerlegt.

a) Wie könnte man den Flächeninhalt von Figur 1 berechnen? Die Flächeninhalte der beiden Teilquadrate sind schon eingetragen.

b) Gib verschiedene Terme für den Flächeninhalt von Figur 2 an.

c) Übertrage Figur 3 in dein Heft (x ist beliebig). Trage die jeweiligen Terme für den Flächeninhalt der Teilflächen ein. Gib dann den Flächeninhalt der gesamten Figur auf verschiedene Weisen an.

2 In der Klasse 9 b wird dieses Quadrat an die Tafel gezeichnet. Frau Bauer fragt: „Wie kann man den Flächeninhalt des roten Quadrats berechnen?

a) Lea stellt sich vor, dass $a = 5\,\text{cm}$ und $b = 2\,\text{cm}$ wäre. Wie würde sie dann vorgehen, um den Flächeninhalt des roten Quadrats zu berechnen?

b) Niko meint: „Den Flächeninhalt kann man mit $(a - b) \cdot (a - b)$ berechnen." Hat er Recht?

c) Milena rechnet den Flächeninhalt des roten Quadrats aus.
$(a - b)^2 = (a - b) \cdot (a - b) = a^2 - ab - ab + b^2 = a^2 - 2ab + b^2$
Sie meint, dass man ihre Rechnung auch in der Zeichnung erkennen kann. Wo befinden sich in der Zeichnung die Terme a^2, ab und b^2? Warum wird b^2 addiert?

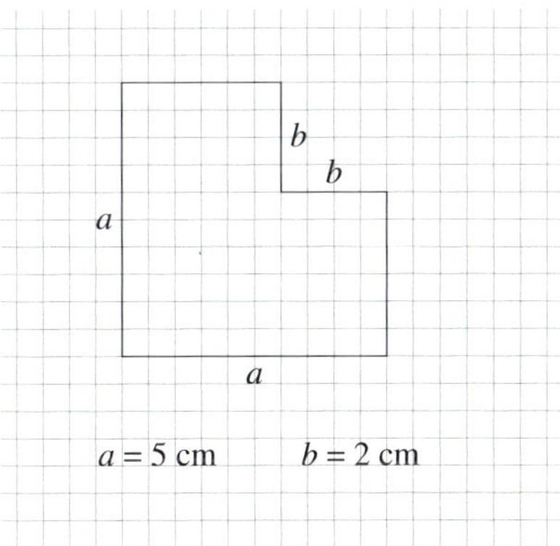

3 Übertrage die Figur auf ein Blatt Papier und schneide sie aus.

a) Zerlege die Figur durch einen geraden Schnitt in zwei Teile, sodass man aus den beiden Teilen ein Rechteck legen kann.

b) Berechne den Flächeninhalt des Rechtecks.

c) Gib einen Term für den Flächeninhalt der Figur an.

d) Gib einen Term an für den Flächeninhalt des Rechtecks.

e) Zeige durch Termumformungen, dass die beiden Terme identisch sind.

4 Berechne das Produkt $(3a + b) \cdot (3a + b)$.

a) Ergänze $9x^2 + 6xy + y^2 = (\square + \square)^2$.

b) Beschreibe, wie du vorgehst. Finde weitere Aufgaben, die sich auf diese Art zusammenfassen lassen.

Lesen und Verstehen

WUSSTEST DU SCHON?
Das Wort „Binom" kommt vom lateinischen Wort binomis, das bedeutet zweinamig.
Ein Binom ist in der Mathematik eine Summe aus zwei Summanden.

Bei der Multiplikation von Summen lassen sich manche Ergebnisse zusammenfassen.

BEISPIEL 1

$(x+4)^2 = (x+4)\cdot(x+4) = x^2 + 4x + 4x + 4^2 = x^2 + 2\cdot 4x + 16 = x^2 + 8x + 16$

$(y-5)^2 = (y-5)\cdot(y-5) = y^2 - 5y - 5y + 5^2 = y^2 - 2\cdot 5y + 25 = y^2 - 10y + 25$

$(y+3)\cdot(y-3) = y^2 - 3y + 3y - 3^2 = y^2 - 9$

Die drei Sonderfälle der Multiplikation von Summen, bei denen sich die Ergebnisse leicht zusammenfassen lassen, heißen **binomische Formeln**. Sie sind sozusagen eine Abkürzung der ausführlichen Berechnung.

1. binomische Formel: $(a+b)^2 = a^2 + 2ab + b^2$

2. binomische Formel: $(a-b)^2 = a^2 - 2ab + b^2$

3. binomische Formel: $(a+b)\cdot(a-b) = a^2 - b^2$

HINWEIS
Es erspart in Berechnungen viel Zeit, die binomischen Formeln auswendig anwenden zu können.

Die binomischen Formeln gelten auch in diesen Fällen.

BEISPIEL 2

$(2x+3y)^2 = (2x)^2 + 2\cdot 2x\cdot 3y + (3y)^2 = 4x^2 + 12xy + 9y^2$

$(4a-5b)^2 = (4a)^2 - 2\cdot 4a\cdot 5b + (5b)^2 = 16a^2 - 40ab + 25b^2$

$(4k+7m)\cdot(4k-7m) = (4k)^2 - (7m)^2 = 16k^2 - 49m^2$

Üben und Anwenden

1 Übertrage ins Heft, ergänze + oder –.

a) $(x+8)^2 = x^2 \square 16x \square 64$

b) $(c \square 2d)^2 = c^2 - 4cd + 4d^2$

c) $(2 \square a)(2 \square a) = 4 - a^2$

d) $(y \square 3z)^2 = y^2 - 6yz \square 9z^2$

e) $(w \square 4x)(w \square 4x) = w - 16x^2$

f) $(2-x)^2 = 4 \square 4x \square x^2$

2 Ergänze die fehlenden Terme.

a) $(c+d)^2 = \square + 2cd + d^2$

b) $(x-5)(x+5) = \square - 25$

c) $(d-5)^2 = \square - 10d + 25$

d) $(4-m)^2 = 16 - 8m + \square$

e) $(9+y)^2 = 81 + 18y + \square$

f) $(k-7)(k+\square) = \square^2 - 49$

g) $(a-2b)^2 = \square - 4ab + \square b^2$

h) $(x+2)^2 = x^2 + \square + 4$

i) $(y-4)^2 = y^2 - \square + 16$

j) $(6+x)^2 = \square + 12x + x^2$

3 Die binomischen Formeln lassen sich noch schneller anwenden, wenn man die Quadratzahlen auswendig kennt.
Notiere die Quadratzahlen der Zahlen von 1 bis 20 und lerne sie auswendig.
$1^2 = 1,\ 2^2 = 4,\ 3^2 = 9,\ \ldots$

4 Wende die erste binomische Formel an.

a) $(4+y)^2$ b) $(e+f)^2$ c) $(a+5)^2$

d) $(d+3)^2$ e) $(x+12)^2$ f) $(s+15)^2$

5 Ist die erste binomische Formel richtig angewendet worden?
Verbessere, wenn es nötig ist.

a) $(6+x)^2 = 36 + 6x + x^2$

b) $(a+8)^2 = a^2 + 16a + 64$

c) $(3+b)^2 = 3 + 6b + b^2$

d) $(y+5)^2 = y^2 + 10y^2 + y^2$

e) $(o+p)^2 = o^2 + 2op + p^2$

6 Arbeitet zu zweit. Findet eine Erklärung, warum man die binomischen Formeln als Abkürzung der Multiplikation von Summen verstehen kann.
Präsentiert eure Erklärung und notiert sie gegebenenfalls in einem Lerntagebuch.

7 Wende die zweite binomische Formel an.
a) $(5-t)^2$ b) $(t-u)^2$ c) $(b-4)^2$
d) $(8-p)^2$ e) $(c-7)^2$ f) $(9-q)^2$
g) $(x-12)^2$ h) $(11-y)^2$ i) $(y-3)^2$
j) $(1-c)^2$ k) $(s-5)^2$ l) $(10-x)^2$

8 Löse die Klammern auf.
a) $(u-7)^2$ b) $(w+9)^2$ c) $(8-t)^2$
d) $(13+s)^2$ e) $(m-14)^2$ f) $(u+18)^2$
g) $(17-r)^2$ h) $(e+10)^2$ i) $(15+k)^2$
j) $(d-20)^2$ k) $(x+8)^2$ l) $(11-p)^2$

9 Ordne jeweils einem Term aus dem oberen Feld einen passenden Term aus dem unteren Feld zu.

$(3+x)^2$ $(y-3)^2$ $(x-y)^2$
$(x-3y)^2$ $(3x+y)^2$
$(3-y)^2$ $(x+3y)^2$

y^2-6y+9 $9-6y+y^2$
$x^2-2xy+y^2$ $9+6x+x^2$ $x^2+6xy+9y^2$
$x^2-6xy+9y^2$ $9x^2+6xy+y^2$

10 Wende die dritte binomische Formel an.
a) $(x+2)(x-2)$ b) $(a+3)(a-3)$
c) $(y+z)(y-z)$ d) $(8+a)(8-a)$
e) $(a+9)(a-9)$ f) $(6+b)(6-b)$
g) $(u+7)(u-7)$ h) $(y+11)(y-11)$

11 Hannes hat sich als dritte binomische Formel notiert: $(a-b)(a+b)=a^2-b^2$. Lena meint, dass die Formel $(a+b)(a-b)=a^2-b^2$ lauten muss. Was meinst du dazu?

12 Kann man auf den Term $(a+7)(7-a)$ die dritte binomische Formel anwenden? Begründe.

13 Wo stecken die Fehler? Korrigiere sie.
a) $(x-a)^2 = x^2-2ax-a^2$
b) $(2x-4)^2 = 4x^2-8x+16$
c) $(3a+5b)^2 = 3a^2+30ab+25b^2$
d) $(2x+y)(2x-y) = 4x^2+y^2$
e) $(11-4x)^2 = 121-44x+16x^2$
f) $(5g+3h)^2 = 25g^2+30gh+9h$

14 Faktorisiere den Term mit Hilfe einer binomischen Formel.
BEISPIEL $x^2+12x+36=(x+6)^2$
a) $x^2+20x+100$ b) $m^2-18m+81$
c) s^2-196t^2 d) $4x^2+8xy+4y^2$
e) $\frac{1}{4}-b^2$ f) $49-56y+16y^2$

BEACHTE
Beim Faktorisieren fasst man einen Term so zusammen, dass sich Faktoren ergeben.

15 Wende die binomischen Formeln an.
a) $(2x+3)^2$ b) $(3x-2)^2$
c) $(4x-3)^2$ d) $(3x-1)(3x+1)$
e) $(5+2x)(5-2x)$ f) $(6x-9)(6x+9)$
g) $(7x-2)^2$ h) $(5x+4)^2$
i) $(2x+2y)(2x-2y)$ j) $(x+8y)(x-8y)$

16 Mit Hilfe der dritten binomischen Formel kann man bestimmte Multiplikationsaufgaben schnell lösen.
BEISPIEL
$58 \cdot 62 = (60+2)(60-2) = 3600-4 = 3596$
a) Erkläre den Rechenweg.
b) Berechne auf die gleiche Weise die Produkte im Kopf.
① $46 \cdot 54$ ② $72 \cdot 68$ ③ $85 \cdot 75$
④ $98 \cdot 102$ ⑤ $45 \cdot 55$ ⑥ $204 \cdot 196$

17 Wende die erste und zweite binomische Formel zur Berechnung der Quadratzahlen an. Beachte die Beispiele in der Randspalte.
a) 31^2 b) 28^2 c) 34^2 d) 63^2
e) 47^2 f) 98^2 g) 205^2 h) 394^2

BEISPIEL
$36^2 = (30+6)^2$
$= 30^2+2\cdot30\cdot6+6^2$
$= 900+360+36$
$= 1296$

$29^2 = (30-1)^2$
$= 30^2-2\cdot30\cdot1+1^2$
$= 900-60+1 = 841$

18 Schreibe die Terme mit Hilfe der binomischen Formeln als Potenz.
BEISPIEL $x^2-26x+169=(x-13)^2$
a) $x^2-2xy+y^2$ b) a^2+6a+9
c) $y^2+8y+16$ d) $x^2-10xy+25y^2$
e) $r^2-8rs+16s^2$ f) $a^2-14a+49$
g) $a^2+4ab+4b^2$ h) $9x^2+6xy+y^2$

19 Quadrat einer Dezimalzahl

a) Erkläre, wie Tim rechnet.
b) Berechne mit dieser Methode die folgenden Quadrate.
① $1{,}5^2$ ② $2{,}5^2$ ③ $4{,}5^2$ ④ $5{,}5^2$
⑤ $6{,}5^2$ ⑥ $7{,}5^2$ ⑦ $8{,}5^2$ ⑧ $9{,}5^2$
c) Tim kann auch beweisen, dass sein System funktioniert.
Erläutere seinen Beweis.
$$\begin{aligned}(n+0{,}5)^2 &= n^2 + 2 \cdot 0{,}5 \cdot n + 0{,}25\\ &= n^2 + n + 0{,}25\\ &= n(n+1) + 0{,}25\end{aligned}$$

032-1
HINWEIS
Hinter dem Webcode verbirgt sich eine Linkliste mit interaktiven Testmöglichkeiten zu den binomischen Formeln.

20 Vervollständige im Heft.
a) $\left(m - \frac{1}{2}\right)^2 = m^2 - \square + \frac{1}{4}$
b) $\left(\frac{1}{3} + u\right)^2 = \frac{1}{9} + \square + u^2$
c) $\left(p - \frac{4}{5}\right)^2 = p^2 - \square + \frac{16}{25}$
d) $\left(\frac{2}{3} - q\right)^2 = \square - 1\frac{1}{3}q + q^2$
e) $\left(\frac{1}{2}a + b\right)^2 = \square + ab + b^2$

21 Faktorisiere.
a) $y^2 + 6y + 9$ b) $x^2 - 8x + 16$
c) $a^2 - 25$ d) $c^2 - 6c + 9$
e) $x^2 + 10x + 25$ f) $x^2 - 81$
g) $16 - 8y + y^2$ h) $a^2 - 1$
i) $x^2 - 16$ j) $a^2 + 18a + 81$

22 Wende die binomischen Formeln an.
a) $\left(a + \frac{1}{2}\right)\left(a - \frac{1}{2}\right)$ b) $\left(a - \frac{1}{4}\right)\left(a + \frac{1}{4}\right)$
c) $\left(\frac{3}{7} - a\right)\left(\frac{3}{7} + a\right)$ d) $\left(a + \frac{1}{5}\right)^2$
e) $\left(a + \frac{2}{3}\right)^2$ f) $\left(\frac{7}{9} + a\right)^2$

23 Bilde mindestens acht Produkte und löse die Klammern auf.

$(x+4)$ $(3x-5)$ $(3x+4)$ $(x-5)$

$(x-5)$ $(x+4)$ $(3x-4)$ $(3x+5)$ $(x-4)$ $(3x+4)$ $(3x-5)$

24 Frau Meier hat ein quadratisches Grundstück. Da dort ein Supermarkt gebaut werden soll, bietet man ihr ein rechteckiges Grundstück an, das auf der einen Seite 5 m länger, aber auf der anderen Seite 5 m kürzer als ihr bisheriges Grundstück ist. Frau Meier nimmt das Angebot an. Als ihre Freundin Frau Prof. Mathematica davon erfährt, ist sie empört: „Da bist du ja ganz schön betrogen worden!“ Stimmt das?
Überprüfe, ob der Tausch fair war.
Tipp: Stelle einen Term auf.

25 Faktorisiere.
a) $x^2 + 0{,}6x + 0{,}09$ b) $x^2 + 1{,}2x + 0{,}36$
c) $x^2 - 3{,}6x + 3{,}34$ d) $x^2 - 4{,}2x + 4{,}41$
e) $x^2 + 7x + 12{,}25$ f) $x^2 - 0{,}04$
g) $0{,}01 - x^2$ h) $x^2 - 29{,}16$

26 Löse die Klammern auf.
a) $(2a + 0{,}6)^2$ b) $(2y - 0{,}3)(2y + 0{,}3)$
c) $(0{,}5a + 1{,}7)^2$ d) $\left(3b - \frac{1}{3}\right)^2$
e) $\left(0{,}8s + \frac{1}{2}\right)^2$ f) $\left(0{,}2b - \frac{1}{4}\right)\left(0{,}2b + \frac{1}{4}\right)$
g) $\left(\frac{3}{8}g - \frac{4}{5}\right)^2$ h) $\left(\frac{4}{9} + 4x\right)\left(\frac{4}{9} - 4x\right)$

27 Denke dir eine Zahl x und berechne x^2. Multipliziere nun den Nachfolger und den Vorgänger von x.
a) Wiederhole die Rechnungen für weitere drei Zahlen. Was fällt dir auf?
b) Gib einen Term an, mit dem man das Produkt von Vorgänger und Nachfolger einer Zahl n berechnen kann. Vereinfache den Term.
c) Welcher Zusammenhang besteht zwischen dem vereinfachten Term aus b) und deinen Beobachtungen aus a)?

28 Es ist $a^2 - b^2 = (a-b) \cdot (a+b)$.
Warum ist dann $a^2 + b^2$ nicht gleich $(a+b) \cdot (a+b)$? Begründe.

29 Fasse zusammen, soweit es geht.
a) $3(8+x) + (3-x)(3+x)$
b) $7x + 2x(7+x) + (4-x)^2 + 5x$
c) $3x + 4y + (x+y)^2 + 6(x+4)$

Die Normalparabel

Erforschen und Entdecken

1 Die Zuordnung *Seitenlänge eines Quadrats* → *Flächeninhalt des Quadrats* kann für positive x-Werte durch die Funktion $f(x) = x^2$ beschrieben werden.

a) Ergänze die fehlenden Werte der Wertetabelle für $f(x) = x^2$ in deinem Heft.

x	0	0,25	0,5	0,75	1	1,5	2	2,5	3
$f(x)$									

b) Begründe, warum die Zuordnung nicht für negative x-Werte definiert ist, die Funktion jedoch schon?

c) Zeichne den Graphen der Funktion in ein Koordinatensystem, in dem eine Längeneinheit einem Zentimeter entspricht.

d) Zeichne in das Koordinatensystem aus a) die Funktion $g(x) = x$ und vergleiche den Verlauf der beiden Funktionsgraphen.

2 Welche dieser Funktionen gehört zur abgebildeten Kurve? Diskutiert zu zweit, wie ihr vorgehen könnt, um das herauszufinden.

$f(x) = \frac{1}{x}$

$f(x) = x + 2$

$f(x) = 2x^2$

$f(x) = 2x$

$f(x) = x^2$

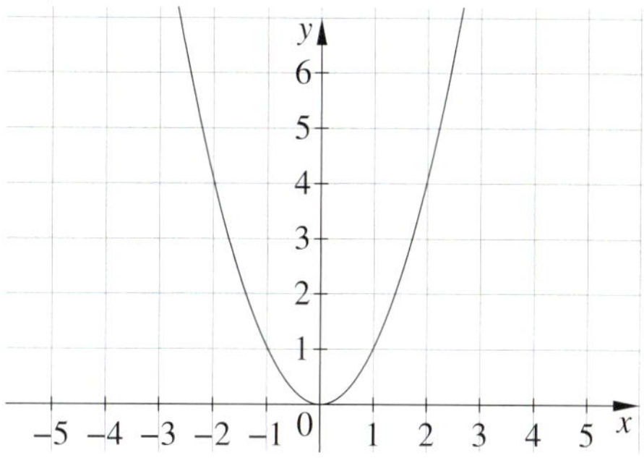

3 Arbeitet zu zweit oder in kleinen Gruppen.

a) Legt eine Wertetabelle für $f(x) = x^2$ an und zeichnet den Graphen. Überprüft anhand der Wertetabelle und des gezeichneten Graphen die folgenden Aussagen.
Wie geht ihr dabei vor?

Symmetrie
Der Graph der Funktion $f(x) = x^2$ ist achsensymmetrisch, d. h. der Originalpunkt A und der Bildpunkt A' haben zur y-Achse den gleichen Abstand.
Der Graph ist nicht punktsymmetrisch, d. h. es gibt keinen Punkt, an dem der Graph gespiegelt werden kann, sodass wieder der gleiche Graph entsteht.

Definitionsbereich
Die Funktion $f(x) = x^2$ ist für alle Werte x aus $\mathbb{R}$ definiert.

Schnittpunkt mit den Achsen
Der Graph der Funktion $f(x) = x^2$ schneidet die Achsen im Punkt $S(0|0)$.

Wertebereich
Die Funktion $f(x) = x^2$ nimmt für alle Werte aus dem Definitionsbereich Werte an, die größer oder gleich null sind.

b) Zeichnet die lineare Funktion $g(x) = x$ in das Koordinatensystem aus a) und überprüft, ob die Aussagen auch auf diese Funktion zutreffen.

Lesen und Verstehen

Nadine soll die Seitenlänge eines Quadrats dem Flächeninhalt dieses Quadrats zuordnen. Diese Zuordnung lässt sich mit der Funktion $f(x) = x^2$ beschreiben.

Die zu $f(x) = x^2$ zugehörige Wertetabelle sieht folgendermaßen aus:

x	0	0,5	1	1,5	2	2,5
$f(x) = x^2$	0	0,25	1	2,25	4	6,25

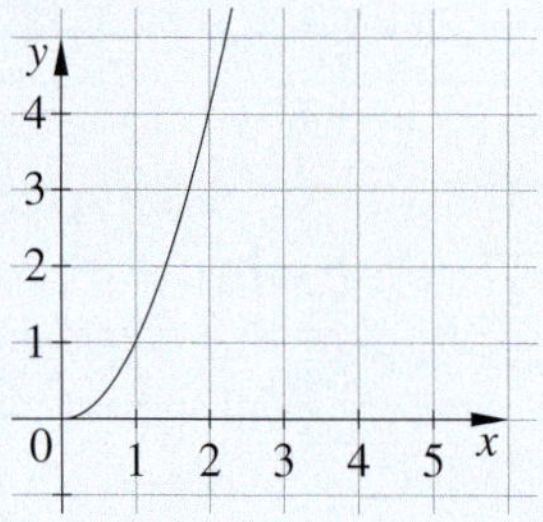

Überträgt man die Werte der Wertetabelle in ein Koordinatensystem und verbindet sie, so entsteht eine Kurve. Die Funktionsgraphen einer linearen Funktion sind Geraden. Die Funktion $f(x) = x^2$ ist nicht linear.

Eine Funktion, in der eine Variable mit dem Exponenten 2 vorkommt und keine Variable einen höheren Exponenten als 2 hat, heißt **quadratische Funktion**.
Der Graph der quadratischen Funktion $f(x) = x^2$ heißt **Normalparabel**. Er ist **symmetrisch** zur y-Achse. Der Schnittpunkt mit den Achsen liegt bei $S(0|0)$. Dieser Punkt wird **Scheitelpunkt** genannt.

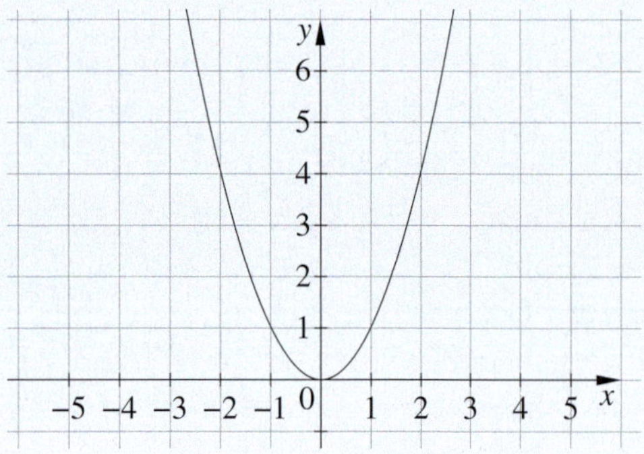

Üben und Anwenden

NACHGEDACHT
Welchen Vorteil hat die Darstellung einer Funktion in einer Wertetabelle?

1 Durch die Wertetabellen ist eine Funktion gegeben. Zeichne jeweils den Graphen und gib an, ob es sich um eine lineare oder um eine quadratische Funktion handelt. Wie lauten die zugehörigen Funktionsgleichungen?

a)

x	−3	−2	−1	0	1	2	3
$f(x)$	−5	−3	−1	1	3	5	7

b)

x	−3	−2	−1	0	1	2	3
$f(x)$	−9	−4	−1	0	−1	−4	−9

c)

x	−6	−4	−2	0	2	4	6
$f(x)$	−2	−1	0	1	2	3	4

ERINNERE DICH
Das Wachsen bzw. Fallen von y-Werten bei steigenden x-Werten bezeichnet man als Monotonie einer Funktion.

2 Woran kann man anhand eines Graphen erkennen, ob die zugrunde liegende Funktion linear oder quadratisch ist?

3 Betrachte die zwei Funktionen $f(x) = x^2$ und $g(x) = x$.

a) Zeichne die beiden Funktionen f und g in dasselbe Koordinatensystem. Lege hierfür zunächst für jede Funktion eine Wertetabelle an.

b) An welcher Stelle schneiden sich die beiden Funktionen f und g?

c) Vergleiche den Verlauf der beiden Graphen. Bestimme hierfür die Schnittpunkte mit den beiden Achsen. Beschreibe jeweils das Monotonie- und Symmetrieverhalten.

4 Bestimme für die Funktion $f(x) = x^2$ alle x-Werte, für die Folgendes gilt:

a) Die Funktionswerte sind größer gleich 9.

b) Die Funktionswerte sind kleiner gleich 4.

c) Die Funktionswerte sind gleich 1.

Formänderung der Normalparabel

Erforschen und Entdecken

1 Wenn Autofahrer plötzlich bremsen müssen, legt das Auto trotzdem noch einen von der Geschwindigkeit abhängigen Anhalteweg zurück. Er setzt sich zusammen aus dem Reaktionsweg und dem Bremsweg.

HINWEIS
Diese Faustregeln gelten nur für trockene und ebene Fahrbahnen.

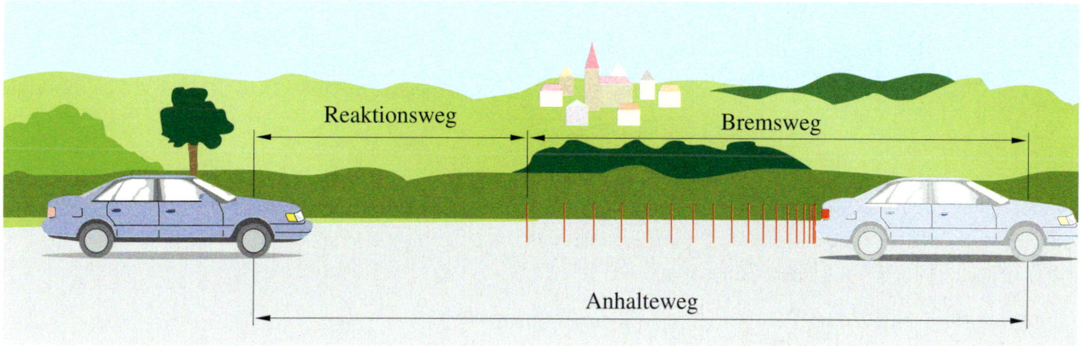

In der Fahrschule lernt man die folgenden Faustregeln:

- Der **Bremsweg** ist die Tachometeranzeige geteilt durch 10 und anschließend mit sich selbst multipliziert.
- Der **Reaktionsweg** ist die Tachometeranzeige geteilt durch 10 und anschließend mit 3 multipliziert.

Da jeder Geschwindigkeit x in $\frac{\text{km}}{\text{h}}$ mit Hilfe der Faustregel ein Bremsweg in m zugeordnet werden kann, lässt sich der Zusammenhang durch eine Zuordnung beschreiben.

HINWEIS
Ein Tachometer zeigt die Geschwindigkeit des Fahrzeugs an.

a) Berechne den Bremsweg für die folgenden Geschwindigkeiten. Vervollständige die Wertetabelle im Heft.

Geschwindigkeit x (in $\frac{\text{km}}{\text{h}}$)	20	40	60	80	120	140	160	180	200
Bremsweg $f(x)$ (in m)	4								

b) Ist die Zuordnung *Geschwindigkeit* → *Bremsweg* eine Funktion? Zeichne ihren Graphen.

c) Mit welchen der folgenden Funktionsgleichungen kann man den Bremsweg berechnen? Begründe.
① $f(x) = \frac{1}{10}x^2$ ② $f(x) = (0{,}1\,x)^2$ ③ $f(x) = \frac{1}{100}x^2$ ④ $f(x) = \frac{1}{10}x$

d) Erkläre, warum es vor dem Bremsweg einen Reaktionsweg gibt.

e) Gib für die Berechnung des Reaktionswegs eine Funktionsgleichung an, erstelle eine Wertetabelle und zeichne den Graphen. Welche Unterschiede gibt es zu dem Graphen zum Bremsweg?

ZUM WEITERARBEITEN
Wie verändert sich der Bremsweg (der Anhalteweg), wenn sich die Geschwindigkeit verdoppelt?

2 Zeichne den Graphen zu der Funktion $f(x) = x^2$ in ein Koordinatensystem.

a) Lege nun auch Wertetabellen für die folgenden Funktionen an. Zeichne jeden Graphen in einer anderen Farbe in dasselbe Koordinatensystem ein.
$g(x) = 1{,}5\,x^2$; $h(x) = 3\,x^2$; $i(x) = 0{,}75\,x^2$; $k(x) = 0{,}5\,x^2$

b) Beschreibe den Verlauf der Funktionsgraphen und vergleiche jeweils mit dem Verlauf von $f(x) = x^2$. Was stellst du zum Faktor vor x^2 fest?

3 Arbeitet zu zweit. Findet mindestens drei Funktionsgleichungen, deren Parabeln nach unten geöffnet sind. Wie geht ihr vor?

Lesen und Verstehen

SCHON GEWUSST?
Quarterpipe kommt aus dem Englischen und bedeutet eigentlich „Viertelrohr".

Eine Stadt möchte für Jugendliche einen Skatepark anlegen. Dazu gehört auch eine Quarterpipe. Sie soll auf einem 200 cm langen Stahlgerüst befestigt werden und der längste Träger soll 120 cm hoch sein.
Wie hoch sind die anderen Träger?

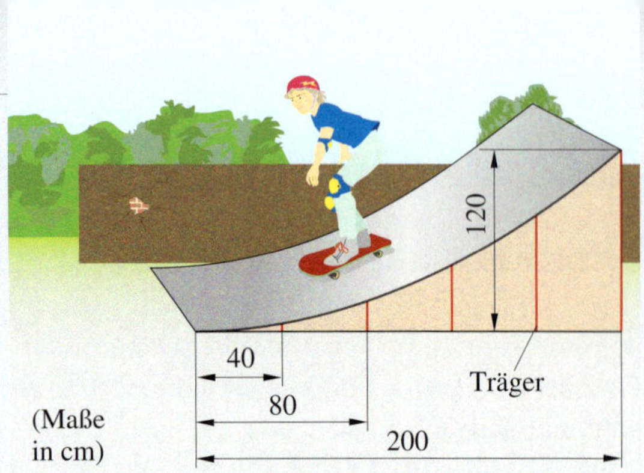

Die Trägerlänge lässt sich mit der Funktionsgleichung $f(x) = 0{,}003\,x^2$ berechnen. Die Träger sind im Abstand von 40 cm angebracht. Die Trägerlänge bei 40 cm Stahlgerüstlänge berechnet man folgendermaßen: $f(40) = 0{,}003 \cdot 40^2 = 4{,}8\,[\text{cm}]$

HINWEIS
In vielen Anwendungssituationen, wie z. B. bei der Quarterpipe, betrachtet man nur positive x-Werte, da die Längen der Träger nur positiv sein können.

Die berechneten Trägerlängen:

x (in cm)	40	80	120	160	200
f(x) (in cm)	4,8	19,2	43,2	76,8	120

Überträgt man die Trägerlängen in ein Koordinatensystem und verbindet sie, ergibt sich eine Parabel, die im Vergleich zur Normalparabel gestaucht verläuft.

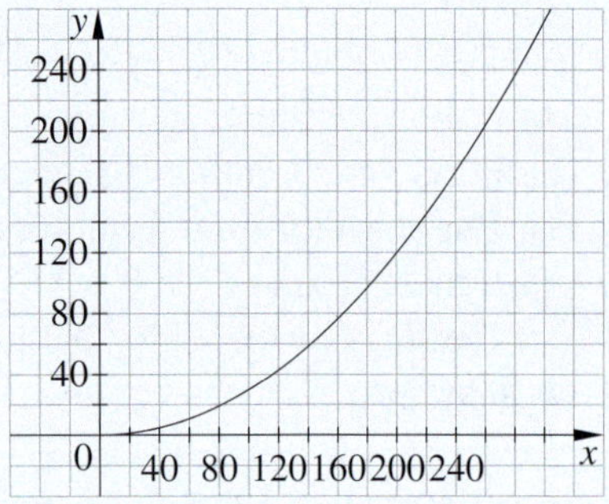

Der Verlauf einer quadratischen Funktion der Form $f(x) = ax^2$ hängt von dem Faktor a ab.

x	−2	−1	0	1	2
$f(x) = x^2$	4	2	0	1	4
$f(x) = \frac{1}{4}x^2$	1	$\frac{1}{4}$	0	$\frac{1}{4}$	1
$f(x) = -x^2$	−4	−2	0	−1	−4
$f(x) = -3x^2$	−12	−3	0	−3	−12

ERINNERE DICH
$1 \cdot x^2 = x^2$
$2 \cdot x^2 = 2x^2$

Die Graphen für $a = \frac{1}{4}$; $a = 2$; $a = -1$ und $a = -3$ werden untersucht. Verläuft eine Parabel enger als die Normalparabel, so heißt sie **gestreckt** (z. B. $f(x) = -3x^2$), verläuft sie weiter als eine Normalparabel, nennt man sie **gestaucht** (z. B. $f(x) = \frac{1}{4}x^2$).

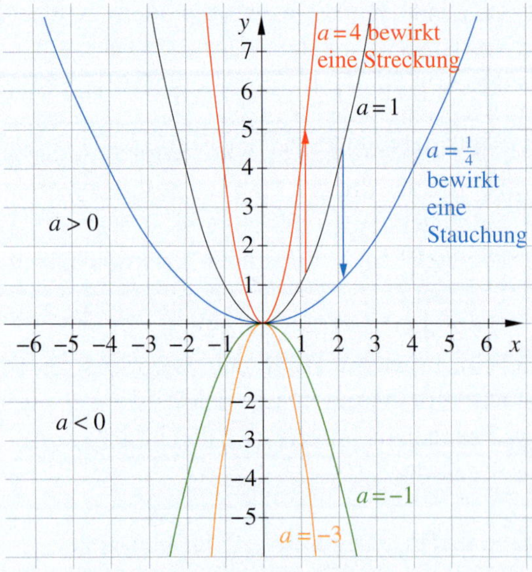

Bei der Funktion $f(x) = -x^2$ ist die Parabel an der x-Achse gespiegelt und **nach unten geöffnet**. Für den Faktor a kann man verschiedene Fälle unterscheiden:

ERINNERE DICH
$|a|$ bedeutet „Betrag von a". Es ist der Abstand der Zahl a zur null gemeint. $|3|$ steht also für die Zahl 3 und ihre Gegenzahl −3.

Der **Faktor a** bestimmt die **Form** und die **Öffnungsrichtung** einer Parabel zur Funktion $f(x) = ax^2$.
Für $a = 1$ entsteht die Normalparabel.
Für $a < 0$ ist die Parabel nach unten geöffnet, für $a > 0$ nach oben geöffnet.
Für $0 < |a| < 1$ entsteht eine gestauchte Parabel, für $|a| > 1$ eine gestreckte Parabel.

Üben und Anwenden

1 Betrachte die folgende Tabelle.

Geschwindigkeit (in $\frac{km}{h}$)	25	45	65	85	125
Reaktionsweg $f_R(x) = 0{,}3x$					
Bremsweg $f_B(x) = 0{,}01x^2$					
Anhalteweg $f_A(x) = 0{,}01x^2 + 0{,}3x$					

a) Ergänze die Tabelle im Heft. Beachte die Randspalte.
b) Gib den Definitions- und Wertebereich der Funktionen an.
c) Stelle die Funktionsgraphen in demselben Koordinatensystem dar. Zeichne anschließend für den Definitionsbereich aus b) die Normalparabel in dasselbe Koordinatensystem. Vergleiche die Funktionsgraphen mit dem Graphen der Normalparabel und beschreibe die Unterschiede.

2 Lies in Aufgabe 1 die Funktionsgleichungen für den Bremsweg und den Reaktionsweg nach. Überprüfe, ob die folgenden Aussagen richtig sind.
a) Wenn man mit einer niedrigeren Geschwindigkeit fährt, verkürzt sich der Bremsweg.
b) Wenn der Bremsweg doppelt so lang ist, war die Geschwindigkeit auch doppelt so groß.
c) Wenn man mit $90\,\frac{km}{h}$ statt mit $30\,\frac{km}{h}$ fährt, verdreifacht sich der Bremsweg.
d) Fährt man mit $100\,\frac{km}{h}$ statt mit $50\,\frac{km}{h}$, so verdoppelt sich der Reaktionsweg.
e) Wenn man doppelt so schnell fährt, wird der Bremsweg viermal so lang.

3 Die Träger einer 150 cm langen Skateboard-Rampe haben jeweils einen Abstand von 25 cm.
a) Berechne die Trägerlängen mit Hilfe der Funktionsgleichung $f(x) = 0{,}0025x^2$.
b) Wie verläuft der Funktionsgraph im Vergleich zum Verlauf des Graphen einer Normalparabel?
c) Zeichne die Rampe im Maßstab 1 : 10.

4 Ordne die Funktionsgleichungen den Graphen zu. ① $f(x) = 0{,}3x^2$ ② $f(x) = 2x^2$ ③ $f(x) = 3{,}5x^2$ ④ $f(x) = 0{,}4x^2$

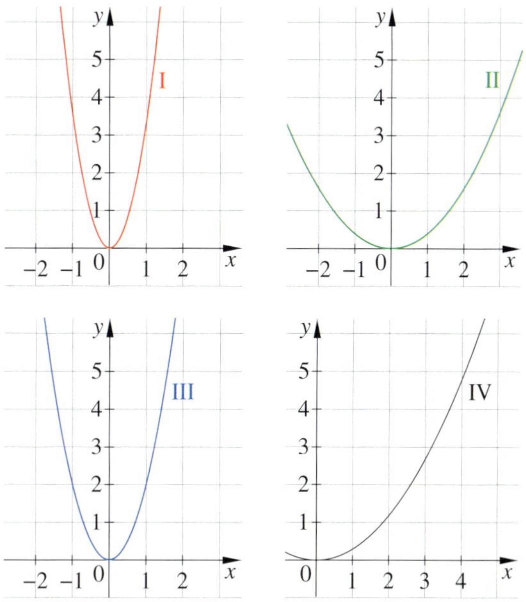

5 Für vier Funktionen wurde jeweils eine Funktionsgleichung, ein Punkt des Graphen und eine Beschreibung notiert.
a) Welche Karten gehören zusammen?
b) Zeichne jede der Funktionen.

$R(3|7)$

$f(x) = 3x + 2$

$Q(4|15)$

Jeder Zahl wird das Produkt aus ihrem Vorgänger und ihrem Nachfolger zugeordnet.

$P(5|17)$

Das Dreifache der Zahl wird um zwei erhöht.

$f(x) = x^2 - 1$

$f(x) = x^2 + 1$

Jeder Seitenlänge eines Quadrats wird der um zwei verminderte Flächeninhalt des Quadrats zugeordnet.

Jeder Zahl wird ihr um eins erhöhtes Quadrat zugeordnet.

$f(x) = x^2 - 2$

$S(4|17)$

c) Erstellt nun selbst solche Karten.
Denkt euch eine Funktionsgleichung einer quadratischen Funktion aus, findet eine Wortvorschrift, gebt einen Punkt des Graphen an und erstellt eine kleine Wertetabelle. Anschließend werden eure Karten gemischt. Jeder Schüler erhält eine Karte und es müssen sich jeweils die vier zueinander passenden Partner zusammenfinden.

BEACHTE
Hinweise zu Reaktions-, Brems- und Anhalteweg findest du auf Seite 35.

037-1

HINWEIS
Unter dem Webcode findest du eine Vorlage für das Spiel in Aufgabe 5.

6 Gegeben sind die Faktoren a einer quadratischen Funktion $f(x) = ax^2$. Entstehen daraus gestauchte oder gestreckte Parabeln? In welche Richtung sind die Parabeln geöffnet?

a) $a = 1{,}1$ b) $a = -0{,}7$ c) $a = \frac{3}{4}$
d) $a = \frac{3}{2}$ e) $a = -2{,}8$ f) $a = -\frac{8}{7}$
g) $a = 0{,}45$ h) $a = 4{,}5$ i) $a = -\frac{5}{4}$
j) $a = -3{,}2$ k) $a = 0{,}9$ l) $a = -0{,}2$

7 Gegeben ist ein Punkt einer Parabel mit der Funktionsgleichung $f(x) = ax^2$. Bestimme den Faktor a, indem du die Parabel mit der Normalparabel $f(x) = x^2$ vergleichst.
BEISPIEL Der Punkt $P(2|12)$ ist gegeben. Zur Normalparabel gehört der Punkt $P(2|4)$. Da die y-Koordinate sich verdreifacht hat, ist $a = 3$.

a) $P(1|3)$ b) $P(2|8)$
c) $P(3|18)$ d) $P(4|64)$
e) $P(1{,}5|6{,}75)$ f) $P(2{,}5|2{,}5)$
g) $P(-1{,}5|13{,}5)$ h) $P(-2|3{,}2)$
i) $P(2|-6)$ j) $P(0{,}8|-0{,}32)$
k) $P(-0{,}5|-0{,}7)$ l) $P(3|4{,}5)$

HINWEIS
Erstelle die Skizze so, dass der tiefste Punkt der Brücke im Ursprung des Koordinatensystems liegt.

8 Gib jeweils die zugehörige Funktionsgleichung an.

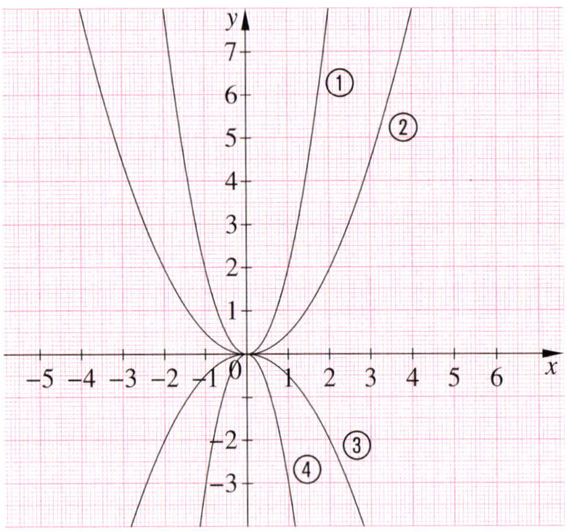

038-1
BEACHTE
Unter dem Webcode gibt es eine Linkliste mit sehr hilfreichen Links für Aufgabe 12.

9 Ein unbeladener LKW, der mit $80\,\frac{\text{km}}{\text{h}}$ fährt, hat einen Bremsweg von 46 m. Bei Nässe erhöht sich der Bremsweg bei gleicher Geschwindigkeit sogar auf 82 m. Stelle für trockene und nasse Fahrbahnen jeweils eine Funktionsgleichung für den Bremsweg auf.

10 Zeichne die Parabeln und gib jeweils die Koordinaten von drei Punkten an, die auf der Parabel liegen.

a) $f(x) = 1{,}3x^2$ b) $f(x) = -0{,}5x^2$
c) $f(x) = -\frac{3}{4}x^2$ d) $f(x) = 2\frac{1}{2}x^2$

11 Die Storebælt-Brücke in Dänemark verbindet die beiden großen Inseln Seeland und Fünen. Mit einem Abstand von 1624 m zwischen den Brückenpfeilern ist sie zurzeit die längste Hängebrücke Europas.

Die Tragseile der Hängebrücke bilden eine Parabel. Die Stahlbetonpfeiler ragen 254 m aus dem Wasser heraus. Der tiefste Punkt des Tragseils befindet sich 77 m über dem Wasserspiegel. Fertige eine Skizze an und bestimme die Gleichung der quadratischen Funktion $f(x) = ax^2$, die den Verlauf des Tragseils beschreibt.

12 Arbeitet zu zweit. Wählt einen der unten genannten Gegenstände aus und erkundet, ob man seine Form mit Hilfe einer Parabel darstellen kann. Probiert aus, welche Funktionsgleichung der Form möglichst nahe kommt. Beachtet auch die Links unter dem Webcode in der Randspalte.
Notiert eure Überlegungen, stellt sie übersichtlich auf einem Plakat oder einer Folie dar und präsentiert sie in der Klasse.

Regenbogen
Kreishälfte
Kette
Brückenbogen am Glenfinnan-Viadukt

13 Welcher Graph gehört zu welcher Funktionsgleichung? Gib jeweils den Definitions- und Wertebereich sowie die Schnittpunkte mit den Achsen, den Scheitelpunkt und die Symmetrieeigenschaft des Graphen an.

a) $f(x) = x + 1$ b) $f(x) = x^2$
c) $f(x) = -2x - 2$ d) $f(x) = -x^2$

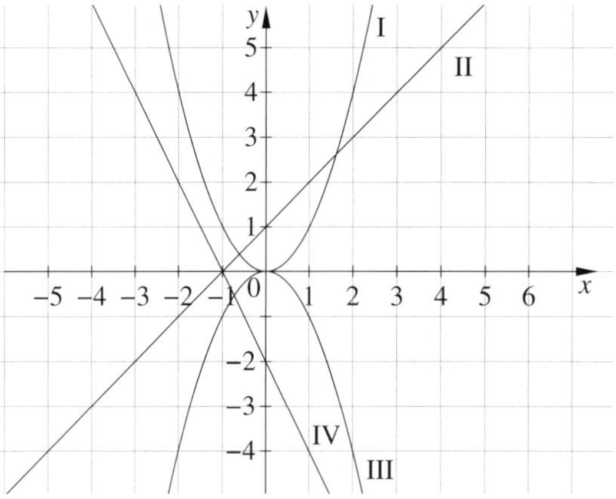

14 Zeichne die Funktionen $f_1(x) = \frac{1}{2}x^2$ und $f_2(x) = 1{,}5x^2$ in ein gemeinsames Koordinatensystem. Vergleiche die beiden entstandenen Graphen mit der Normalparabel.

15 Zeichne jeweils beide Graphen in ein Koordinatensystem. Gib an, ob die Parabeln gestaucht oder gestreckt sind und in welcher Richtung sie geöffnet sind.

a) $f_1(x) = 0{,}4x^2$ $f_2(x) = 2{,}5x^2$
b) $f_1(x) = -2x^2$ $f_2(x) = -0{,}75x^2$
c) $f_1(x) = 1{,}9x^2$ $f_2(x) = -2{,}2x^2$

16 Der Radius eines Kreises wird schrittweise erhöht. Berechne und beschreibe, wie sich Umfang und Flächeninhalt verändern.

Radius *r* (in cm)	2	4	6	8	10
Umfang *u* (in cm)					
Flächeninhalt *A* (in cm²)					

17 Eine kleine Pizza mit einem Radius von 12 cm kostet 3,20 €. Eine Familienpizza mit einem Radius von 24 cm kostet 10,80 €. Der Radius der großen Pizza ist nur doppelt so groß wie der der kleinen Pizza.
Ist der deutlich höhere Preis gerechtfertigt?

18 Galileo Galilei führte verschiedene Versuche zum freien Fall durch. Er baute zum Beispiel eine Fallrinne und ließ eine Kugel hinunterlaufen, um den Zusammenhang zwischen der zurückgelegten Strecke und der von der Kugel dafür benötigten Zeit zu untersuchen.
Er stellte fest, dass der Weg proportional zum Quadrat der Zeit ist.

Max hat den gleichen Versuch durchgeführt und folgende Werte erhalten:

Zeit (in s)	1	2	3	4	5
Weg (in cm)	10	40	90	160	250

a) Zeige, dass die Funktion *Zeit* → *Weg* durch die Funktionsgleichung $f(x) = 10x^2$ beschrieben werden kann. Zeichne die Funktion.
b) Welchen Weg hat die Kugel nach 6 s (8 s; 10 s) zurückgelegt?
c) Wie lange braucht die Kugel etwa für einen Weg von 50 cm?
d) Warum schafft die Kugel in 2 s einen viermal so langen Weg wie in 1 s?

19 Wenn ein Gegenstand fällt, kann die Bewegung durch eine Funktion mit der Gleichung $h(t) = 5t^2$ beschrieben werden. Dabei gibt $h(t)$ die Fallhöhe in m und t die Fallzeit in s an.

a) Maren wirft einen Stein in einen Brunnen. Er prallt nach 5 s auf dem Boden auf. Wie tief ist der Brunnen?
b) Erstelle eine Wertetabelle und zeichne die Funktion h für Fallzeiten von 1 s bis 8 s.
c) Ermittle mit Hilfe deiner Zeichnung, wie lange ein Stein etwa benötigt, um 150 m tief zu fallen.

HINWEIS
Überprüfe deine Vermutung, indem du einen Punkt des Graphen in die Funktionsgleichung einsetzt.

Methode: Nutzung eines Funktionenplotters

Ein Funktionenplotter ist ein Computerprogramm, das Graphen von Funktionen zeichnen kann. Wenn du viele Funktionsgraphen untersuchen musst, ermöglicht der Funktionenplotter einen schnellen Überblick über den Verlauf der Graphen. Im Internet gibt es viele Freeware-Funktionenplotter, die in ähnlicher Weise arbeiten. Inzwischen enthalten auch viele Taschenrechner einen Funktionenplotter, zum Beispiel die grafikfähigen Taschenrechner (GTR) und Taschenrechner mit Computeralgebrasystemen (CAS).

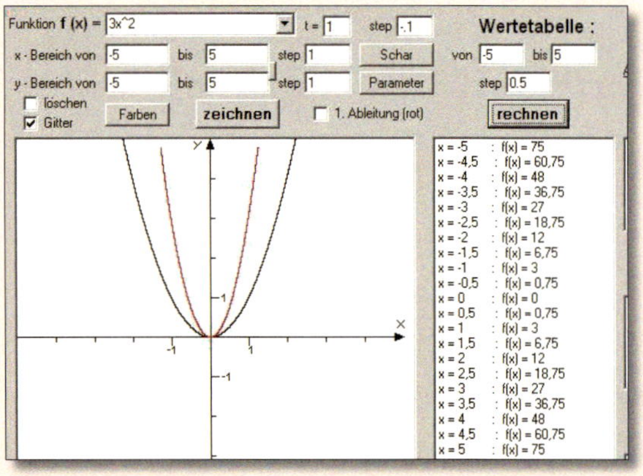

1. Eingabe der Funktionsgleichung
Zunächst wird die Funktionsgleichung in eine Eingabezeile eingetippt.
Häufig wird der Exponent mit Hilfe der Taste ^ eingegeben.

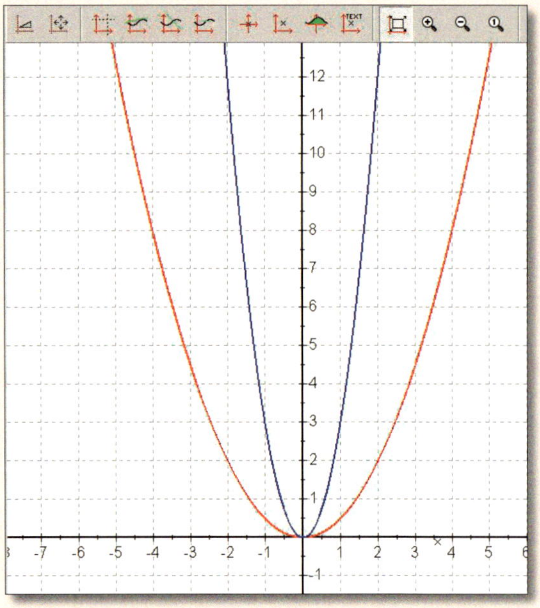

2. Festlegung des Zeichenbereichs
Bei den meisten Funktionenplottern kann man angeben, in welchem Bereich der Graph gezeichnet werden soll (Definitionsbereich und Wertebereich) und wie die Achsen skaliert und beschriftet werden sollen.

3. Sonstige Ausgabemöglichkeiten
Einige Funktionenplotter zeigen auch die zugehörige Wertetabelle an und berechnen wichtige Punkte des Graphen, wie z. B. die Nullstellen einer Funktion.
Außerdem kann man mehrere Funktionen mit unterschiedlichen Farben in ein Koordinatensystem zeichnen lassen und in die Graphen hineinzoomen.

040-1
HINWEIS
Unter dem Webcode gibt es Links zu Online-Funktionenplottern bzw. zum Download von Freeware Funktionenplottern.

ZUR INFORMATION
Der Definitionsbereich gibt alle Werte an, die für x eingesetzt werden können. Der Wertebereich gibt alle Werte an, die f(x) annehmen kann.

20 Zeichne mit Hilfe eines Funktionenplotters die Graphen zu den angegebenen Funktionen.

a) $f_1(x) = 20x^2$ b) $f_2(x) = -9x^2$
c) $f_3(x) = -\frac{3}{7}x^2$ d) $f_4(x) = 8\frac{2}{3}x^2$

21 Zeichne den Graphen der Funktion. Gib die Koordinaten von drei Punkten an, die auf dem Graphen liegen.

a) $f_1(x) = 18x^2$ b) $f_2(x) = -0{,}49x^2$
c) $f_3(x) = -12x^2$ d) $f_4(x) = -\frac{1}{3}x^2$

22 Zeichne mit einem Funktionenplotter eine möglichst stark gestauchte Funktion. Wie gehst du vor?

23 Finde mit Hilfe des Funktionenplotters eine Funktion, deren Graph durch die angegebenen Punkte verläuft.

a) $P(1|2{,}5)$; $Q(-3|22{,}5)$ und $R(4|40)$
b) $P(-2|-2{,}8)$; $Q(0|0)$ und $R(3|-6{,}3)$
c) $P(-5|45)$; $Q(-1|1{,}8)$ und $R(3|16{,}2)$
d) $P(-10|20)$; $Q(-5|5)$ und $R(-1|0{,}2)$

Verschiebung der Normalparabel

Erforschen und Entdecken

1 Verschiedene Graphen wurden gezeichnet.

a) Welcher Graph gehört zu welcher Funktion? Überlege zunächst allein. Diskutiert dann zu zweit darüber, wie ihr vorgehen könnt, um Funktionen und Graphen einander zuzuordnen. Präsentiert eure Überlegungen in der Klasse.

$f_1(x) = x^2$

$f_2(x) = x^2 - 3$

$f_3(x) = x^2 + 2$

$f_4(x) = x^2 + 4$

$f_5(x) = x^2 - 0{,}5$

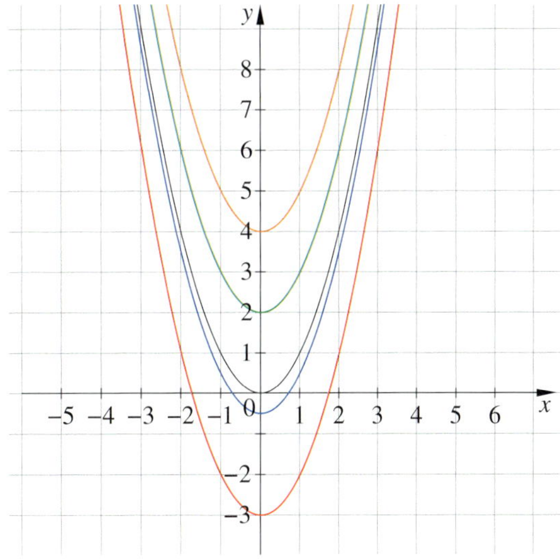

b) Wie wird der Graph der Funktion $g(x) = x^2 - 1$ verlaufen? An welcher Stelle liegt sein Scheitelpunkt? Begründe.

2 Zeichne mit Hilfe eines Funktionenplotters eine Parabel zu der Funktion $f(x) = (x-1)^2 + 2$ mit Werten für x von -3 bis 5. Lass auch eine Wertetabelle von dieser Funktion berechnen.

a) Vergleiche mit der Normalparabel. Was fällt dir an der Wertetabelle und am Graphen auf?

b) Setze in $f(x) = (x - \square)^2 + 2$ für den Platzhalter nacheinander verschiedene Zahlen ein. Was verändert sich, was bleibt gleich?
Setze danach in $f(x) = (x-1)^2 + \square$ für den Platzhalter nacheinander verschiedene Zahlen ein.
Wie verändern sich die Graphen jeweils? Was bewirkt eine Veränderung an diesen beiden Stellen?

c) Experimentiere nun mit dem Faktor a und denke dir Funktionen der Form $f(x) = a(x - \square)^2 + \square$ aus. Lass die Funktionen zeichnen und beschreibe ihren Verlauf und den Scheitelpunkt.

d) Wovon ist der Verlauf einer quadratischen Funktion abhängig? Notiere die Entdeckungen.

3 Arbeitet in kleinen Gruppen. Findet eine Funktionsgleichung einer Parabel, die

a) ihren Scheitelpunkt im Punkt $S(0|-3)$ hat.

b) durch $P(3|8)$ und $Q(-3|20)$ verläuft.

Vergleicht eure Ergebnisse in der Klasse und erklärt eure Vorgehensweisen.

HINWEIS
Aufgabe 3 könnt ihr auch mit einem Funktionenplotter bearbeiten.

Lesen und Verstehen

BEACHTE
Diese Schablone ist nur für ein Koordinatensystem mit der Längeneinheit 1 cm auf beiden Achsen geeignet.

Jannik möchte die Funktion $f(x) = (x - 2)^2 + 1$ zeichnen.
Er besitzt eine Parabelschablone, mit der er den Graphen einer Normalparabel zeichnen kann. Viele Parabeln entstehen durch eine Verschiebung der Normalparabel. Um die Schablone richtig anzulegen, muss Jannik wissen, wo sich der Scheitelpunkt der Funktion befindet.

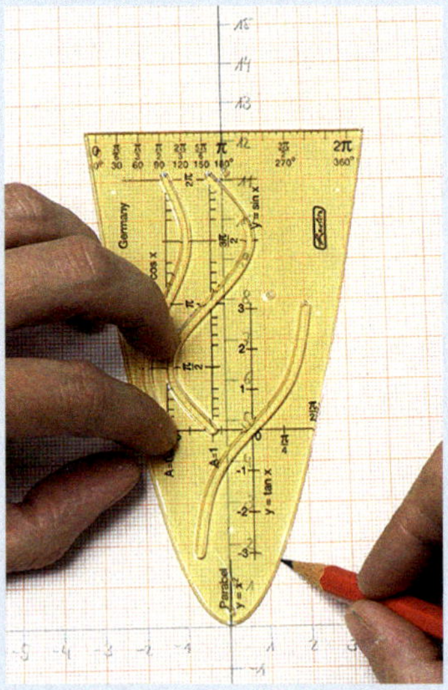

1. Er legt die Normalparabelschablone mit dem Scheitelpunkt im Ursprung an.

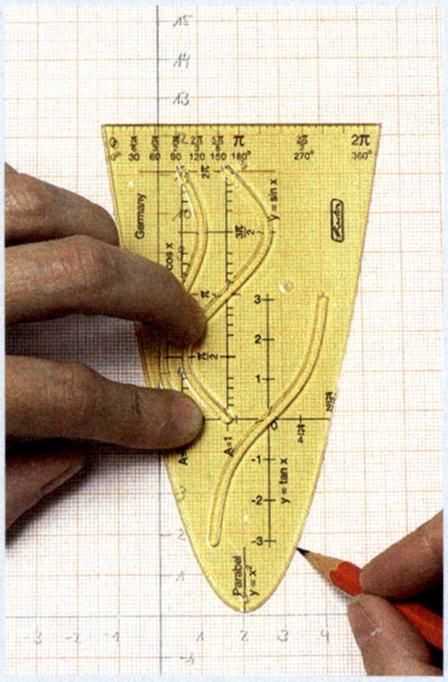

2. Durch Verschiebung um 2 Längeneinheiten nach rechts erhält er die Funktion $f(x) = (x - 2)^2$. Diese Funktion hat an der Stelle $(2|0)$ ihren niedrigsten Punkt.

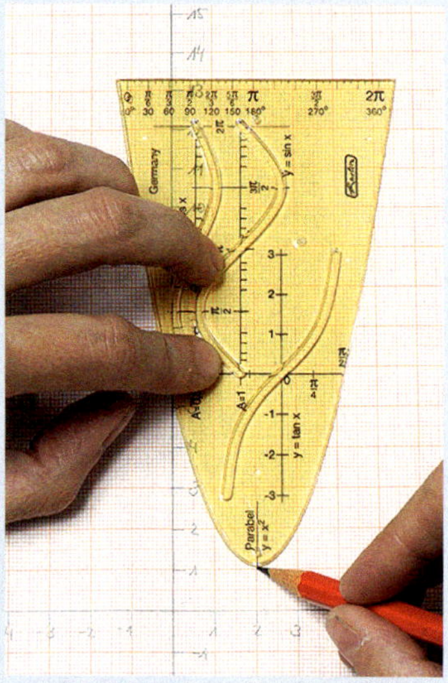

3. Durch Verschiebung um 1 Längeneinheit nach oben erhält er die Funktion $f(x) = (x - 2)^2 + 1$. Jannik markiert den Scheitelpunkt $S(2|1)$ und zeichnet mit der Schablone den Graphen.

BEACHTE
*Da der Scheitelpunkt jeweils der höchste oder niedrigste Punkt des Graphen ist, bezeichnet man seine y-Koordinate auch als **Maximum** bzw. **Minimum der Funktion**.*

Der Graph einer quadratischen Funktion der Form $f(x) = a(x - x_s)^2 + y_s$ hat den Scheitelpunkt $S(x_s|y_s)$. Er geht aus der Normalparabel durch Verschiebung und Streckung bzw. Stauchung hervor.

- x_s zeigt die Verschiebung in Richtung der x-Achse.
- y_s zeigt die Verschiebung in Richtung der y-Achse.
- a bestimmt die Form und Öffnungsrichtung der Parabel.

Da man in dieser Funktionsgleichung die Koordinaten des Scheitelpunkts direkt ablesen kann, heißt sie **Funktion in Scheitelpunktform**.

BEISPIELE

Lies aus der Gleichung den Scheitelpunkt sowie Form und Öffnungsrichtung der Parabel ab.

a) $f(x) = (x - 4)^2 + 3$
$x_s = 4$ und $y_s = 3$;
Scheitelpunkt $S(4|3)$;
$a = 1$; Parabel nach oben geöffnet

b) $f(x) = -(x + 7)^2$
$x_s = -7$ und $y_s = 0$;
Scheitelpunkt $S(-7|0)$;
$a = -1$; Parabel nach unten geöffnet

c) $f(x) = 0{,}5x^2 - 9$
$x_s = 0$ und $y_s = -9$;
Scheitelpunkt $S(0|-9)$;
$a = 0{,}5$; gestauchte Parabel; nach oben geöffnet

Üben und Anwenden

1 Gib den Scheitelpunkt der Parabel an und zeichne die Parabel.

a) $f(x) = x^2 + 1$ b) $f(x) = x^2 + 4$
c) $f(x) = x^2 - 1$ d) $f(x) = x^2 - 3{,}5$
e) $f(x) = x^2 + 5{,}5$ f) $f(x) = x^2 - 2$

2 Zeichne die verschobene Normalparabel mit dem gegebenen Scheitelpunkt und gib ihre Gleichung an.

a) $S(0|1{,}5)$ b) $S(0|-2{,}5)$ c) $S(0|-1)$

3 Eine verschobene Normalparabel hat den Scheitelpunkt $S(0|-4)$. Nenne die Koordinaten von vier weiteren Punkten, die auf der Parabel liegen, und gib die Funktionsgleichung der Parabel an.

4 Eine quadratische Funktion der Form $f(x) = x^2 + y_s$ ist eine entlang der y-Achse verschobene Normalparabel.

a) Stimmt die Aussage? Begründe sie.
b) Welche Koordinaten besitzt der Scheitelpunkt dieser Funktion?

5 Eine Parabel der Form $f(x) = x^2 + y_s$ geht durch den angegebenen Punkt. Gib ihre Funktionsgleichung an.

BEISPIEL $P(-2|5)$ bedeutet:
$f(-2) = (-2)^2 + y_s = 5$. Also muss $y_s = 1$ sein.

a) $A(-4|13)$ b) $B(1|3{,}1)$
c) $C(-0{,}4|-3{,}24)$ d) $D(2|3{,}7)$
e) $E(-5|19)$ f) $F(-0{,}5|1)$

6 Gib den Scheitelpunkt der abgebildeten Parabel an. Welche Funktionsgleichung gehört zu der Parabel,
$f(x) = x^2 - 5$ oder $f(x) = (x + 5)^2$?
Woran kannst du das erkennen?

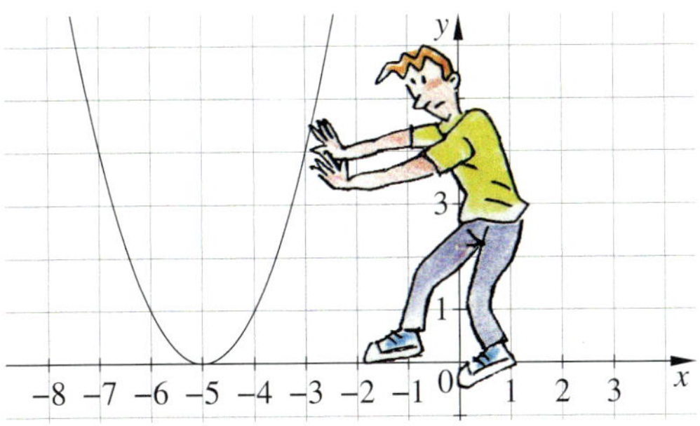

7 Nenne die Koordinaten des Scheitelpunkts der Parabel.

a) $f(x) = (x - 1)^2$ b) $f(x) = -(x - 4)^2$
c) $f(x) = -(x + 3)^2$ d) $f(x) = (x - 0{,}75)^2$
e) $f(x) = \left(x + \frac{1}{2}\right)^2$ f) $f(x) = \left(x - \frac{1}{3}\right)^2$
g) $f(x) = x^2 + 6$ h) $f(x) = (x - 6)^2$
i) $f(x) = (x + 1{,}5)^2$ j) $f(x) = x^2 - 2{,}5$

8 Zeichne die nach oben geöffneten Normalparabeln mit dem gegebenen Scheitelpunkt und gib ihre Gleichung an.

a) $S(3{,}5|0)$ b) $S(0{,}5|0)$ c) $S(-5{,}5|0)$
d) $S(-3{,}5|0)$ e) $S(1{,}5|0)$ f) $S(4{,}5|0)$

9 Sally meint: „In der Funktion $f(x) = 4(x - 3)^2 + 2$ liegt der Scheitelpunkt bei $S(-3|2)$." Hat sie Recht?

10 Notiere den Scheitelpunkt der verschobenen Normalparabel und zeichne sie mit Hilfe einer Schablone.

a) $f(x) = (x - 4)^2 + 3$
b) $f(x) = (x + 2{,}5)^2 + 0{,}5$
c) $f(x) = -(x - 4)^2 + 1$
d) $f(x) = -(x - 1{,}5)^2 + 2$
e) $f(x) = (x + 1{,}5)^2 - 2{,}5$
f) $f(x) = -(x - 1)^2 - 3$
g) $f(x) = (x + 0{,}8)^2 - 3$
h) $f(x) = (x - 1{,}7)^2 + \frac{1}{2}$
i) $f(x) = \left(x + \frac{3}{5}\right)^2 - \frac{3}{4}$

11 Das Parabel-Ratespiel

Meine Parabel ist um den Faktor 0,25 gestaucht und nach unten geöffnet. Ihr Scheitelpunkt liegt auf der x-Achse bei 4.

Meine Parabel ist um 4 Einheiten nach links und um 3 Einheiten nach unten verschoben. Sie ist nach unten geöffnet und um den Faktor 2 gestreckt.

a) Gib jeweils die Funktionsgleichung der Parabeln an.
b) Erstelle selbst solche Rätsel. Schreibe auf die Vorderseite einer Karteikarte eine Beschreibung der Parabel und auf die Rückseite die Funktionsgleichung. Lass anschließend deine Mitschüler raten.

WWW 044-1

HINWEIS

Unter dem Webcode befindet sich eine Datei zu Aufgabe 16.

12 Beschreibe den Funktionsgraphen und gib den Scheitelpunkt an.

a) $f(x) = 8x^2 + 1$
b) $f(x) = 0{,}5x^2 - 1$
c) $f(x) = -(x-5)^2 - 2$
d) $f(x) = \frac{1}{2}(x+3)^2 + 4$
e) $f(x) = 5(x-4)^2 - 9$
f) $f(x) = 1{,}5(x-2)^2$
g) $f(x) = -0{,}8(x-14)^2 + 4{,}5$
h) $f(x) = -2{,}5x^2 - 4$

13 Bestimme die Funktionsgleichungen der verschobenen Normalparabeln.

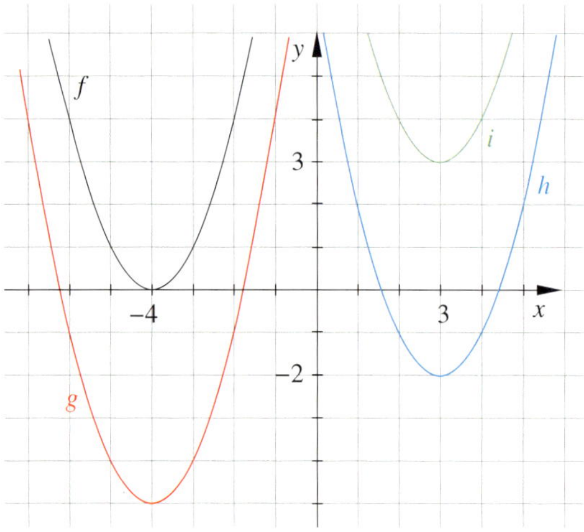

BEACHTE

Graphen können steigen und fallen. Zum Beispiel fällt der Graph von $f(x) = x^2$ für $x < 0$ und steigt für $x > 0$.

14 Für welche Werte von x steigt der Graph der Funktion?

a) $f(x) = (x+2)^2 + 3$
b) $f(x) = -(x-3)^2 + 4$
c) $f(x) = (x-4)^2 - 1$
d) $f(x) = -x^2 + 3$
e) $f(x) = -2(x+1)^2$
f) $f(x) = 0{,}5(x+1{,}5)^2 - 1$

15 Stefan sollte das Maximum bzw. das Minimum der quadratischen Funktionen bestimmen. Korrigiere seine Fehler.

a) $f(x) = 2(x-3)^2 + 1$ Minimum $S(-3|1)$
b) $f(x) = -(x+4)^2 - 1$ Minimum $S(-4|-1)$
c) $f(x) = \frac{1}{2}(x-4)^2 - 2$ Maximum $S(4|-2)$
d) $f(x) = 4x^2 - 4$ Minimum $S(4|-4)$
e) $f(x) = (x+3)^2$ Maximum $S(0|-3)$
f) $f(x) = -4 + 2(x-1)^2$ Minimum $S(-4|1)$

16 Mit einem Funktionenplotter wurde das folgende Parabelbild gezeichnet. Dabei wurden die Parabeln in der Scheitelpunktform eingegeben und nur in einem bestimmten Bereich gezeichnet.

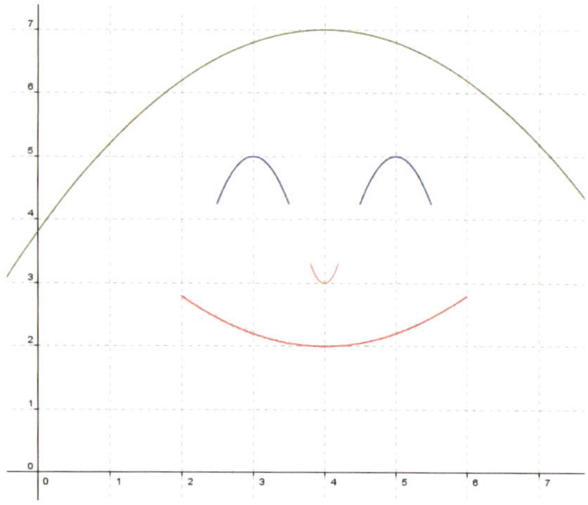

a) Welche Funktionen wurden benutzt?
b) Denke dir selbst ein Bild aus und zeichne es mit einem Funktionenplotter.

17 Entnimm der Zeichnung die entsprechenden Maße für die Sprungbahn des Delfins. Gib die Funktionsgleichung an.

18 Ein parabelförmiger Torbogen hat eine Spannweite von 4 m und eine Höhe von 3 m.

a) Fertige eine Skizze an und gib die Funktionsgleichung für den Verlauf des Bogens in Scheitelpunktform an.
b) Wie hoch ist der Torbogen über dir, wenn du einen Meter vom rechten Rand entfernt stehst?

Allgemeine Form und Scheitelpunktform

Erforschen und Entdecken

1 Der größte Abstand zwischen Brücke und Wasseroberfläche beträgt 122 m.
Arbeitet zu zweit. Skizziert den parabelförmigen Teil der Brücke im Koordinatensystem oder arbeitet mit einem Funktionenplotter. Welche Annahmen müsst ihr machen, um den Bogen zu modellieren? Stellt eine passende Funktionsgleichung auf. Präsentiert und vergleicht eure Lösungen in der Klasse.

HINWEIS
Das Foto zeigt das Viadukt Garabit in Frankreich. Es wurde zwischen 1864 und 1888 von Gustave Eiffel gebaut, der auch den nach ihm benannten Eiffelturm in Paris gebaut hat.

2 Die Flugkurve eines Basketballs verläuft annähernd parabelförmig.

a) Welche der folgenden Funktionsgleichungen beschreiben die Flugkurve des Basketballs und warum?
$f(x) = -0{,}25x^2 + x + 3$
$g(x) = -0{,}5(x-3)^2 + 4$
$h(x) = -0{,}25(x-2)^2 + 4$
$i(x) = 0{,}25x^2 + x + 1{,}75$

b) Welche Wege gibt es, um die maximale Höhe des Basketballs zu bestimmen?

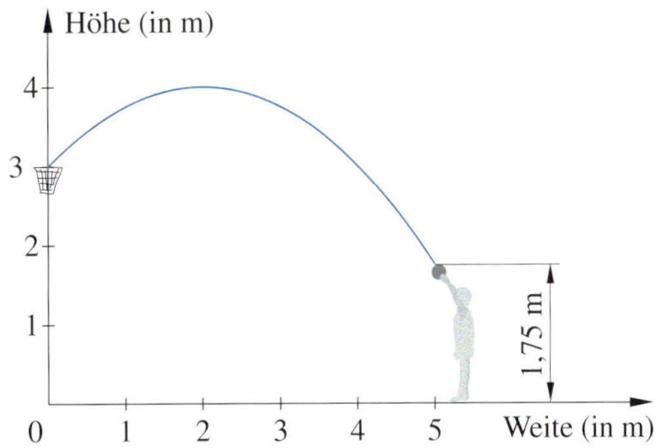

3 Kann man eigentlich jede quadratische Funktion in der Scheitelpunktform $f(x) = (x - x_s)^2 + y_s$ angeben? Probiere es mit den folgenden Funktionen aus. Die binomischen Formeln (siehe Randspalte) helfen dabei.

① $f(x) = x^2 + 4x + 4$ ② $g(x) = x^2 + 2x$ ③ $h(x) = x^2 - 10x + 20$ ④ $i(x) = x^2 - 6x + 9$

a) Welche der Funktionsterme lassen sich in die Scheitelpunktform umwandeln? Erkläre, wie du dabei vorgehst.

b) Warum lassen sich zwei der Funktionsterme nicht unmittelbar in die Scheitelpunktform umwandeln? Was müsste im Funktionsterm verändert werden, damit dies möglich ist?

ERINNERE DICH
1. binomische Formel
$(a+b)^2 = a^2 + 2ab + b^2$
2. binomische Formel
$(a-b)^2 = a^2 - 2ab + b^2$
3. binomische Formel
$(a+b) \cdot (a-b) = a^2 - b^2$

4 Sarah hat im Funktionenplotter Parabeln gezeichnet. Sie schreibt für die blaue Parabel zwei Funktionsgleichungen auf:
Scheitelpunktform: $f(x) = (x-1)^2 - 3$
Allgemeine Form:
$f(x) = x^2 - 2x + 1 - 3 = x^2 - 2x - 2$

a) Wie hat sie die beiden Gleichungen ermittelt? Beschreibe.

b) Stelle für die drei anderen Parabeln die Scheitelpunktform auf und wandle sie jeweils in die allgemeine Form um.

c) Vergleiche die allgemeinen Formen der vier Parabeln. Inwiefern unterscheiden sie sich?

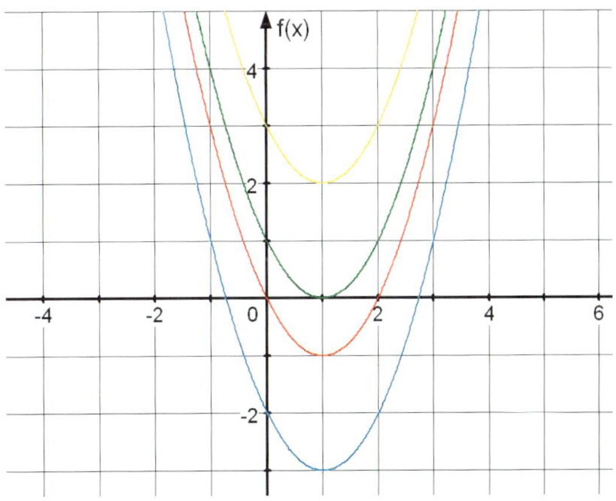

Lesen und Verstehen

HINWEIS
Es gilt:
$a^2 + 2 \cdot a \cdot b + b^2 = (a + b)^2$
Bei $f(x) = x^2 + 6x$ entspricht das x dem a und 6x entspricht 2ab. Gesucht wird der Wert b. Anhand des mittleren Terms $2 \cdot a \cdot b$ lässt sich das b herausfinden.
$(x^2 + 6 \cdot x + ...)$
$= (x + ...)^2$
b = 3, denn
$2 \cdot 3 \cdot x = 6x$
$(x^2 + 2 \cdot x \cdot 3 + 3^2$
$= (x + 3)^2$

Die Funktionsgleichung in der **allgemeinen Form** $f(x) = ax^2 + bx + c$ kann man in die Scheitelpunktform umformen, um den Scheitelpunkt direkt ablesen zu können.
Die Funktionsgleichung wird um den Term ergänzt, der nötig ist, um die 1. oder 2. binomische Formel anwenden zu können. Dieser Term wird **quadratische Ergänzung** genannt. Um die Gleichheit beizubehalten, wird der Term addiert und zusätzlich wieder subtrahiert.

BEISPIEL 1

Die quadratische Ergänzung ist $\left(\frac{6}{2}\right)^2 = 3^2 = 9$

$f(x) = x^2 + 6x$
$= x^2 + 2 \cdot 3x$
$= (x^2 + 2 \cdot 3x + 3^2) - 3^2$
$= (x + 3)^2 - 9$
Scheitelpunkt (Minimum) bei $S(-3|-9)$

BEISPIEL 2

Die quadratische Ergänzung ist $\left(\frac{8}{2}\right)^2 = 4^2 = 16$

$f(x) = x^2 - 8x + 1$
$= (x^2 - 8x + 16) - 16 + 1$
$= (x - 4)^2 - 15$
Scheitelpunkt (Minimum) bei $S(4|-15)$

Wenn die Funktion in der allgemeinen Form $f(x) = ax^2 + bx + c$ gegeben ist, muss zunächst der Faktor a ausgeklammert werden. Dann wird in der Klammer die quadratische Ergänzung addiert und subtrahiert. Schließlich wird der Faktor a vor der Klammer mit den Termen in der eckigen Klammer multipliziert.

BEISPIEL 3

Die quadratische Ergänzung ist $\left(\frac{2}{2}\right)^2 = 1^2 = 1$

$f(x) = -2x^2 + 4x - 6$
$= -2[x^2 - 2x + 3]$
$= -2[(x^2 - 2x + 1) - 1 + 3]$
$= -2[(x - 1)^2 + 2]$
$= -2(x - 1)^2 - 4$
Scheitelpunkt (Minimum) bei $S(1|-4)$

Jede quadratische Funktion in der allgemeinen Form $f(x) = ax^2 + bx + c$ kann mit Hilfe der quadratischen Ergänzung in die Scheitelpunktform $f(x) = a(x - x_s)^2 + y_s$ umgeformt werden.

Üben und Anwenden

1 Forme die Funktionsgleichung in die Form $f(x) = x^2 + bx + c$ um.
a) $f(x) = (x - 3)^2$
b) $f(x) = (x + 4)^2$
c) $f(x) = (x + 1{,}2)^2 - 4$
d) $f(x) = (x + 1{,}5)^2$
e) $f(x) = (x - 2{,}5)^2 - 1$
f) $f(x) = (x - 5)^2$

2 Forme um in die allgemeine Form $f(x) = ax^2 + bx + c$.
a) $f(x) = 2(x - 4)^2 + 1$
b) $f(x) = 13(x - 1)^2 - 8$
c) $f(x) = -0{,}5(x + 2{,}5)^2 + 2$

3 Bestimme die Funktionsgleichung in der Form $f(x) = x^2 + bx + c$, wenn die zugehörige Normalparabel den gegebenen Scheitelpunkt S hat.

a) $S(2|4)$ b) $S(-1|-5)$ c) $S(3{,}5|0)$
d) $S(3|-9)$ e) $S(0|-3)$ f) $S(7|-7)$
g) $S(5|3)$ h) $S(4|16)$ i) $S(-3|4)$

4 Forme die Terme mit Hilfe der binomischen Formeln um.

a) $x^2 + 8x + 16$ b) $x^2 - 10x + 25$
c) $x^2 - 16x + 64$ d) $x^2 - 18x + 81$
e) $x^2 + 14x + 49$ f) $x^2 + 12x + 36$
g) $x^2 + 9x + 20{,}25$ h) $x^2 - 5x + 6{,}25$

5 Welche Zahl muss addiert werden, damit die Summe als Quadrat geschrieben werden kann? Übertrage in dein Heft und ergänze.

a) $x^2 + 8x +$ ■ $= (x +$ ● $)^2$
b) $x^2 - 18x +$ ■ $= (x -$ ● $)^2$
c) $x^2 + 5x +$ ■ $= (x +$ ● $)^2$
d) $x^2 + 13x +$ ■ $= (x +$ ● $)^2$
e) $x^2 - 14x +$ ■ $= ($ ◆ $-$ ● $)^2$
f) $x^2 + 7x +$ ■ $= ($ ◆ $+$ ● $)^2$
g) $x^2 + x +$ ■ $= ($ ◆ $+$ ● $)^2$
h) $x^2 - x +$ ■ $= ($ ◆ $-$ ● $)^2$

6 Bestimme die quadratische Ergänzung und schreibe als Quadrat eines Binoms.

a) $x^2 + 10x +$ ■ b) $a^2 + 12a +$ ■
c) $x^2 - 24x +$ ■ d) $m^2 - 12m +$ ■
e) $y^2 - 7y +$ ■ f) $x^2 + 9x +$ ■
g) $4x^2 - 12x +$ ■ h) $25x^2 + 30x +$ ■

7 Forme in die Scheitelpunktform um, gib die Koordinaten des Scheitelpunkts an und zeichne die Parabeln.

a) $f(x) = x^2 + 2x + 1$
b) $f(x) = x^2 - 4x + 4$
c) $f(x) = x^2 - 2x - 4$
d) $f(x) = x^2 + 10x + 19$
e) $f(x) = x^2 - 6x + 8$
f) $f(x) = x^2 + 2x$
g) $f(x) = x^2 - 2x$
h) $f(x) = x^2 + 2x - 1$
i) $f(x) = x^2 - 4x + 3$
j) $f(x) = x^2 - 2x + 6$
k) $f(x) = x^2 + 8x + 12$

8 Welche Funktionsgleichung gehört zu welchem Funktionsgraphen? Begründe.

① $f(x) = x^2 - 8x + 13$
② $g(x) = x^2 - 4x + 2$
③ $h(x) = x^2 - 3$
④ $i(x) = x^2 + 8x + 14$

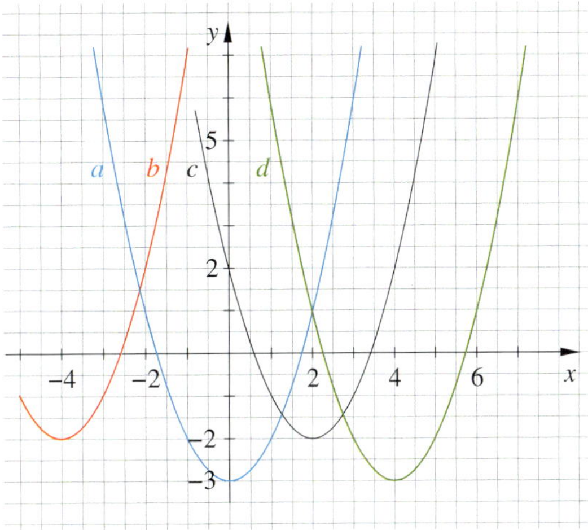

9 Forme in die Scheitelpunktform um. Gib den Scheitelpunkt an und beschreibe den Verlauf des Graphen.

a) $f(x) = 2x^2 - 8x + 8$
b) $f(x) = 6x^2 - 24x + 23$
c) $f(x) = \frac{1}{2}x^2 - 2x + 4$
d) $f(x) = -\frac{1}{3}x^2 + 2x + 1$
e) $f(x) = -x^2 + 4x + 4$
f) $f(x) = 3x^2 - 12x + 18$
g) $f(x) = 4x^2 - 8x + 2$
h) $f(x) = 1{,}5x^2 - 6x + 10$

HINWEIS
$(a \pm b)^2$ ist das Quadrat des Binoms $a \pm b$.

10 Ein Stein wird mit einer Anfangsgeschwindigkeit von $30\,\frac{\text{m}}{\text{s}}$ senkrecht nach oben geworfen. Seine Flughöhe lässt sich näherungsweise durch $f(x) = -15x^2 + 30x$ berechnen. Dabei gibt x die Zeit in Sekunden und $f(x)$ die Höhe in Metern an.

a) Berechne die Höhe des Steins nach 0,5 s, 1 s und 1,5 s.
b) Bestimme den Zeitpunkt, an dem der Stein seine maximale Höhe erreicht hat. In welcher Höhe befindet er sich dann?

11 Zeige, dass jede Parabel mit der Funktionsgleichung $f(x) = x^2 + bx + c$ ihren Scheitelpunkt in $S\left(\frac{-b}{2}\middle|c - \frac{b^2}{4}\right)$ hat.

12 Melina hat noch einige Probleme beim Umwandeln in die Scheitelpunktform. Erkläre, welche Fehler sie gemacht hat.

ⓐ $f(x) = x^2+6x-2$
$= (x^2+6x+6)-6-2$
$= (x+6)^2-8$
$S(-6|-8)$

ⓑ $f(x) = x^2-10x+3$
$= (x^2-10x+5)-5+3$
$= (x-5)^2-2$
$S(5|-2)$

ⓒ $f(x) = 2x^2-6x-4$
$= 2[x^2-3x-2]$
$= 2[(x^2-3x+1{,}5^2)-1{,}5^2-2]$
$= 2[(x-1{,}5)^2-4{,}25]$
$= 2(x-1{,}5)^2-4{,}25$
$S(1{,}5|-4{,}25)$

ⓓ $f(x) = -3x^2-9x+12$
$= -3[x^2+3x+12]$
$= -3[(x^2+3x+1{,}5)-1{,}5+12]$
$= -3[(x+1{,}5)^2-10{,}5]$
$= -3(x+1{,}5)^2+31{,}5$
$S(-1{,}5|31{,}5)$

13 An welcher Stelle hat die Funktion ihren höchsten bzw. ihren niedrigsten Punkt? Forme um in die Scheitelpunktform.

a) $f(x) = x^2 + 4x + 7$
b) $f(x) = x^2 + 6x$
c) $f(x) = -x^2 + 8x + 1$
d) $f(x) = 0{,}4x^2 - 5x + 3$
e) $f(x) = -\frac{1}{4}x^2 + x + 1$
f) $f(x) = 5x^2 - 30x + 55$
g) $f(x) = 2x^2 - 32x + 131$

14 Ein Wasserstrahl aus einem Gartenschlauch beschreibt eine Parabel mit der gegebenen Gleichung. Forme in die Scheitelpunktform um, zeichne die Parabel und bestimme die größte Höhe des Wasserstrahls.

a) $f(x) = -0{,}1x^2 + 0{,}5x + 1{,}5$
b) $f(x) = -0{,}25x^2 + x + 1{,}6$
c) $f(x) = -0{,}3x^2 + 1{,}8x + 1{,}5$
d) $f(x) = -0{,}15x^2 + 0{,}36x + 2{,}6$
e) $f(x) = -0{,}22x^2 - 0{,}44x + 1{,}28$

15 Arbeite mit einem Funktionenplotter. Gib die Funktionen in allgemeiner Form ein und notiere mit Hilfe des Graphen die Scheitelpunktform.

a) $f(x) = 1{,}2x^2 - 7{,}2x + 14{,}8$
b) $f(x) = 7{,}8x^2 - 70{,}2x + 158$
c) $f(x) = -2{,}5x^2 + 95x - 844{,}45$
d) $f(x) = 1{,}3x^2 + 1{,}04x - 8{,}408$

16 Das Bürogebäude namens „Berliner Bogen" steht in Hamburg.
Der obere Parabelbogen lässt sich näherungsweise mit der Funktionsgleichung $f(x) = -0{,}0067x^2 + 0{,}938x$ beschreiben.

a) Skizziere den Bogen in einem Koordinatensystem.
b) Wie hoch ist der Bogen an seiner höchsten Stelle?
c) Welche Spannweite hat der Bogen?

17 Eine parabelförmige, 8 m breite Brücke ist an der höchsten Stelle 6 m hoch.

a) Skizziere die Brücke in einem Koordinatensystem.
b) Bestimme eine Funktionsgleichung für den Brückenbogen.
c) Wie hoch ist die Brücke 1 m (2 m; 3 m) von der Brückenmitte entfernt?

18 Der Parabelbogen einer Brücke lässt sich mit der Gleichung $f(x) = -0{,}5x^2 + 2{,}5x$ beschreiben. Dabei gibt x den Abstand vom linken Pfeiler der Brücke und $f(x)$ die zugehörige Brückenhöhe an.

a) Wie hoch ist die Brücke am höchsten Punkt?
b) Ein LKW ist 2,40 m hoch und 2,20 m breit. Passt der LKW mit einem rechteckigen Querschnitt unter der Brücke durch?

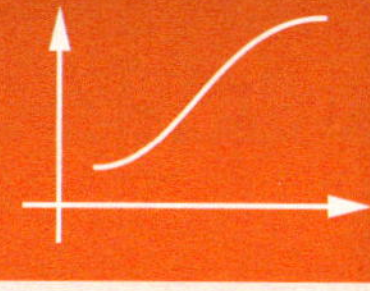

Nullstellen von quadratischen Funktionen

Erforschen und Entdecken

1 In einem Berliner Erholungspark sind Gärten aus aller Welt angelegt. Im arabischen Garten gibt es viele hintereinander angeordnete Springbrunnen mit jeweils einem einzelnen, bogenförmigen Strahl.
Arbeitet zu zweit. Modelliert einen Wasserstrahl im Koordinatensystem. Schätzt dabei mit Hilfe des Fotos das Maximum.
Welche Breite überspannt der Wasserstrahl?

HINWEIS
Nutze in Aufgabe 2 und 3 einen Funktionenplotter oder deine Parabelschablone.

2 Zeichne die quadratischen Funktionen in ein Koordinatensystem:
$f_1(x) = -x^2 + 1$; $f_2(x) = x^2 + 6x + 9$; $f_3(x) = (x-2)(x-4)$; $f_4(x) = (5-x)x$; $f_5(x) = -x^2 + 10x - 25$

a) Zeichne jeweils die Symmetrieachse der Parabeln ein.
b) Gib von jeder Funktion die Koordinaten des Scheitelpunkts und die Koordinaten der Schnittpunkte mit der x-Achse an.
c) Welcher Zusammenhang besteht zwischen der x-Koordinate des Scheitelpunkts und den x-Koordinaten der Schnittpunkte mit der x-Achse?
d) Kann man bereits am Funktionsterm erkennen, ob und wo die Funktion die x-Achse schneidet?

3 Erkunde durch Zeichnungen, welche Funktionsgleichung eine Funktion hat, die diese Bedingungen erfüllt. Gibt es mehrere Lösungen? Vergleicht untereinander.

Die Funktion schneidet die x-Achse bei $x = 1$ und $x = 3$ und hat ihren Scheitelpunkt bei $S(2|1)$.

Die Funktion schneidet die x-Achse nicht. Sie schneidet die y-Achse bei $y = 6$ und ihr Scheitelpunkt liegt bei $S(1|8)$.

Die Funktion berührt die x-Achse nur in einem Punkt. Sie geht durch die Punkte $A(1|5)$ und $B(5|5)$.

4 Eine Kugel wird aus einer Höhe von 2 m senkrecht nach oben geworfen. Ihre Anfangsgeschwindigkeit beträgt $20\,\frac{\text{m}}{\text{s}}$. Wenn man den Luftwiderstand nicht berücksichtigt, gilt für die Höhe der Kugel näherungsweise $h(t) = -5t^2 + 20t + 2$.
(t: Zeit in s, $h(t)$: Höhe in m)

a) Welche maximale Höhe erreicht die Kugel?
b) Nach wie vielen Sekunden trifft die Kugel auf dem Boden auf? Überlegt euch zu zweit, wie man das ermitteln kann. Präsentiert der Klasse eure Überlegungen.

5 Arbeitet zu zweit. Notiert jeweils eine Funktionsgleichung, deren Parabel die x-Achse

- in zwei Punkten schneidet,
- in einem Punkt schneidet,
- gar nicht schneidet.

Lesen und Verstehen

ERINNERE DICH
$f(x)$ ist eine andere Schreibweise für den Funktionswert y.

Der Querschnitt der Fahrradlampe hat annähernd die Form einer Parabel, deren Verlauf durch die Funktionsgleichung $f(x) = -0{,}15625\,x^2 + 3{,}6$ beschrieben werden kann, wenn man sie wie abgebildet in ein Koordinatensystem legt. Welchen Durchmesser hat die Lampe?

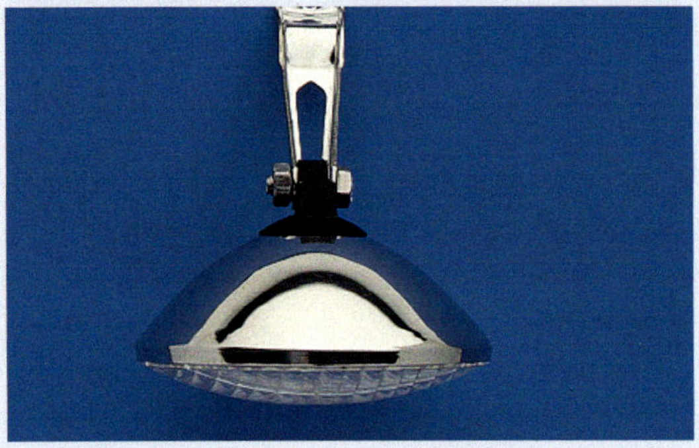

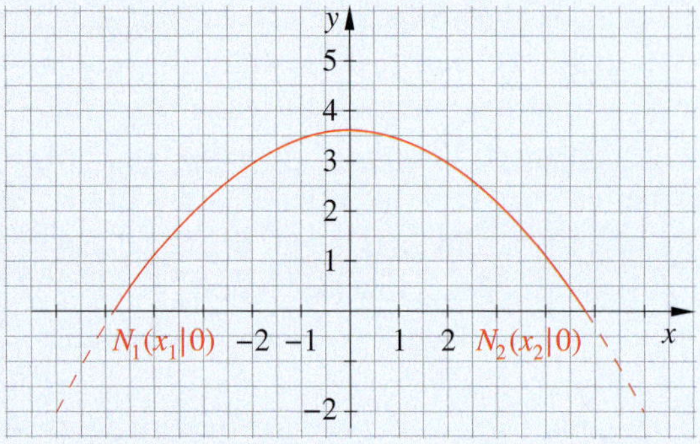

Der Durchmesser des Reflektors ist der Abstand der Punkte N_1 und N_2.
Da N_1 und N_2 auf der x-Achse liegen, ist die y-Koordinate bei beiden Punkten gleich null.
Um die x-Koordinate von N_1 und N_2 zu berechnen, wird in die Funktionsgleichung für y der Wert null eingesetzt. $0 = -0{,}15625\,x^2 + 3{,}6 \quad | +0{,}15625\,x^2$
Anschließend wird die Gleichung nach x^2 aufgelöst. $0{,}15625\,x^2 = 3{,}6 \quad | : 0{,}15625$
Durch Wurzelziehen erhält man die beiden Lösungen. $x^2 = 23{,}04 \quad |$ Wurzel ziehen
$x_1 = -4{,}8$ und $x_2 = 4{,}8$
Die Nullstellen der Funktion $f(x) = -0{,}15625\,x^2 + 3{,}6$ liegen also bei $x_1 = -4{,}8$ und $x_2 = 4{,}8$.
Der Durchmesser der Fahrradlampe beträgt damit 9,6 cm.

HINWEIS
Man nennt die Nullstellen einer quadratischen Funktion auch Lösungen der ***quadratischen Gleichung*** *$f(x) = 0$.*

> Eine Funktion hat die **Nullstelle** x_n, wenn $f(x_n) = 0$ ist. Die Nullstelle ist die x-Koordinate des Schnittpunktes des Graphen mit der x-Achse.
> Eine quadratische Funktion kann zwei, eine oder keine Nullstellen besitzen.

BEISPIEL

Bestimme aus den Graphen die Nullstellen. Überprüfe rechnerisch.

a) $f(x) = x^2 + 2x - 3$

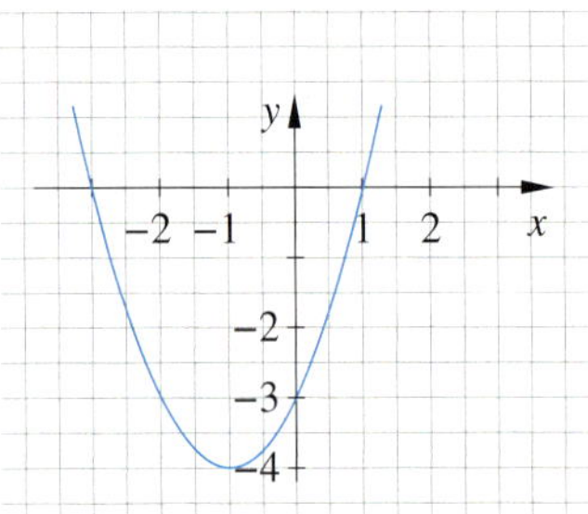

zwei Nullstellen
$x_1 = -3;\ x_2 = 1$
$f(-3) = (-3)^2 + 2(-3) - 3$
$f(-3) = 0$
$f(1) = 1^2 + 2 \cdot 1 - 1$
$f(1) = 0$

b) $f(x) = x^2 + 2x + 1$

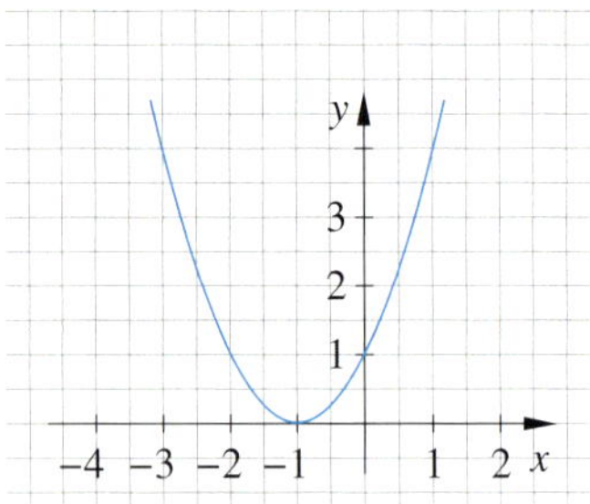

eine Nullstelle
$x = -1$
$f(-1) = (-1)^2 + 2 \cdot (-1) + 1$
$f(-1) = 0$

c) $f(x) = x^2 + 1$

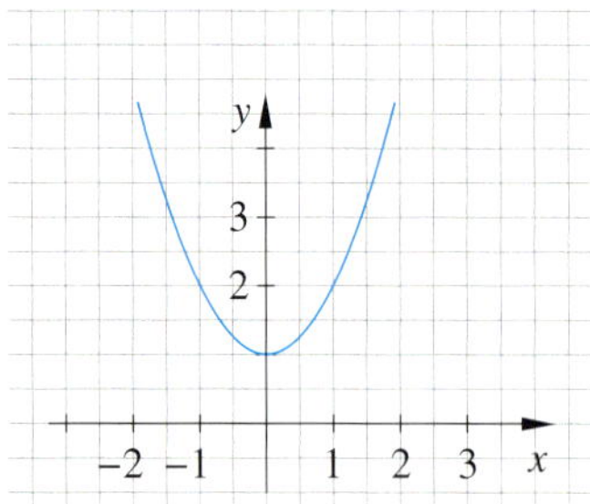

keine Nullstelle

Üben und Anwenden

1 Lies die Nullstellen ab und überprüfe durch eine Rechnung.

a)
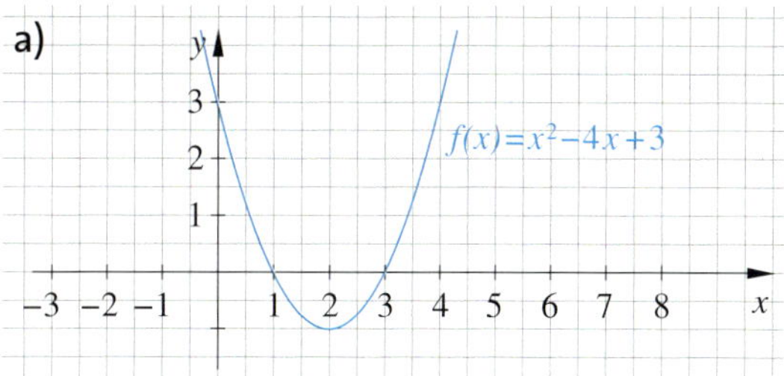

b)
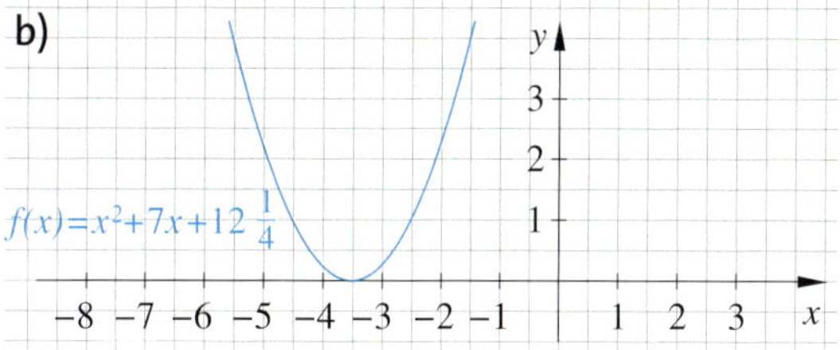

c)
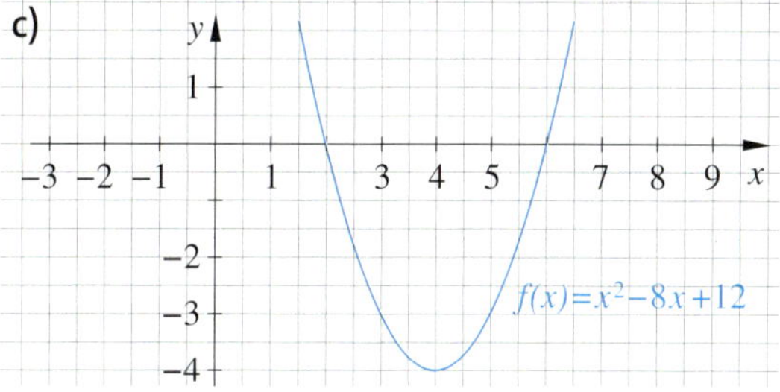

2 Die folgende Wertetabelle gehört zu einer quadratischen Funktion.

x	−3	−2	−1	0	1	2
$f(x)$	8,25	2,25	−1,75	−3,75	−3,75	−1,75

a) An welcher Stelle vermutest du den Scheitelpunkt?
b) An welchen Stellen liegen vermutlich die Nullstellen?

3 Die folgende Wertetabelle gehört zu einer quadratischen Funktion.

x	−4	−3	−2	−1	0	1	2	3	4
$f(x)$	5	0	−3	−4	−3				

a) Ergänze die Wertetabelle.
b) Wo liegen vermutlich der Scheitelpunkt und die Nullstellen der Funktion?
c) Bestimme die Funktionsgleichung der Funktion und überprüfe durch Einsetzen der Werte aus der Tabelle.

4 Beschreibe den Graphen der Funktion und begründe, ob die Funktion keine, eine oder zwei Nullstellen hat.

a) $f(x) = x^2 - 1$
b) $f(x) = x^2 + 2$
c) $f(x) = x^2 - 4$
d) $f(x) = (x - 2)^2$
e) $f(x) = (x + 3)^2$
f) $f(x) = (x - 1)^2 - 1$
g) $f(x) = (x + 2)^2 + 1$
h) $f(x) = x^2 - 6$

5 Beschreibe den Funktionsgraphen (Öffnung, Streckungs-/Stauchungsfaktor, Scheitelpunkt) und entscheide, wie viele Nullstellen die Funktion hat.

a) $f(x) = -x^2 + 6$
b) $f(x) = -0{,}5x^2 - 7$
c) $f(x) = -\frac{3}{4}\left(x - \frac{1}{2}\right)^2 + 4{,}5$
d) $f(x) = 3{,}2(x + 1)^2 - 2$
e) $f(x) = 1{,}8(x - 2{,}3)^2$

6 Überprüfe, ob die angegebenen Stellen Nullstellen der Funktionen sind.

a) $f(x) = x^2 - 6{,}25$ $x_1 = 2{,}5$; $x_2 = -2{,}5$
b) $f(x) = -x^2 + 9$ $x_1 = 3$; $x_2 = 6$
c) $f(x) = x^2 - 5x + 6$ $x_1 = 2$; $x_2 = 4$
d) $f(x) = x^2 - 5{,}5x + 2{,}5$ $x_1 = 0{,}5$; $x_2 = -5$

7 Gib die Nullstellen der Funktion an.

a) $f(x) = x^2 - 36$
b) $f(x) = x^2 - 4$
c) $f(x) = -x^2 + 16$
d) $f(x) = -x^2 + 121$
e) $f(x) = -x^2 + 9$
f) $f(x) = -x^2 + 64$
g) $f(x) = 0{,}25x^2 - 4$
h) $f(x) = 2x^2 - 8$
i) $f(x) = 1{,}5x^2 - 24$
j) $f(x) = -0{,}75x^2 + 9$

8 Volkan meint: „Die Funktion $f(x) = -(x + 2)^2 - 7$ hat auf jeden Fall zwei Nullstellen, denn ihr Scheitelpunkt liegt über der x-Achse und sie ist nach unten geöffnet.“ Begründe, ob Volkan Recht hat.

9 Der Querschnitt eines Tunnels verläuft parabelförmig.

a) Erstelle eine Funktionsgleichung der Form $f(x) = ax^2 + y_s$.
b) Wie breit ist der Tunnel?

NACHGEDACHT
Bei welchen Funktionen lassen sich die Nullstellen direkt aus dem Funktionsterm ablesen? Begründe.

051-1
HINWEIS
Unter dem angegebenen Webcode gibt es ein Arbeitsblatt zur Bestimmung der Anzahl von Nullstellen.

Rund ums Auto

Crashtests

Das Auto fährt immer schneller. $64\,\frac{km}{h}$ zeigt der Tacho jetzt an. Achtung, die Wand! Ungebremst prallt das Fahrzeug auf. Scheiben splittern, der Motorraum wird zusammengequetscht, ruckartig schleudern die Insassen nach vorn.
Aber der Aufprall war geplant, die Insassen sind Crashtest-Dummys, mit Sensoren ausgestattete Puppen. Der geplante Unfall wird mit Messelektronik und Kameras überwacht. Diese Crashtests müssen von Fahrzeugherstellern gemacht werden, damit sie die Sicherheitstechnik ihrer Autos überprüfen und verbessern können, bevor ein richtiger Unfall geschieht.

BEISPIEL
Wenn ein 65 kg schwerer Mensch mit einer Geschwindigkeit von $30\,\frac{km}{h}$ ($\approx 8{,}3\,\frac{m}{s}$) auf ein Hindernis aufprallt, dann beträgt seine Aufprallenergie etwa 2257 Nm. Das entspricht einem Sturz aus ungefähr 3,5 m Höhe.

Zur Untersuchung der Auswirkungen auf Fahrgäste berechnet man die **Aufprallenergie**. Sie hängt ab von der Geschwindigkeit und der Masse des Fahrzeugs.

Man kann sie mit folgender Formel berechnen: $E = \frac{1}{2} m \cdot v^2$

E Aufprallenergie in Nm (Newtonmeter); m Masse des aufprallenden Teils in kg;
v Geschwindigkeit beim Aufprall in $\frac{m}{s}$ (Meter pro Sekunde)
Die Energie, die beim Aufprall auf das Fahrzeug einwirkt, kann man mit einem Sturz aus großer Höhe vergleichen.
Zur Berechnung der **Fallhöhe** gilt die Formel: $h = v^2 : 19{,}62$

1 Ergänze die Tabelle, sodass man die Aufprallenergie ablesen kann.

	Kleinwagen; 1153 kg	Mittelklassewagen; 1505 kg	Kleintransporter; 7500 kg	Schulbus; 10 037 kg
$30\,\frac{km}{h}$				
$50\,\frac{km}{h}$				
$100\,\frac{km}{h}$				
$130\,\frac{km}{h}$				

2 Berechne die mit einem Aufprall vergleichbare Fallhöhe zu Geschwindigkeiten von $30\,\frac{km}{h}$, $50\,\frac{km}{h}$, $100\,\frac{km}{h}$ und $130\,\frac{km}{h}$ für deine Körpermasse (für einen Erwachsenen mit 75 kg).

3 Stelle den Zusammenhang zwischen Geschwindigkeit v und Fallhöhe h grafisch dar. Zeichne den Funktionsgraphen im Heft oder arbeite mit einem Funktionenplotter.

4 Es gibt zwei Organisationen, die Crashtests durchführen. Während die europäische Organisation Autos mit einer Geschwindigkeit von $64\,\frac{km}{h}$ gegen eine Wand krachen lässt, sind es bei der amerikanischen Organisation $56\,\frac{km}{h}$.
Berechne für die vier Fahrzeuge aus Aufgabe 1 den Unterschied in Newtonmetern, der sich zwischen einer Geschwindigkeit von $56\,\frac{km}{h}$ und $64\,\frac{km}{h}$ ergibt.

Kraftstoffverbrauch

Durch Reibung wird der Verbrauch von Kraftstoff erhöht. Es gibt einerseits Rollreibung auf der Straße und andererseits Reibungsverluste durch den Luftwiderstand. Die Arbeit zur Überwindung des Luftwiderstandes wächst mit dem Quadrat der Geschwindigkeit.
Der Kraftstoffverbrauch nimmt bei Autos etwa quadratisch mit der Geschwindigkeit zu. Für einen Autotyp wurde folgende Funktionsgleichung ermittelt:
$f(x) = 0{,}00049x^2 + 0{,}0294x + 0{,}5$
Dabei ist x die Geschwindigkeit in $\frac{\text{km}}{\text{h}}$, $f(x)$ ist der Verbrauch in l pro 100 km.

5 Zeichne eine Parabel, an der man den Luftwiderstand bei steigender Geschwindigkeit ablesen kann. Wähle selbst geeignete Werte.

6 Kraftstoffverbrauch eines Kleinwagens
a) Wie viel l Kraftstoff verbraucht der Kleinwagen etwa auf 100 km, wenn er im Schnitt mit $50\,\frac{\text{km}}{\text{h}}$ $\left(70\,\frac{\text{km}}{\text{h}}\right)$ gefahren wird?
b) ➡ Bei welcher Geschwindigkeit verbraucht der Kleinwagen rechnerisch genau 5 l Kraftstoff pro 100 km? Berechne und überprüfe, ob dein Ergebnis zutreffen kann.

7 ➡ 1 l Benzin verbrennt zu 2,33 kg CO_2. 1 l Diesel verbrennt zu 2,64 kg CO_2.
Arbeitet in Kleingruppen. Sucht aus Zeitschriften und dem Internet Autotests heraus, in denen über den durchschnittlichen Verbrauch berichtet wird. Berechnet, wie viel CO_2 ausgewählte Fahrzeuge im Jahr ungefähr ausstoßen. Informiert auf einem Plakat über den CO_2-Ausstoß und die Auswirkungen auf die Umwelt.

Anzahl der Pkw in Deutschland

Am 1. Januar 2001 waren in Deutschland insgesamt 43 772 260 Pkw gemeldet.
Am 1. Januar 2003 waren es 44 657 303, zwei Jahre später 45 375 526 und am 1. Januar 2007 waren 46 569 657 Pkw in Deutschland gemeldet.

8 Stelle eine Wertetabelle mit sinnvoll gerundeten Zahlen zu den in Deutschland gemeldeten Pkw auf. Zeichne den entsprechenden Graphen.
a) Steigt die Anzahl linear an?
b) Zeichne in das gleiche Koordinatensystem die Anzahl der Haushalte ein. Notiere drei Aussagen zum Vergleich der Anzahl der Haushalte mit der Anzahl der Pkw.

Jahr	2001	2003	2005	2007
Anzahl der Haushalte	38,1 Mio.	38,9 Mio.	39,2 Mio.	39,8 Mio.

c) ➡ Ist es nötig, ein Auto zu besitzen? Welche Gründe sprechen dafür, welche dagegen?

Vermischte Übungen

1 Wende die binomischen Formeln an.

a) $(a-12)^2$ b) $(x+15)^2$
c) $(16-x)^2$ d) $(m-14)(m+14)$
e) $(x+25)^2$ f) $(a+13)(a-13)$
g) $(17-b)^2$ h) $(2{,}5+y)^2$
i) $(2x+5)^2$ j) $(7x-2y)^2$

2 Schreibe als Produkt.

a) $x^2+10x+25$
b) $64x^2-144x+81$
c) $100-20a+a^2$
d) $4x^2+12x+9$
e) $0{,}04a^2-0{,}24a+0{,}36$
f) $36a^2+48a+4$
g) $36x^2+12xy+y^2$
h) $81x^2-36xy+4y^2$

NACHGEDACHT
Nenne Funktionsgleichungen, deren Graphen man ganz einfach mit Hilfe der Schablone für die Normalparabel zeichnen kann.

3 Welche dieser Funktionen sind linear, welche sind quadratisch? Erkläre jeweils, woran man das erkennen kann.

$f(x)=9x$ $f(x)=4x^2+3$ $f(x)=0{,}8$
$f(x)=4x^3$ $f(x)=5x+3$ $f(x)=-x^2$

4 Ergänze im Heft die Wertetabellen für die angegebenen Funktionen.

a) $f(x)=7x^2$

x	−3	−2	−1	0	1	2	3
f(x)	63			0			

HINWEIS
Ein Koordinatensystem wird in vier Quadranten (= Viertel) eingeteilt.

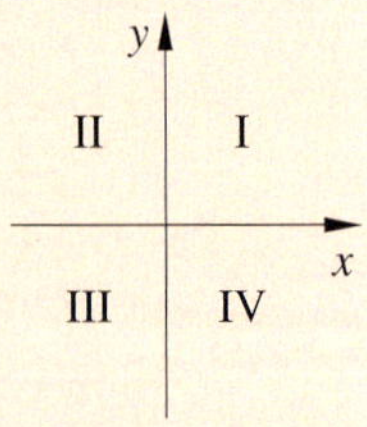

b) $f(x)=-0{,}5x^2$

x	−1,5	−1	−0,5	0	0,5	1	1,5
f(x)		−0,5					

c) $f(x)=-3x^2$

x	−1,5	−1	−0,5	0	0,5	1	1,5
f(x)							

d) $f(x)=\frac{1}{3}x^2$

x	−30	−20	−10	0	10	20	30
f(x)							

5 Zeichne die Funktionen x^2, $2x^2$ und $\frac{1}{3}x^2$ in ein gemeinsames Koordinatensystem und beschreibe die Unterschiede.

6 Stelle zu den drei Funktionen $f_1(x)=x^2$; $f_2(x)=x$ und $f_3(x)=\frac{1}{x}$ jeweils Wertetabellen mit den Werten für x von -4 bis $+4$ auf. Zeichne dann die drei Funktionen in dasselbe Koordinatensystem. Vergleiche den Verlauf ihrer Graphen.

7 Gib jeweils eine passende Funktionsgleichung an.
Wo gibt es mehrere Möglichkeiten?

a) Die Funktion ist symmetrisch zur y-Achse. Sie geht durch den Punkt $(1|3)$.
b) Die lineare Funktion verläuft durch den Punkt $(3|3)$.
c) Die quadratische Funktion hat den Scheitelpunkt $(0|0)$ und läuft durch den Punkt $(1|5)$.
d) Der parabelförmige Graph der Funktion verläuft durch den Punkt $(2|4)$.
e) Der Graph der Funktion sieht aus wie der Graph der Funktion $f(x)=x^2$, ist aber an der x-Achse gespiegelt.
f) Der parabelförmige Graph der Funktion verläuft durch die Punkte $(-1|2)$ und $(1|2)$.

8 Wie verläuft der Graph der Funktion $f_1=0{,}8x^2$ im Vergleich zum Graphen der Funktion $f_2=-0{,}8x^2$? Beschreibe.
Zeichne ihre Graphen mit Hilfe eines Funktionenplotters.

9 Zeichne den Graph der Funktion mit einem Funktionenplotter und gib die Koordinaten von drei Punkten an, die auf dem Graphen liegen.

a) $f(x)=18x^2$ b) $f(x)=-0{,}7x^2$
c) $f(x)=12x^2$ d) $f(x)=-8x^2$
e) $f(x)=-1{,}3x^2$ f) $f(x)=2{,}05x^2$
g) $f(x)=-0{,}08x^2$ h) $f(x)=0{,}49x^2$
i) $f(x)=1\frac{1}{2}x^2$ j) $f(x)=-\frac{1}{7}x^2$

10 Nenne jeweils mindestens drei Funktionsgleichungen, deren Graph

a) gestreckt ist.
b) gestaucht ist.
c) in den Quadranten III und IV verläuft.
d) eine Gerade ist.

11 Zeichne die folgenden Parabeln in ein gemeinsames Koordinatensystem ein. Beschreibe die Parabeln mit den Begriffen „nach oben geöffnet“, „nach unten geöffnet“, „gestaucht“ und „gestreckt“ und gib ihre Scheitelpunkte an.

a) $f(x) = \frac{1}{4}x^2$
b) $f(x) = -0{,}5\,(x - 2)^2 + 1$
c) $f(x) = 1{,}5\,(x + 3)^2 - 2$
d) $f(x) = -2x^2 + 7$

12 Erstelle jeweils eine Wertetabelle und zeichne die Graphen der Funktionen in ein Koordinatensystem. Nenne die Eigenschaften der beiden Funktionen und lies ihre Schnittpunkte ab.

① $f(x) = x^2 - 2x + 2$ ② $f(x) = -x + 4$

13 Gib die Funktionsgleichungen der verschobenen Normalparabeln an.

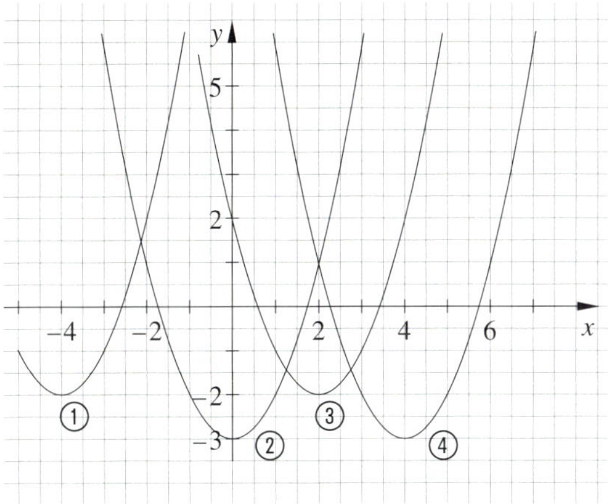

14 Beschreibe den Funktionsgraphen und gib den Scheitelpunkt an.

a) $f(x) = 1{,}5\,(x - 1)^2$
b) $f(x) = -\frac{1}{2}(x + 4)^2$
c) $f(x) = -4\,(x + 1{,}5)^2 - 2$
d) $f(x) = 0{,}8\,(x - 2)^2 + 3$
e) $f(x) = 2{,}5\,(x + 5)^2 - 2$
f) $f(x) = -\frac{1}{3}x^2 + 5$

15 Bestimme mögliche Funktionsgleichungen in Scheitelpunktform für Normalparabeln mit dem Scheitelpunkt S.

a) $S(0|2)$ b) $S(-4|3{,}5)$ c) $S(-1|0)$
d) $S(1|3)$ e) $S(4{,}5|-2)$ f) $S(-7|-2)$

16 Die Müngstener Brücke ist die höchste Eisenbahnbrücke Deutschlands.
Die Spannweite des großen Bogens beträgt 170 m. Der Scheitelpunkt dieses Bogens liegt 73,3 m über dem Ende des Bogens.

a) Skizziere den oberen Parabelbogen in einem Koordinatensystem, bei dem die x-Achse auf Bodenhöhe und die y-Achse durch den Scheitelpunkt verläuft.
b) Begründe, dass die Funktionsgleichung von der Form $f(x) = ax^2 + y_s$ ist $(a < 0)$.
c) Im Koordinatensystem geht die obere Parabel durch den Punkt $P(75|16{,}23)$. Bestimme den Faktor a und gibt die Funktionsgleichung an.

WUSSTEST DU SCHON?
Die Müngstener Brücke ist mit 107 m Höhe die höchste Eisenbahnbrücke Deutschlands. Sie liegt zwischen Remscheid und Solingen und überspannt die Wupper.

17 Forme in die Scheitelpunktform um und beschreibe den Funktionsgraphen.

a) $f(x) = x^2 + 4x + 7$
b) $f(x) = x^2 - 6x$
c) $f(x) = x^2 - 16x + 3$
d) $f(x) = x^2 - 4x + 12$
e) $f(x) = -x^2 + 5x - 9{,}75$
f) $f(x) = -x^2 + 8x + 1$
g) $f(x) = 3x^2 + 30x + 82$
h) $f(x) = -2x^2 + 8x + 4$

18 Eine Brücke hat eine Höhe von 4 m und eine Spannweite von 6 m. Der Brückenbogen kann durch eine Funktion der Form $f(x) = a \cdot x^2$ beschrieben werden.

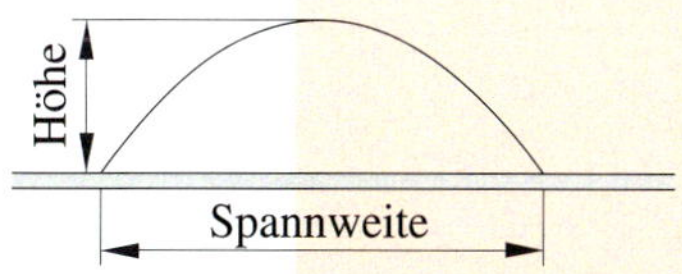

a) Wie groß ist der Faktor a?
b) Wie verändert sich der Faktor a, wenn die Höhe (die Spannweite) vergrößert wird?

19 Die Glienicker Brücke verbindet Potsdam und Berlin. Ermittle mit Hilfe der Zeichnung eine Funktionsgleichung und erkläre, wie du vorgehst. Gilt die Funktionsgleichung für alle x?

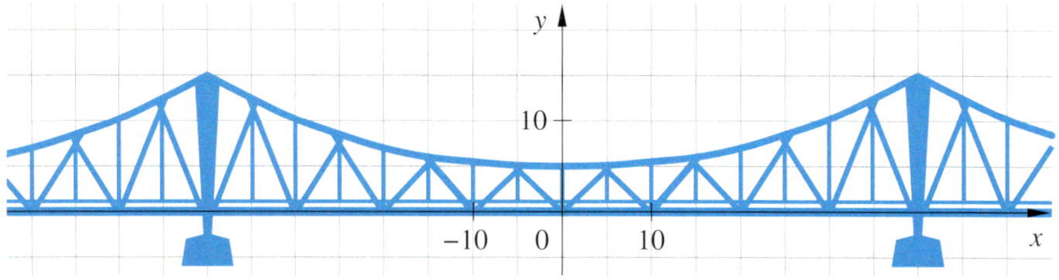

ZUM WEITERARBEITEN
Es gibt eine Briefmarke mit dem Motiv Glienicker Brücke, da sie in der deutschen Geschichte eine wichtige Rolle gespielt hat. Suche im Internet oder Lexikon nach Informationen darüber.

20 Bestimme die Nullstellen der Funktionen.

a) $f(x) = x^2 - 169$
b) $f(x) = 2x^2 - 72$
c) $f(x) = -0{,}5x^2 + 12{,}5$
d) $f(x) = -\frac{3}{4}x^2 + 2$
e) $f(x) = x^2 - 5$
f) $f(x) = -x^2 + 3$

21 Gegeben ist die Funktion $f(x) = x^2 - 2x - 3$.

a) In welchem Bereich ist der Graph der Funktion steigend?
b) In welchem Bereich liegen die Funktionswerte unterhalb der x-Achse?

22 Ein Tunnel hat einen parabelförmigen Querschnitt mit der Funktionsgleichung $f(x) = -0{,}24x^2 + 6$.

a) Wie breit ist der Tunnel?
b) Der Boden des 20 m langen Tunnels soll asphaltiert werden. Wie groß ist die Fläche?

23 Die Flugbahn eines Golfballs kann durch eine Parabel mit der Funktionsgleichung $f(x) = -0{,}0125x^2 + 1{,}5x$ beschrieben werden, wobei x die Entfernung vom Abschlag in m und $f(x)$ die Höhe des Golfballs in m angibt.

a) Ein 8 m hoher Baum steht 10 m vom Abschlag entfernt. In welcher Höhe fliegt der Golfball über den Baum?
b) Wie weit fliegt der Golfball?
c) Berechne die maximale Höhe des Golfballs.

24 Sarah hat in ihrem Lerntagebuch aufgeschrieben, wie sie die Nullstellen einer quadratischen Funktion berechnen kann.

Bei einer quadratischen Funktion, die in Scheitelpunktform gegeben ist, kann man die Nullstellen ganz einfach berechnen.

$f(x) = (x-1)^2 - 4 = 0$

$(x-1)^2 - 4 = 0 \quad | +4$

$(x-1)^2 = 4 \quad |$ Wurzel ziehen

$x_1 - 1 = 2$ und $x_2 - 1 = -2$

$x_1 = 3$ $\qquad x_2 = -1$

Es gibt zwei Nullstellen $x_1 = 3$ *und* $x_2 = -1$.

a) Erkläre die einzelnen Schritte.
b) Überprüfe durch Zeichnen, ob die angegebenen Stellen Nullstellen sind.
c) Wende das Verfahren auf die folgenden Funktionen an.
① $f(x) = (x-2)^2 - 9$
② $g(x) = (x+3)^2 - 1$
③ $h(x) = (x-5)^2 - 4$

25 Wandle in die Scheitelpunktform um und berechne die Nullstellen.

a) $f(x) = x^2 + 7x + 10$
b) $f(x) = x^2 - 9x + 18$
c) $f(x) = x^2 + x - 20$
d) $f(x) = x^2 - 7{,}5x + 9$

26 Ist eine Funktion der Form $f(x) = a(x - x_s)^2 + y_s$ eine quadratische Funktion? Begründe.

27 Arbeitet zu zweit. Zeichnet mit einem Funktionenplotter die Normalparabel $f(x) = x^2$.

a) Zeichnet nun die folgenden Funktionen in verschiedenen Farben in dasselbe Koordinatensystem ein und vergleicht ihren Verlauf mit dem Verlauf der Normalparabel.
① $f(x) = (x - 3)^2$
② $f(x) = x^2 - 4$
③ $f(x) = (x + 3)^2$
④ $f(x) = (x - 1{,}5)^2 + 4$
⑤ $f(x) = (x + 2{,}5)^2 - 3$
⑥ $f(x) = (x - 1{,}5)^2 - 2$

b) Gebt die Scheitelpunkte der gezeichneten Funktionen an und beschreibt die Funktionsgraphen.

28 Arbeitet zu zweit. Findet jeweils eine Funktion, deren Graph den angegebenen Scheitelpunkt besitzt. Wie geht ihr dabei vor?

a) $S(2|0)$ b) $S(-3|0)$ c) $S(5|0)$
d) $S(-3|1)$ e) $S(6|2)$ f) $S(-2|-4)$
g) $S(1|5)$ h) $S(3|0)$ i) $S(-1|2)$

29 Forme um in die allgemeine Form $f(x) = ax^2 + bx + c$.

a) $f(x) = 3(x - 4)^2 - 5$
b) $f(x) = 0{,}25(x + 6)^2 - 3$
c) $f(x) = -5(x - 11)^2 + 0{,}5$
d) $f(x) = -\frac{1}{3}(x - 6)^2 - 12$
e) $f(x) = \frac{3}{4}(x + 12)^2 - 8$

30 Notiere die Funktionsgleichungen der Funktionen. Was haben sie alle gemeinsam?

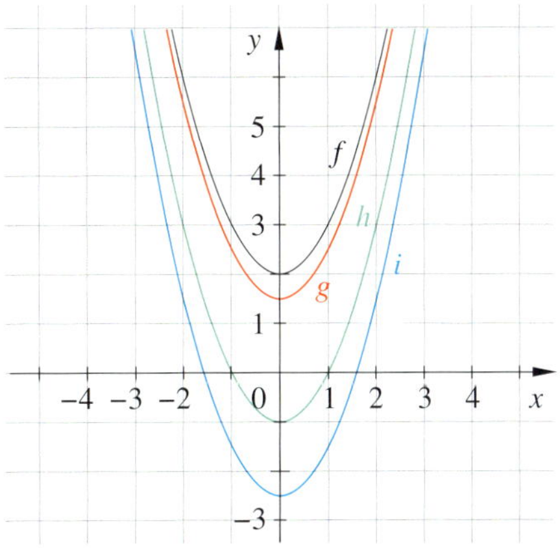

31 Gib die Nullstellen der Funktion an.

a) $f(x) = (x + 8)^2$ b) $f(x) = x^2 - 49$
c) $f(x) = -0{,}5x^2 + 32$ d) $f(x) = -x^2 - 4x$

32 Mit der Funktion $f(x) = -0{,}3x^2 + 4x$ wird der Lauf eines Sprinters während der ersten zehn Sekunden eines 100-m-Laufs beschrieben, wobei $f(x)$ die Geschwindigkeit in $\frac{m}{s}$ und x die Zeit in s ist.
Welche Geschwindigkeit hat er nach 2 (3; 5; 7; 10) Sekunden?

33 Ein Flugzeug fliegt vom Flughafen Köln/Bonn nach Berlin. Zeichne eine passende Parabel zur Funktionsgleichung $f(x) = -3200 \cdot (x - 0{,}5)^2 + 800$, wobei $f(x)$ die Geschwindigkeit in $\frac{km}{h}$ und x die Zeit in h ist. Überlege vorher die Einteilung der Achsen. Nach welcher Zeit landet das Flugzeug in Berlin?

34 Bestimme den ungefähren Flächeninhalt, der durch den Funktionsgraphen f bzw. g begrenzten Fläche. Nutze das Karoraster.

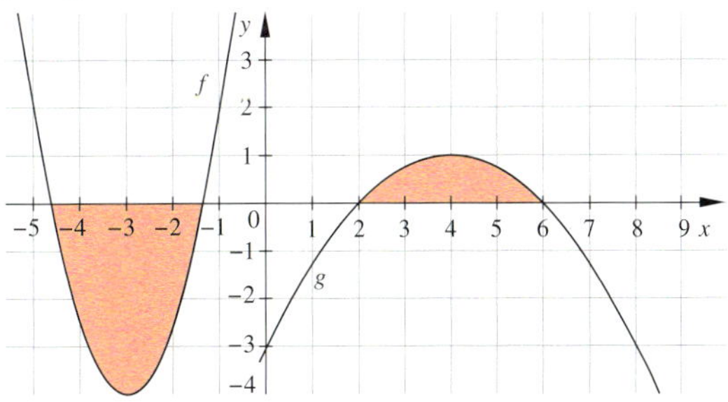

ZUM WEITERARBEITEN
Nenne eine Funktionsgleichung, deren Graph keine Nullstelle hat.

NACHGEDACHT
Kann der Zusammenhang zwischen Fluggeschwindigkeit und Flugzeit tatsächlich durch einen parabelförmigen Graphen beschrieben werden?

35 Die verschobenen Normalparabeln wurden mit einem Funktionenplotter gezeichnet.

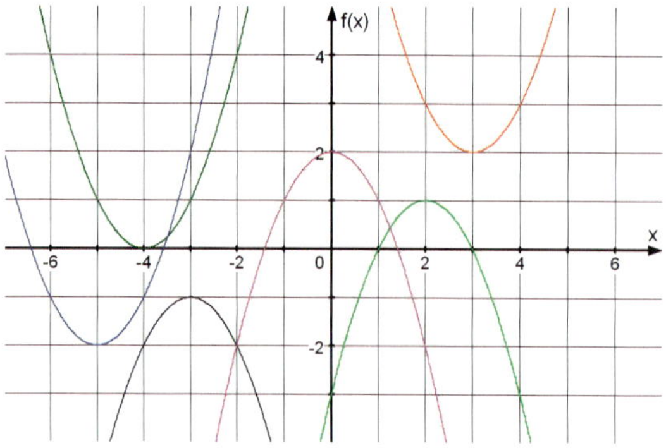

a) Gib jeweils die Gleichung der Parabel in Scheitelpunktform und in allgemeiner Form an. Berechne anschließend die Nullstellen der Funktionen und überprüfe anhand des Bildes.

b) Zeichne selbst mindestens vier Graphen in ein Koordinatensystem. Tauscht eure Bilder untereinander. Bestimmt die Funktionsgleichungen.

WUSSTEST DU SCHON?
Wenn man eine Kette so festhält, dass sie durchhängt, entstehen zwar parabelähnliche Formen, aber keine Parabeln.

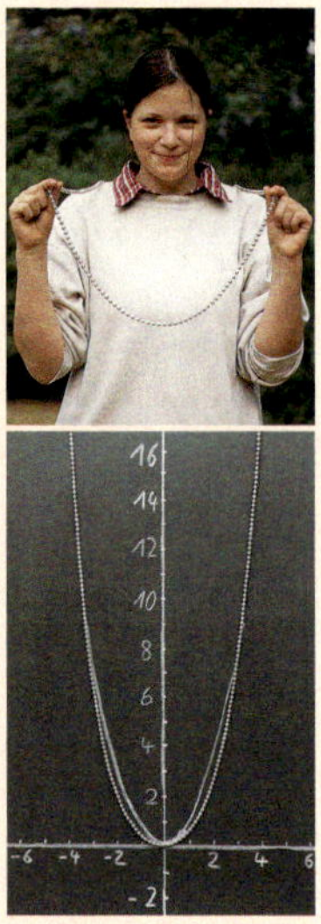

36 Gegeben sind die Funktionen $f(x) = (x + 1)^2 - 4$ und $g(x) = -x^2 + 2x - 7$.

a) Von welcher Funktion kann man leichter den Scheitelpunkt ablesen und warum?

b) Bei welcher Funktion kann man leichter die Anzahl der Nullstellen erkennen und wie?

c) Gib Scheitelpunkt und Nullstellen der beiden Funktionen an.

d) Zeichne die Funktionen f und g in ein Koordinatensystem. In welchen Punkten schneiden sich die beiden Funktionsgraphen?

37 Bestimme mit Hilfe einer Zeichnung die Schnittpunkte der Funktionen f und g.

a) $f(x) = x^2$; $g(x) = x + 6$

b) $f(x) = -x^2 + 3$; $g(x) = x + 1$

c) $f(x) = x^2 + 1$; $g(x) = -0{,}25x^2 + 6$

d) $f(x) = (x - 3)^2$; $g(x) = -(x - 4)^2 + 1$

e) $f(x) = (x + 4)^2 - 2$; $g(x) = -(x + 2)^2 + 2$

f) $f(x) = -2(x - 1)^2 + 3$; $g(x) = 5x^2$

38 Welche quadratische Funktion hat ihren Scheitelpunkt bei $S(2|3)$ und ihre Nullstellen bei $x_1 = -1$ und $x_2 = 5$?

39 Die Flugbahnen der Kugeln von zwei Kugelstoßern wurden beim Training analysiert. Ein Kugelstoßer stößt die Kugel aus einer Höhe von 1,7 m ab. Die parabelförmige Flugbahn seiner Kugel lässt sich mit der Gleichung $f(x) = -\frac{5}{98}x^2 + x + 1{,}7$ beschreiben, die Flugbahn der Kugel des anderen Kugelstoßers durch $g(x) = -\frac{5}{72}x^2 + x + 1{,}8$.

a) Welche Kugel fliegt weiter?

b) Welche Kugel fliegt höher?

40 Auf der Expo Real, einer Messe für Immobilien, wurde das Modell einer elfgeschossigen Wohnbrücke namens „living bridge", die in Duisburg gebaut wird, präsentiert. Die Brücke hat eine Höhe von 43,20 m, bezogen auf die Straße. Die Spannweite des großen Bogens beträgt 230 m.
Die acht kleinen Bögen besitzen jeweils eine Spannweite von 21,30 m und eine Höhe von 17 m über der Wasseroberfläche.

a) Bestimme eine Funktionsgleichung für den großen Parabelbogen. Lege den Koordinatenursprung in den Scheitelpunkt des Bogens.

b) Bestimme die Funktionsgleichung für einen kleinen Parabelbogen, wenn sich die x-Achse in Höhe der Verankerungen im Wasser befindet und die y-Achse Symmetrieachse des Bogens ist.

c) Der Boden der ersten Ebene der Brücke befindet sich 10 m über der Verankerung der kleinen Parabelbögen. Welche Breite besitzen die kleinen Parabelbögen an dieser Stelle?

Teste dich!

a | **b**

1 Berechne die Binome.

a) $(2x + y)^2$ b) $(3x - y)^2$ c) $(x + 5)(x - 5)$ d) $(6a + 4)(6a - 4)$

2 Beschreibe den Funktionsgraphen möglichst genau: Wertebereich, Monotonie, Scheitelpunkt der Parabel, Öffnung, Form (gestreckt/gestaucht) und Anzahl der Nullstellen.

a) $f(x) = (x - 3)^2 + 2$ b) $f(x) = (x + 2)^2$ c) $f(x) = -x^2 + 4$
d) $f(x) = -(x + 1{,}5)^2 - 1$ e) $f(x) = 2x^2 - 5$ f) $f(x) = 0{,}75(x - 2)^2 + 3$

a

3 Bestimme die Funktionsgleichungen der verschobenen Normalparabeln.

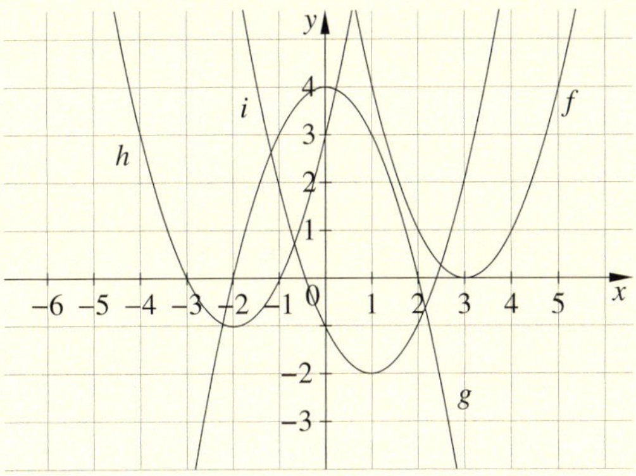

b

3 Bestimme die Funktionsgleichungen der verschobenen Parabeln.

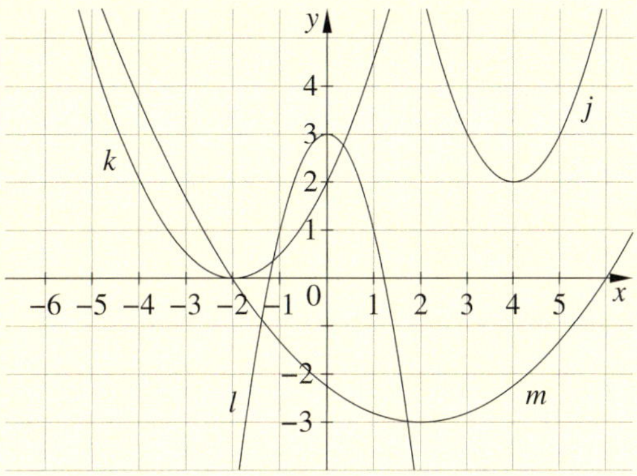

4 Berechne den Scheitelpunkt der Funktionen.

a) $f(x) = x^2 + 4x + 1$ b) $f(x) = x^2 - 6x + 3$ c) $f(x) = x^2 - 12x + 4$ d) $f(x) = x^2 - \frac{1}{2}x + 2$

a

5 Bestimme die Nullstellen der Funktionen und gib ihre Anzahl an.

a) $f(x) = x^2 + 2{,}25$
b) $f(x) = -0{,}5x^2 + 2$
c) $f(x) = x^2 + 5x$

6 Der Parabelbogen einer Brücke lässt sich durch die Funktionsgleichung $f(x) = -\frac{1}{9}x^2 + 10$ beschreiben.

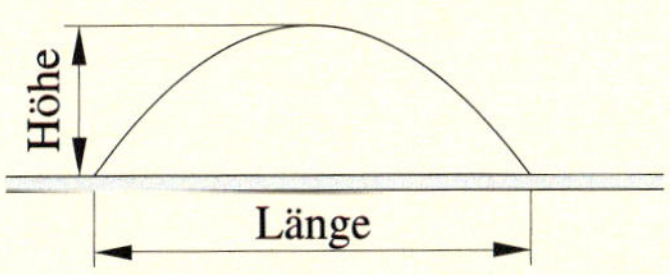

a) Wie hoch und wie lang ist die Brücke?
b) Die Fahrbahnbreite beträgt ca. $\frac{2}{3}$ ihrer Länge. Berechne die Fahrbahnfläche.

b

5 Bestimme die Nullstellen der Funktionen und gib ihre Anzahl an.

a) $f(x) = x^2 - 6x + 8$
b) $f(x) = x^2 - x - 3{,}75$
c) $f(x) = 2x^2 + 3x - 20$

6 Ein Stein wird nach oben geworfen. Seine Flugbahn kann mit der Gleichung $f(x) = -5x^2 + 25x + 1{,}75$ beschrieben werden (x: Zeit in s, $f(x)$: Höhe in m).

a) In welcher Höhe befindet sich der Stein nach 1 Sekunde bzw. nach 4 Sekunden?
b) Zu welchem Zeitpunkt erreicht der Stein seine größte Höhe? In welcher Höhe befindet er sich dann?
c) Nach wie vielen Sekunden trifft der Stein etwa auf dem Boden auf?

Gold: 31 – 30 Punkte, Silber: 29 – 26 Punkte, Bronze: 25 – 21 Punkte

Punkteverteilung

<table>
<tr><th>Aufgabe</th><th>a</th><th>b</th></tr>
<tr><td>1</td><td colspan="2">4</td></tr>
<tr><td>2</td><td colspan="2">12</td></tr>
<tr><td>3</td><td>4</td><td>4</td></tr>
<tr><td>4</td><td colspan="2">4</td></tr>
<tr><td>5</td><td>3</td><td>3</td></tr>
<tr><td>6</td><td>2</td><td>4</td></tr>
</table>

HINWEIS

Brauchst du noch Hilfe, so findest du auf den angegebenen Seiten ein Beispiel oder eine Anregung zum Lösen der Aufgaben. Überprüfe deine Ergebnisse mit den Lösungen auf Seite 170.

Aufgabe	Seite
1	30
2	36, 42, 46
3	36
4	42
5	42
6	46

Zusammenfassung

→ Seite 30

Die binomischen Formeln

Die binomischen Formeln sind spezielle Produkte von zwei Summen.

1. binomische Formel: $(a + b)^2 = a^2 + 2ab + b^2$ — $(x + 3)^2 = x^2 + 6x + 9$
2. binomische Formel: $(a - b)^2 = a^2 - 2ab + b^2$ — $(5 - a)^2 = 25 - 10a + a^2$
3. binomische Formel: $(a + b)(a - b) = a^2 - b^2$ — $(2x + 3y)(2x - 3y) = 4x^2 - 9y^2$

→ Seite 34

Die Normalparabel und Formänderung der Normalparabel

Eine Funktion, in der eine Variable mit dem Exponenten 2 vorkommt und keine Variable einen höheren Exponenten als 2 hat, nennt man **quadratische Funktion**.
Der Graph einer quadratischen Funktion $f(x) = x^2$ heißt **Normalparabel** mit dem Scheitelpunkt S. Die Normalparabel ist **symmetrisch** zur y-Achse.

→ Seite 36

Der Graph einer quadratischen Funktion $f(x) = ax^2$ ist eine zur y-Achse symmetrische Parabel mit dem Scheitelpunkt $S(0|0)$. Der Faktor a bestimmt die Form und die Öffnungsrichtung der Parabel.

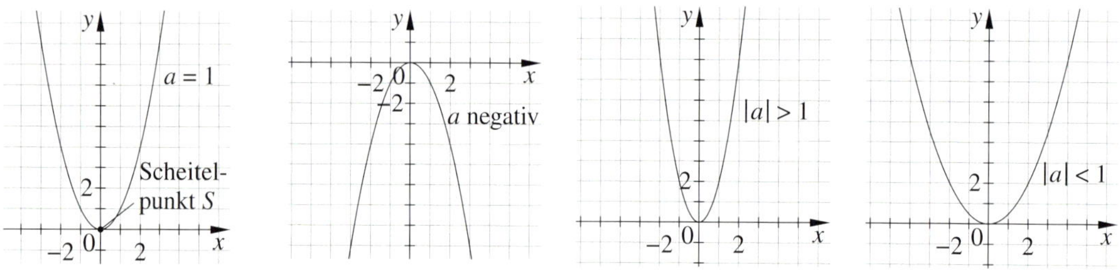

→ Seite 42, 46

Verschiebung der Normalparabel, allgemeine Form und Scheitelpunktform

Aus der **Scheitelpunktform** $f(x) = a(x - x_s)^2 + y_s$ kann man den Scheitelpunkt $S(x_s|y_s)$ direkt ablesen.
a bestimmt die Form und Öffnungsrichtung der Parabel, x_s die Verschiebung in Richtung der x-Achse und y_s die Verschiebung in Richtung der y-Achse. Jede quadratische Funktion in der allgemeinen Form $f(x) = a x^2 + bx + c$ kann mit Hilfe der **quadratischen Ergänzung** in die Scheitelpunktform $f(x) = a(x - x_s)^2 + y_s$ umgeformt werden.

$f(x) = 2(x - 3)^2 - 1$
Scheitelpunkt $S(3|-1)$; $a = 2$, $|2| > 1$, also gestreckte Parabel,
$2 > 0$, also nach oben geöffnet;
Verschiebung um 3 Einheiten nach rechts und 1 Einheit nach unten.

$f(x) = x^2 + 6x + 1$
$= x^2 + 6x + \left(\frac{6}{2}\right)^2 - \left(\frac{6}{2}\right)^2 + 1$
$= (x + 3)^2 - 8$
Scheitelpunkt $S(-3|-8)$, verschobene Normalparabel

→ Seite 50

Nullstellen von quadratischen Funktionen

Die Nullstelle x_n einer Funktion ist die x-Koordinate des Schnittpunktes des Graphen mit der x-Achse. Es gilt $f(x_n) = 0$.
Eine quadratische Funktion hat zwei, eine oder keine Nullstellen.

$f(x) = -3x^2 + 48 = 0 \quad |:(-3)$
$0 = x^2 - 16 \quad |+16$
$16 = x^2 \quad |$ Wurzel ziehen
$x_1 = 4$ und $x_2 = -4$

Gleichungen lösen

Die Flugkurve des Skifahrers beschreibt unter dem Einfluss seiner Anfangsgeschwindigkeit und der Fallbeschleunigung einen Parabelbogen, den Graphen einer quadratischen Funktion. Mit der zugehörigen quadratischen Gleichung können z. B. Höhe und Weite des Sprunges berechnet werden.

Noch fit?

1 Löse die Gleichungen.

a) $2x + 5 = 25$ **b)** $8x - 7 = 73$ **c)** $-5x - 12 = -4$
d) $10 - 3x = 5x - 14$ **e)** $3(x + 4) = 48$ **f)** $4(x - 5) = 2(x + 3)$
g) $10 - 7(x - 2) = 12x - 14$ **h)** $\frac{1}{2}(x - 8) = \frac{1}{4}(x - 12)$ **i)** $-\frac{1}{3}(x + 12) = (x - 8) \cdot 3$

2 Überprüfe, ob die Zahlen -2; 2; 1 oder $\frac{1}{2}$ Lösungen der gegebenen Gleichungen sind. Beachte, dass es bei manchen Aufgaben mehrere Lösungen gibt. Woran liegt das?

a) $x - \frac{1}{2}x = 7 - 3x$ **b)** $x(x + 2) = 0$ **c)** $x \cdot x - 4 = 0$ **d)** $\frac{1}{x} + 1{,}5 = 1$
e) $2x + 4 \cdot x^2 = 2$ **f)** $(x + 1) \cdot (x - 1) = 3$ **g)** $\frac{(x+1)}{(x-1)} = \frac{1}{3}$ **h)** $x^2 = 2x$

3 Faktorisiere (schreibe die Summe als Produkt).

BEISPIEL $21s - 35s^2 = 7s(3 - 5s)$

a) $14a - 6b$ **b)** $20x^2 - 36x$ **c)** $64m^2 - 24m$ **d)** $32a + 56a^2 + 16$
e) $5y^2 - 15 + 20y$ **f)** $4t^2 + 16t + 12$ **g)** $0{,}5z^2 + 2z + 4z$ **h)** $\frac{1}{4}b^2 - \frac{1}{2}b + 2$

4 Welche linearen Funktionen wurden hier gezeichnet?

ERINNERE DICH
Eine lineare Funktion hat die Funktionsgleichung $f(x) = mx + n$. Welche Bedeutung haben m und n?

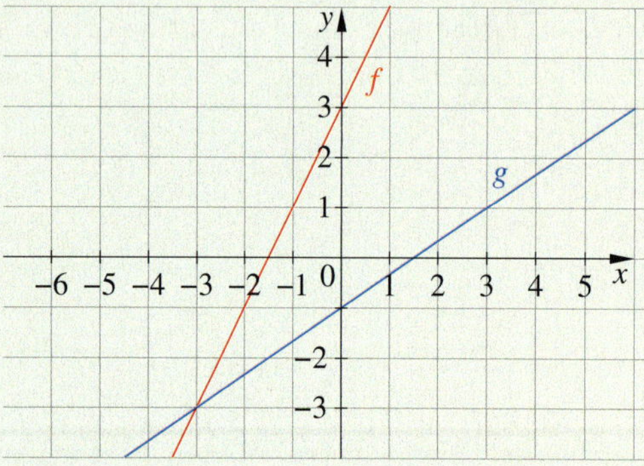

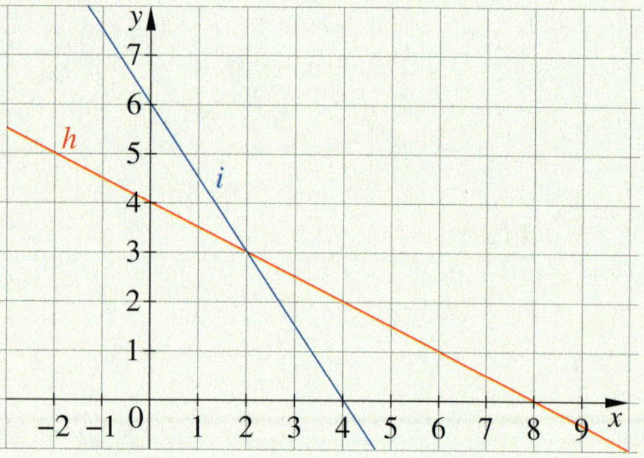

a) Gib die Funktionsgleichungen der Funktionen an.
b) Gib die Nullstellen der Funktionen an.
c) Bestimme rechnerisch den Schnittpunkt der Funktionen und überprüfe das Ergebnis mit Hilfe der Zeichnungen.

5 Berechne die Wurzeln im Kopf.

a) $\sqrt{144}$ **b)** $\sqrt{2{,}25}$ **c)** $\sqrt{361}$ **d)** $\sqrt{289}$ **e)** $\sqrt{625}$ **f)** $\sqrt{\frac{64}{169}}$ **g)** $\sqrt{2{,}56}$

6 Für welche Werte von a lässt sich die Wurzel berechnen? Begründe.

a) $\sqrt{a}$ **b)** $\sqrt{a + 1}$ **c)** $\sqrt{a^2}$ **d)** $\sqrt{a^2 + 1}$ **e)** $\sqrt{a^2 - 4}$

Kurz und knapp

1. In einem rechtwinkligen Dreieck mit den Katheten $a = 12\,\text{cm}$ und $b = 5\,\text{cm}$ ist die Hypotenuse $c =$ _____ cm lang.
2. Berechne Volumen und Oberflächeninhalt eines Zylinders mit $r = 2{,}5\,\text{dm}$ und $h = 4\,\text{cm}$.
3. Zwei Dreiecke sind ähnlich, wenn …
4. Wie viel Zinsen erhält man für 25 000 € bei einem Zinssatz von 3,25 % nach 15 Monaten?
5. Berechne ohne Taschenrechner: $\sqrt{125} \cdot \sqrt{20}$; $\sqrt{243} : \sqrt{3}$
6. Die Summe von zwei Zahlen ergibt 50, ihre Differenz beträgt 28. Wie lauten die Zahlen?

Ungleichungen lösen

Erforschen und Entdecken

1 Das Bild zeigt eine Waage im Ungleichgewicht. Auf der rechten Seite der Waage stehen zwei Flaschen und drei 1 kg-Massestücke. Auf der linken Seite stehen vier Flaschen.

a) Versuche abzuschätzen, wie schwer eine Flasche ist.

b) Wieso veranschaulicht die Waage eine Ungleichung? Stelle eine passende Ungleichung auf und löse diese. Vergleiche deine Lösung mit deiner Schätzung aus a).

c) Welche Umformungen der in c) aufgestellten Ungleichung entsprechen den einzelnen Handlungsschritten an der Waage?

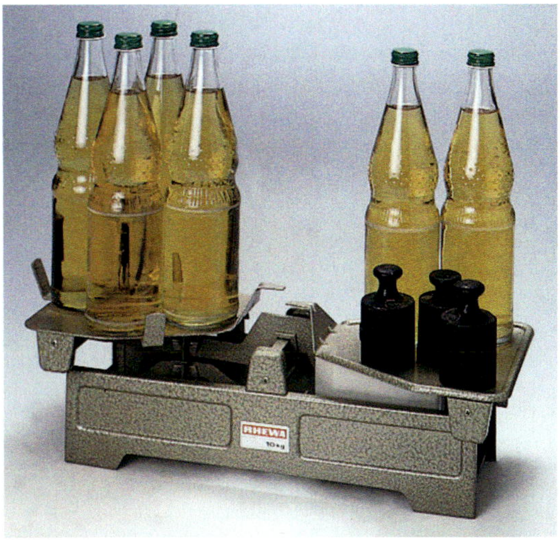

2 Arbeitet zu zweit oder in kleinen Gruppen. Sucht euch mindestens zwei Aufgaben aus und löst diese. Vergleicht anschließend eure Lösungen mit den Lösungen der anderen Gruppen. Habt ihr alle den gleichen Lösungsweg gewählt?

Schülerzahlen
In die Klasse 9 b sollen neue Schüler kommen. Es sollen mindestens 27 Schüler und mindestens zweimal so viele Jungen wie Mädchen in der Klasse sein.
Wie viele Mädchen und Jungen sind in der Klasse?

Schulfest
Für ein Schulfest wurden 500 € Spendengelder gesammelt. Die Ausgaben für das Fest liegen bei 1400 €. Daher haben sich die Schüler überlegt, 3 € pro Person Eintritt zu verlangen.
Wie viele Personen müssen mindestens kommen, damit die Einnahmen größer als die Ausgaben sind?

Zahlenrätsel
Addiert man zu dem Dreifachen einer Zahl fünf so ist das Ergebnis kleiner gleich zwölf.
Welche Zahl ist gemeint?

Rechteck
Ein Rechteck hat einen Umfang von höchstens 60 cm.
Eine Seite ist doppelt so lang wie die andere Seite.
Wie lang sind die Seitenlängen höchstens?

Paket
Lea möchte ein Paket verschicken, das höchstens eine Masse von 10 kg haben darf. Wie viele Bücher mit einer Masse von 300 g kann sie verpacken, wenn die Verpackung eine Masse von 400 g hat?

3 Betrachte die folgenden Ungleichungen und führe die Operationen, die hinter dem Strich angegeben sind, aus. Was stellst du fest?
Formuliere einen Merksatz.

a) $5 < 10 \quad | \cdot (-2)$ b) $-4 < -2 \quad | \cdot (-2)$ c) $-3 < 4 \quad | : (-2)$

Lesen und Verstehen

Hannes möchte einen neuen Handyvertrag abschließen. Er hat zwei Angebote eingeholt. Tarif A hat eine monatliche Grundgebühr von 9,99 € und eine Gesprächsminute kostet 0,25 €. Tarif B hat eine monatliche Grundgebühr von 5,99 € und ein Gespräch kostet 0,33 € pro Minute. Hannes fragt sich, ab wie vielen Gesprächsminuten Tarif A günstiger ist. Diese Frage kann Hannes mit einer Ungleichung beantworten.

HINWEIS
Das Verhältniszeichen < bedeutet „kleiner“, ≤ „kleiner oder gleich“, > „größer“ und ≥ „größer oder gleich“.

ZUR INFORMATION
Die Menge aller reellen Zahlen x mit a ≤ x ≤ b wird Intervall genannt und mit [a; b] bezeichnet. Die Randwerte a und b gehören zum Intervall. Schreibt man (a; b), so gehören die Randwerte a und b nicht mehr zum Intervall.

Eine **Ungleichung** entsteht, wenn zwei Terme durch die Verhältniszeichen <, ≤, > oder ≥ miteinander verbunden werden.

BEISPIEL 1

$0{,}25x + 9{,}99 < 0{,}33x + 5{,}99$

Um eine Ungleichung zu lösen, benutzt man die gleichen Äquivalenzumformungen wie bei linearen Gleichungen, mit einer Ausnahme: Multipliziert oder dividiert man beide Seiten einer Ungleichung mit einer negativen Zahl, so dreht sich das Verhältniszeichen um.

BEISPIEL 2

$$\begin{aligned} -5x - 2 &\le 3x + 6 && \mid -3x \\ -8x - 2 &\le 8 && \mid +2 \\ -8x &\le 8 && \mid :(-8) \\ x &\ge -1 \end{aligned}$$

Die Menge der Lösungen von Ungleichungen wird **Lösungsmenge** genannt und mit L bezeichnet. Häufig lässt sich die Lösungsmenge als Strecke oder Halbgerade auf dem Zahlenstrahl darstellen.

BEISPIEL 3

$L = \{x \in \mathbb{R}^+ \mid x < 2\}$

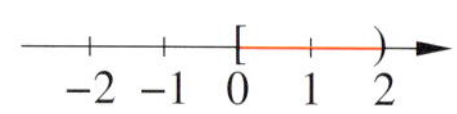

$L = \{x \in \mathbb{R} \mid x < 2\}$

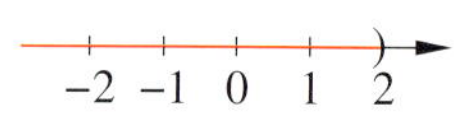

Üben und Anwenden

1 Zeichne die folgenden Lösungsmengen auf dem Zahlenstrahl ein.

a) $L = \{x \in \mathbb{R} \mid x > 5\}$
b) $L = \{x \in \mathbb{R}^+ \mid x \le 1\}$
c) $L = \{x \in \mathbb{R} \mid x < -3\}$
d) $L = \{x \in \mathbb{R} \mid x \ge 10\}$

2 Ein Rechteck hat einen Umfang von 10 cm. Welche Maße muss es mindestens haben, wenn die Breite mindestens 3 cm länger als die Länge sein soll?

3 Bestimme die jeweiligen Lösungen der Ungleichungen.

a) $6x + 3 < 9$
b) $16 + 2x > 20$
c) $x - 7 < 13$
d) $5x - 10 < 6 - 3$
e) $-x + 5 \le 14$
f) $-18x - 6 \le 30$
g) $-11x - 14 < 19$
h) $-21x + 4 \ge 11$
i) $-19x + 51 \ge 89$

4 Löse die Ungleichungen.

a) $x - 2 < 5$ b) $4x - 8 < 8$
c) $7x < 15$ d) $x + 12 < 6$
e) $9 < 2x - 5$ f) $x - 3 > 2x - 15$
g) $6x - 8 > 5x$ h) $10x + 1 < 4x + 4$

5 Der Umfang eines Rechtecks beträgt höchstens 30 cm.
Eine Seite des Rechtecks ist halb so groß wie die andere Seite.

a) Wie groß können die Seitenlängen höchstens sein?
b) Wie groß kann der Flächeninhalt des Rechtecks höchstens sein?
c) Wie lang können die Seiten höchstens sein, wenn eine Seite 6 cm kürzer ist als die andere Seite?
d) Wie lang können die Seiten höchstens sein, wenn eine Seite 3 cm länger ist als die andere Seite?

6 Löse die folgenden Ungleichungen.
Gib die Lösungen als Intervall an.

a) $23x + 19 > 28 - 5x$
b) $8x - 89 \leq -x - 8$
c) $22 - 49x < 17x$
d) $7 + 8x \geq -17x + 4$
e) $21x + 70 \leq -7x - 28$
f) $12 - 4x < 36$
g) $18x - 27 \leq 3x - 18$
h) $160 + 40x \geq -48x$
i) $9x - 45 > 27 - 54x$

7 Ein Gasanbieter bietet zwei Tarife an. Der Basis-Tarif hat eine Grundgebühr von 8,70 € und kostet 7,50 ct pro kWh. Bei dem Spar-Tarif hingegen zahlt man eine Grundgebühr von 16,73 € und 6,33 ct pro kWh. Familie Meier möchte wissen bis zu welcher Anzahl verbrauchter kWh der Basis-Tarif günstiger ist.

8 Bestimme die Lösungsmenge der Ungleichungen im Kopf.

a) $2x + 6 < 1$ b) $x - 3 < 3$
c) $7x < 14$ d) $x + 18 < 6$
e) $9 \leq 3x - 6$ f) $x - 3 > -15$
g) $4x - 9 > 7x$ h) $20x \leq 5x + 45$

9 Ordne jeder Ungleichung einen Zahlenstrahl zu, auf dem die passende Lösungsmenge eingezeichnet ist.
Stelle fehlende Lösungsmengen an einem Zahlenstrahl dar.

$2x + 2 < 16$ $6x + 12 > 3$

$15x - 4 \leq 11$ $9x - 19 \leq 17$

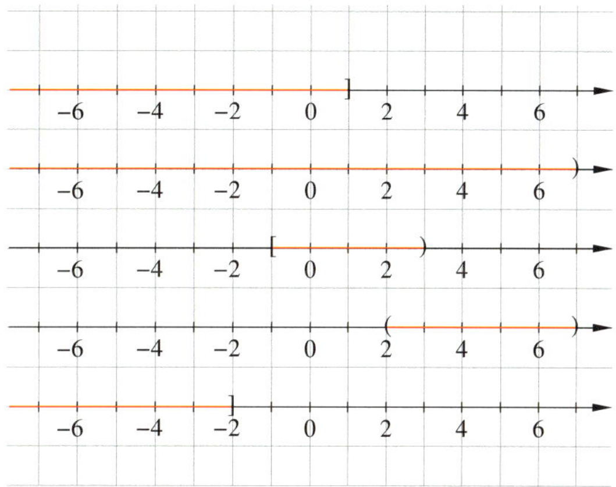

10 Aus welchen Ungleichungen können die folgenden Ungleichungen entstanden sein?
Gib jeweils zwei mögliche Ungleichungen an.

a) $x < 1$ b) $6x < 3$
c) $x \geq 12$ d) $6x < 18$
e) $18 \leq -6x$ f) $-3x > -21$
g) $5x \geq 10$ h) $2x \leq 3x + 15$

11 In einem Sportverein gibt es j Jungen und m Mädchen. Schreibe die folgenden Aussagen als Ungleichungen.

a) Es gibt weniger Jungen als Mädchen in dem Verein.
b) Es gibt mehr Jungen als Mädchen in dem Verein.
c) Es gibt mindestens so viele Jungen wie Mädchen in dem Verein.
d) Es gibt höchstens so viele Jungen wie Mädchen in dem Verein.
e) Es gibt doppelt so viele Jungen wie Mädchen in dem Verein.
f) Die Anzahl der Jungen ist höchstens um zehn größer als die der Mädchen in dem Verein.

12 An einer Jugendfahrt nehmen x Mädchen und y Jungen teil.
Formuliere jeweils eine Aussage, die durch die folgenden Ungleichungen ausgedrückt wird.

a) $x > y$ b) $x > 2y$
c) $0{,}5x < y$ d) $x \leq y + 9$
e) $x - 3 \geq y$ f) $x + 2 \geq 3y$

13 Ordne den Ungleichungen jeweils die passende Lösung zu.

$x > -3$ $-4 \leq x$ $x < -2$ $x \geq -3$ $x < 7$

a) $26 < -19x - 12$
b) $14x + 10 > 3x - 22$
c) $-36x - 234 \geq 42x$
d) $35x - 75 \leq 100x + 185$
e) $5x + 3 < 38$

14 Formuliere zu jeder Ungleichung ein Zahlenrätsel und löse es.

a) $x + 16 \leq 8$ b) $9x - 13 < 25$
c) $3x > 49$ d) $10x + 32 < -56$
e) $81 < 8x - 9$ f) $2x - 16 \leq -45$
g) $14x - 7 < 49x$ h) $30x > 5x + 25$

15 Gib die Lösungsmengen der folgenden Ungleichungen an und zeichne sie an einem Zahlenstrahl ein.

a) $13x - 25 < 40$
b) $-11x - 18 < 26$
c) $-17x \leq 51$
d) $32x + 2 < 18$
e) $55 < -12x - 5$
f) $4x - 8 > 3x - 25$
g) $-24x - 28 \geq 32x$
h) $100x + 10 \leq 140x + 50$

16 Ein gleichschenkliges Dreieck hat einen Umfang von 14 cm. Die Schenkel des Dreiecks sollen mindestens 5 cm länger sein als die Basis. Welche Länge können die Schenkel und die Basis haben?

17 Gib die Lösungsmenge der Ungleichungen an und führe eine Probe durch.

a) $2x + 6 < 1$ b) $x - 3 < 3$
c) $7x < 14$ d) $x + 18 < 6$
e) $9 \leq 3x - 6$ f) $x - 3 > -15$
g) $4x - 9 > 7x$ h) $20x \leq 5x + 45$

18 Familie Martens möchte in den Ferien ein Boot mieten.
Sie haben zwei Angebote eingeholt.
Angebot A kostet eine tägliche Grundgebühr von 200 € und eine Gebühr von 0,22 € pro gefahrenem Kilometer. Für Angebot B müsste die Familie eine tägliche Grundgebühr von 150 € und eine Gebühr von 0,60 € pro gefahrenem Kilometer zahlen.
Zu welchem Angebot würdest du Familie Martens raten? Begründe.

19 Löse die Zahlenrätsel.

a) Addiert man zu dem Fünffachen einer Zahl drei, so erhält man höchstens zwölf.
b) Subtrahiert man von einer Zahl neun, so erhält man höchstens das Achtfache dieser Zahl.
c) Subtrahiert man von einer Zahl zehn, so ist das Ergebnis kleiner als wenn man zu dem Dreifachen der Zahl acht addiert.
d) Addiert man zu dem Sechsfachen einer Zahl zehn, so erhält man höchstens das Fünffache dieser Zahl.
e) Subtrahiert man zu dem Neunfachen einer Zahl zwanzig, so erhält man höchstens das Vierfache dieser Zahl.

20 Löse die folgenden Ungleichungen.

a) $\frac{2x+9}{4} > 8$
b) $\frac{12x-8}{5} \leq x$
c) $\frac{40-25x}{13} < 7x$
d) $\frac{17+23x}{6} \geq -17x + 7$
e) $x + 50 \leq \frac{-2x-25}{13}$
f) $\frac{22-4x}{3} < 36$
g) $\frac{8x-20}{7} \leq 4x - 10$

Rein quadratische Gleichungen lösen

Erforschen und Entdecken

1 Zur Schätzung der Tiefe eines Brunnens dient folgende Faustregel:

Lasse einen Stein in den Brunnen fallen. Zähle die Sekunden, bis du den Aufprall hörst. Multipliziere diese Sekundenzahl mit sich selbst und dann mit 5. Das ergibt die Tiefe des Brunnens in Metern.

a) Wie tief ist der Brunnen, wenn die Zeit bis zum Aufprall drei Sekunden beträgt?
b) Gib die zu diesem Text passende Funktionsgleichung an.
c) Der abgebildete Brunnen hat eine Tiefe von 85 m. Wie lange dauert es ungefähr, bis ein Stein auf dem Grund des Brunnens aufprallt?
d) Führt selbst einen ähnlichen Versuch durch. Lasst z. B. einen Softball aus dem obersten Stock eures Schulgebäudes fallen und stoppt die Zeit bis zu seinem Auftreffen auf dem Schulhof. Wie hoch ist das Gebäude an dieser Stelle?

2 Familie Klose hat ihre quadratische Terrasse mit quadratischen Platten auslegen lassen. Für die 12,25 m² große Terrasse wurden 196 Platten benötigt.
a) Wie lang und wie breit ist die Terrasse?
b) Welche Seitenlängen haben die quadratischen Platten?

3 Arbeitet in einer Vierergruppe.
a) Ordnet den Zahlenrätseln eine passende Gleichung zu und überprüft, welche der angegeben Zahlen Lösungen der Gleichungen sind.
b) Die Gleichungen in den rötlichen Kästchen nennt man **rein quadratische Gleichungen**. Wie viele Lösungen kann eine rein quadratische Gleichung haben? Unter welchen Bedingungen hat sie gar keine Lösung?

$x^2 + 15 = 40$

Subtrahiert man vom doppelten Quadrat einer Zahl 2, so erhält man 30.

$x = -5$

Addiert man 15 zum Quadrat einer Zahl, so erhält man 40.

Multipliziert man das Doppelte einer Zahl mit dem Dreifachen der Zahl, so erhält man 150.

$x = -2$

$3(x^2 + 2) = 6$

$x = 2$

$6x^2 = 150$

$\frac{1}{2}x^2 + 8 = 10$

$x = 4$

$2x^2 - 2 = 30$

$x = -4$

Halbiert man das Quadrat einer Zahl und addiert 8, so erhält man 10.

Multipliziert man die Summe aus dem Quadrat einer Zahl und 2 mit der Zahl 3, so erhält man 6.

$x = 0$

$x = 5$

067-1

HINWEIS
Unter dem Webcode kannst du dir die Kärtchen ausdrucken und ausschneiden.

Lesen und Verstehen

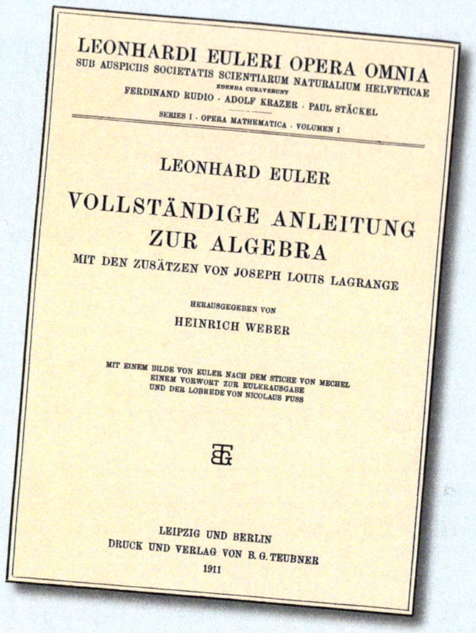
LEONHARDI EULERI OPERA OMNIA
SUB AUSPICIIS SOCIETATIS SCIENTIARUM NATURALIUM HELVETICAE
EDENDA CURAVERUNT
FERDINAND RUDIO · ADOLF KRAZER · PAUL STÄCKEL
SERIES I · OPERA MATHEMATICA · VOLUMEN I

LEONHARD EULER
VOLLSTÄNDIGE ANLEITUNG ZUR ALGEBRA
MIT DEN ZUSÄTZEN VON JOSEPH LOUIS LAGRANGE

HERAUSGEGEBEN VON
HEINRICH WEBER

MIT EINEM BILDE VON EULER NACH DEM STICHE VON MECHEL
EINEM VORWORT ZUR EULERAUSGABE
UND DER LOBREDE VON NICOLAUS FUSS

LEIPZIG UND BERLIN
DRUCK UND VERLAG VON B. G. TEUBNER
1911

Im Jahr 1770 erschien von Leonhard Euler die „Vollständige Anleitung zur Algebra". Darin stellte der berühmte Mathematiker u. a. das folgende Zahlenrätsel.

> Es wird eine Zahl gesucht, deren Hälfte mit ihrem 3. Theil mulipliciret 24 gebe.

Viele von Eulers Zahlenrätsel führen auf **quadratische Gleichungen**. Das sind Gleichungen, in denen die Variable in der zweiten Potenz („hoch 2") aber in keiner höheren Potenz vorkommt.

Im Beispiel handelt es sich um einen Spezialfall einer quadratischen Gleichung, eine **rein quadratische Gleichung**, da hier die Variable nur in der zweiten Potenz vorkommt und nicht noch in der ersten Potenz.

Rein quadratische Gleichungen lassen sich in folgende Form umformen:

$$x^2 = d$$

Es hängt von der Variable d ab, wie viele Lösungen eine rein quadratische Gleichung hat.

BEISPIEL 1

Das Zahlenrätsel kann man wie folgt lösen.
gesuchte Zahl: x
Hälfte der Zahl: $\frac{1}{2}x$
Dritter Teil der Zahl: $\frac{1}{3}x$

Quadratische Gleichung: $\frac{1}{2}x \cdot \frac{1}{3}x = 24$

$\frac{1}{6}x^2 = 24 \quad | \cdot 6$

$x^2 = 144$

Es gibt zwei Zahlen für x, deren Quadrat 144 ist: $x_1 = 12$ und $x_2 = -12$.

Probe:

$\frac{1}{2} \cdot 12 \cdot \frac{1}{3} \cdot 12 = 24$ $\quad$ $\frac{1}{2} \cdot (-12) \cdot \frac{1}{3} \cdot (-12) = 24$

$6 \cdot 4 = 24$ $\quad$ $-6 \cdot -4 = 24$

$24 = 24$ $\quad$ $24 = 24$

BEACHTE
Um die Probe zu machen, müssen nacheinander alle Lösungen in die erste, noch nicht umgeformte Gleichung eingesetzt werden. So wird verhindert, dass ein Fehler beim Umformen der Gleichung gemacht wird.

Gleichungen, bei denen die Variable nur in der zweiten Potenz vorkommt, heißen **rein quadratische Gleichungen**.
Alle rein quadratischen Gleichungen lassen sich auf die Form $x^2 = d$ zurückführen.
Wenn $d > 0$ ist, hat die Gleichung $x^2 = d$ **zwei Lösungen**: $x_1 = \sqrt{d}$ und $x_2 - \sqrt{d}$.
Wenn $d < 0$ ist, hat die Gleichung $x^2 = d$ **keine Lösung**.
Wenn $d = 0$ ist, hat die Gleichung $x^2 = d$ **genau eine Lösung**: $x = 0$.

BEISPIEL 2

1) $x^2 - 64 = 0 \quad | +64$

$x^2 = 64 \quad |$ Wurzel ziehen

Es ist $d > 0$, die Gleichung hat zwei Lösungen:
$x_1 = 8$ und $x_2 = -8$

2) $4x^2 + 12 = 12 \quad | -12$

$4x^2 = 0 \quad | :4$

$x^2 = 0 \quad |$ Wurzel ziehen

Es ist $d = 0$, die Gleichung hat genau eine Lösung: $x = 0$

3) $-2x^2 = 128 \quad | :(-2)$

$x^2 = -64$

Es ist $d < 0$, die Gleichung hat keine Lösung.

Üben und Anwenden

1 Gib ohne zu rechnen die Anzahl der Lösungen an.
a) $x^2 = 1$ b) $x^2 = -6$ c) $x^2 = 2{,}5$
d) $x^2 = 0$ e) $x^2 - 25 = 0$ f) $x^2 + 9 = 0$

2 Löse die quadratischen Gleichungen. Runde gegebenenfalls auf zwei Dezimalstellen.
a) $x^2 = 81$ b) $x^2 = 36$ c) $x^2 = 121$
d) $x^2 = 169$ e) $x^2 = -100$ f) $x^2 = 0{,}64$
g) $x^2 = 0{,}09$ h) $x^2 = 225$ i) $x^2 = -49$
j) $x^2 = 8$ k) $x^2 = 40$ l) $x^2 = 110$

3 Löse die Gleichungen.
a) $x^2 = \frac{4}{9}$ b) $x^2 = \frac{36}{49}$ c) $x^2 = \frac{256}{400}$
d) $x^2 = \frac{144}{169}$ e) $x^2 = \frac{225}{361}$ f) $x^2 = \frac{16}{81}$
g) $x^2 = \frac{289}{441}$ h) $x^2 = \frac{484}{676}$ i) $x^2 = \frac{64}{100}$
j) $x^2 = \frac{1156}{1225}$ k) $r^2 = \frac{25}{121}$ l) $z^2 = \frac{529}{784}$
m) $a^2 = \frac{196}{900}$ n) $s^2 = \frac{1296}{625}$ o) $y^2 = \frac{1936}{2025}$

4 Welche quadratische Gleichung hat zwei, eine bzw. keine Lösung?
Begründe mit Hilfe einer Rechnung und einer Zeichnung.
a) $x^2 - 3 = 0$ b) $x^2 + 2 = 0$
c) $-x^2 + 8 = 0$ d) $x^2 + 6 = 0$
e) $-x^2 = 0$ f) $x^2 - 5 = 0$

5 Gib eine rein quadratische Gleichung an, die die Lösungen $x_1 = 0{,}8$ und $x_2 = -0{,}8$ hat.

6 Gib eine rein quadratische Gleichung an, die keine Lösung hat.

7 Löse die Gleichungen. Forme zuerst um.
a) $2x^2 = 50$ b) $3x^2 = 48$
c) $2{,}5x^2 = 302{,}5$ d) $4{,}7x^2 = 1057{,}5$
e) $12{,}9x^2 = 116{,}1$ f) $\frac{4}{9}x^2 = 16$
g) $\frac{3}{4}x^2 = 36{,}75$ h) $3x^2 = 27$
i) $5x^2 = 180$ j) $\frac{7}{6}x^2 = 42$

8 Berechne die Lösungen.
a) $x^2 + 18 = 99$ b) $x^2 + 252 = 877$
c) $x^2 - 24 = 172$ d) $x^2 + 145 = 266$
e) $x^2 - 66 = 295$ f) $x^2 - 321 = 208$

9 Multipliziert man eine Zahl mit sich selbst und addiert zu diesem Produkt 65, so erhält man 690.

10 Subtrahiert man 17 vom Vierfachen des Quadrats einer Zahl, so erhält man 239.

11 Der Bremsweg eines Pkw wird nach der Faustformel $s = \left(\frac{v}{10}\right)^2$ berechnet.
a) Erläutere die Bedeutung der Variablen s und v.
b) Mit welcher Geschwindigkeit darf man höchstens fahren, wenn der Bremsweg höchstens 10 m [30 m, 50 m, 80 m] betragen soll? Löse mit Hilfe einer quadratischen Gleichung.

TIPP
Vergleiche noch einmal mit S. 35.

12 Die Seite eines Quadrats ist 7 cm lang. Wie lang ist seine Diagonale?

13 Die Diagonale eines Quadrats ist 162 cm lang. Wie lang sind seine Seiten? Begründe, warum es für die Seitenlänge des Quadrats nur eine Lösung gibt.

14 Die Länge eines rechteckigen Reitplatzes für Turnierpferde ist doppelt so lang wie die Breite. Der Flächeninhalt des Reitplatzes beträgt 242 m^2.
Wie lang sind seine Seiten?

15 Eine 45,6 m^2 große Terrasse wird mit quadratischen Steinplatten so ausgelegt, dass keine Fugen entstehen. 285 Platten werden verarbeitet. Berechne die Seitenlänge einer Platte.

16 Paul behauptet, dass man eine quadratische Gleichung auch durch eine Zeichnung lösen kann. Mit einem Funktionenplotter hat er seine Lösung dargestellt.

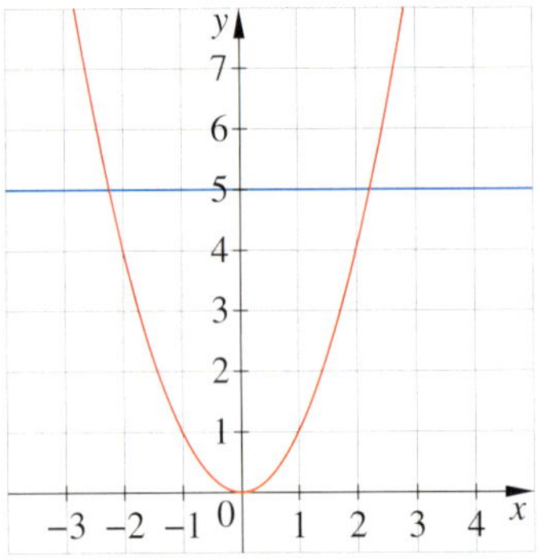

a) Begründe, dass man mit Hilfe der Zeichnung die Gleichung $x^2 = 5$ lösen kann.
b) Wie kann man die Lösung ablesen?
c) Löse auf ähnliche Weise:
① $x^2 = 2$ ② $-x^2 = -4$
③ $x^2 - 1{,}5 = 0$ ④ $-x^2 - 3 = 0$

17 Die Schüler der Klasse 9c sollen folgende Gleichungen zeichnerisch lösen.

A) $-\frac{1}{4}x^2 - 2 = 0$ **B)** $-\frac{1}{2}x^2 + 2 = 0$ **C)** $2x^2 - 2 = 0$

a) Lena hat die folgenden Graphen gezeichnet. Ordne jeweils die richtige Gleichung zu. Gib ihre Lösungen an.

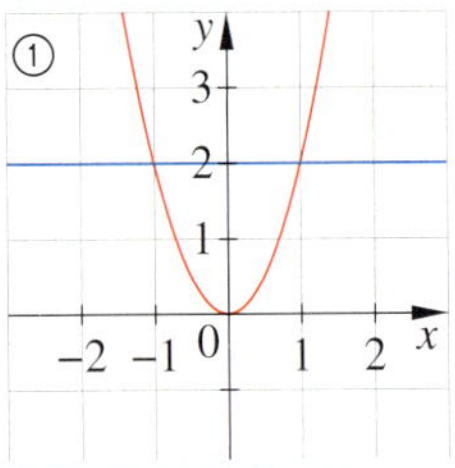

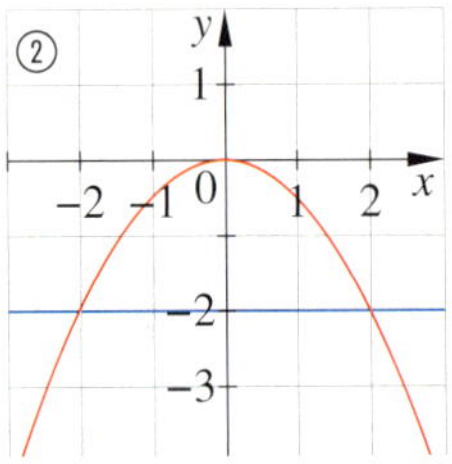

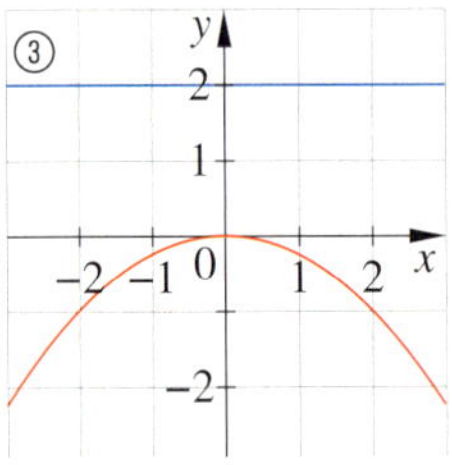

b) Till hat jeweils eine andere zeichnerische Lösung gefunden. Welche Unterschiede bestehen? Vergleiche beide Lösungen und bewerte sie.

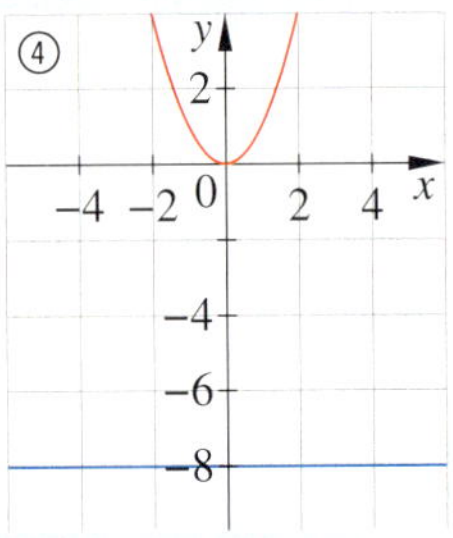

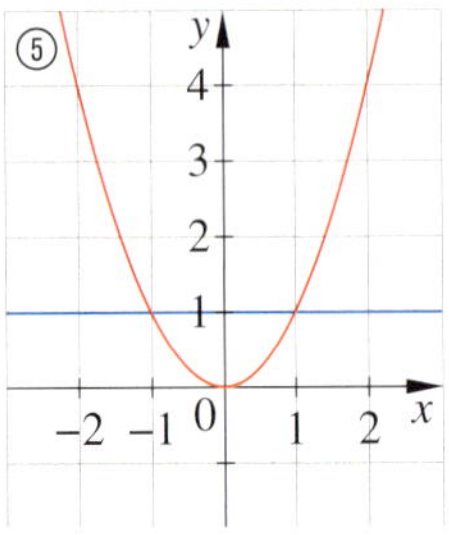

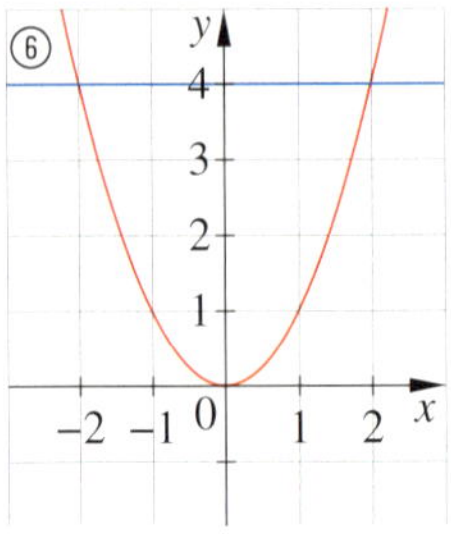

18 Vervollständige die Aussagen.
a) Eine rein quadratische Gleichung $x^2 = d$ hat genau dann zwei Lösungen, wenn die Normalparabel die Gerade $y = d$ … .
b) Die Gleichung $x^2 = d$ hat keine Lösung, wenn …

19 Berechne die Lösungen. Runde auf zwei Nachkommastellen. Begründe, wenn eine Aufgabe nicht zu lösen ist.
a) $2x^2 + 7 = 169$
b) $3x^2 - 145 = 287$
c) $\frac{1}{3}x^2 + 231 = 819$
d) $2{,}4x^2 + 14 = 345{,}6$
e) $2{,}5x^2 - 16{,}5 = 143{,}5$
f) $\frac{1}{4}x^2 - \frac{2}{5} = 35\frac{3}{5}$
g) $\frac{3}{5}x^2 + \frac{3}{10} = 135\frac{3}{10}$

20 Ein kreisförmiges Blumenbeet in einem Park hat einen Flächeninhalt von 50 m². Welchen Radius hat das Beet?

21 Geschenkverpackungen für Weinflaschen haben oft die Form von Quadern mit einer quadratischen Grundfläche. Eine Verpackung hat eine Länge von 37 cm und ein Volumen von 2,8 l.
a) Welche Seitenlänge hat die quadratische Grundfläche?
b) Welchen Durchmesser hätte eine zylinderförmige Verpackung mit gleichem Volumen und gleicher Höhe?

22 Im rechtwinkligen Dreieck ist die Hypotenuse 5,4 cm lang. Die beiden Katheten sind gleich lang.
Welche Länge haben sie?

23 Das Wohnzimmer ist 50,75 m² groß. Die Decke soll mit Stuckleisten verziert werden.
a) Berechne die Länge der Wand x.
b) Wie viel Meter Stuckleisten werden mindestens benötigt?

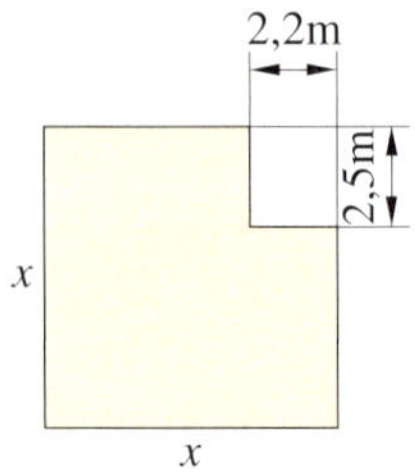

Allgemein quadratische Gleichungen lösen

Erforschen und Entdecken

1 Der arabische Mathematiker Ibn Musa Al-Khwarizmi (ca. 780 – 850 n. Chr.) beschäftigte sich mit quadratischen Gleichungen. Er schrieb das Lehrbuch *„Al-kitab al-mukhtasar fi hisab al-jabr wa'l-muqabala"* (*„Ein kurz gefasstes Buch über die Rechenverfahren durch Ergänzen und Ausgleichen"*). Dort stellt er die Grundzüge der Algebra mit praktischen Anwendungen dar und deutet sie geometrisch. Sein Buch wurde ab dem 12. Jahrhundert mehrfach ins Lateinische übersetzt. Aus dem Titel wurde der Begriff **Algebra** abgeleitet.
Die Abbildung zeigt die geometrische Lösung der Gleichung $x^2 + 6x = 16$ nach Al-Kwarizmi.

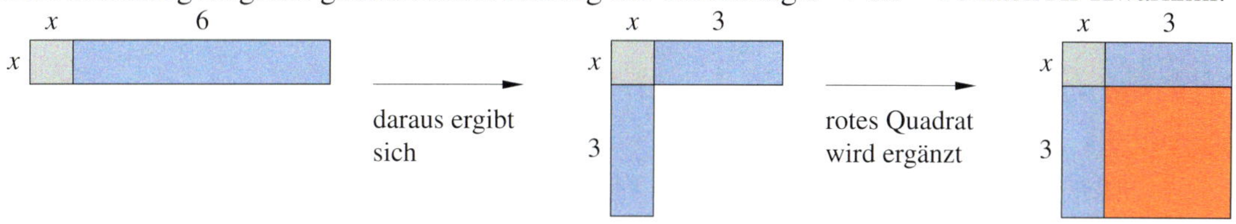

071-1

BEACHTE
Unter dem Webcode kannst du dir die Kärtchen zum Ausschneiden ausdrucken.

a) Ordne den Zeichnungen eine bzw. zwei der folgenden Gleichungen zu und erläutere das Verfahren von Al-Kwarizmi.

$(x+3)^2 = 25$	$x^2 + 2 \cdot 3x + 3^2 = 16 + 3^2$	$x^2 + 2 \cdot 3x = 16$	$x^2 + 6x = 16$

b) Wie groß ist x in diesem Beispiel? Orientiere dich an der rechten Zeichnung.
c) Mit diesem Verfahren gewinnt man nur eine Lösung der quadratischen Gleichung. Zeige, dass auch $x = -8$ eine Lösung der Gleichung ist.
d) Stelle auch die Gleichung $x^2 + 4x = 32$ geometrisch dar und löse sie wie Al-Kwarizmi. Finde auch hier eine zweite Lösung.

2 Der berühmte Mathematiker Leonhard Euler beschäftigte sich auch mit der Lösung von allgemein quadratischen Gleichungen. In der „Vollständigen Anleitung zur Algebra" (1770) ist die Herleitung einer Formel enthalten, die hier in einem Ausschnitt zitiert wird.
a) Erläutere die einzelnen Umformungsschritte.
b) Löse die Gleichung $x^2 + 6x - 27 = 0$, indem du die Lösungsformel von Leonhard Euler benutzt.
Tipp: Überlege zunächst, welchen Wert du für die Variablen p und q einsetzen musst.

Da nun (in einer quadratischen Gleichung) alle Glieder auf eine Seite des Zeichens = gebracht werden können, so wird die Form dieser Gleichung sein: $ax^2 + bx + c = 0$.

Eine solche Gleichung kann durch Theilung (durch a) also eingerichtet werden, daß das erste Glied blos allein das reine Quadrat der unbekanten Zahl x^2 enthalte: hernach laße man das zweyte Glied auf eben der Seite, wo x^2 steht …

Solcher Gestalt wird unsere Gleichung diese Form bekommen:

$$ax^2 + bx + c = 0$$
$$x^2 + \frac{b}{a}x + \frac{c}{a} = 0$$
$$x^2 + px + q = 0$$

… wo p und q bekante Zahlen, sowohl positive als auch negative andeuten: und jetzo kommt alles darauf an, wie der wahre Werth von x gefunden werden soll … Wir können den Werth von x bestimmen:

$$x^2 + px + q = 0$$
$$x^2 + px = -q$$
$$x^2 + 2 \cdot \frac{p}{2}x = -q$$
$$x^2 + 2 \cdot \frac{p}{2}x + \left(\frac{p}{2}\right)^2 = -q + \left(\frac{p}{2}\right)^2$$
$$\left(x + \frac{p}{2}\right)^2 = -q + \left(\frac{p}{2}\right)^2$$
$$x_1 + \frac{p}{2} = \sqrt{-q + \left(\frac{p}{2}\right)^2}; \quad x_2 + \frac{p}{2} = -\sqrt{-q + \left(\frac{p}{2}\right)^2}$$

In dieser Formel ist nun die Regel enthalten, nach welcher alle Quadratgleichungen aufgelößt werden können, und damit man nicht immer nöthig habe, die obigen Operationen von neuem anzustellen, so ist genug, daß man den Inhalt dieser Formel dem Gedächtnis wohl einpräge.

Lesen und Verstehen

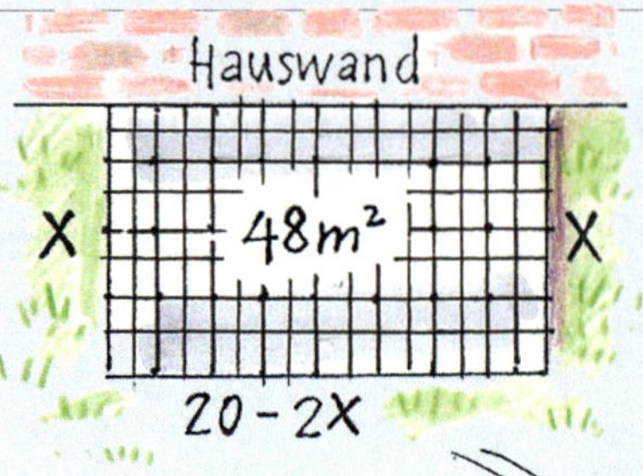

Miriam hat entlang der Hauswand einen Auslauf für ihre Kaninchen gebaut. Der Auslauf hat einen Flächeninhalt von 48 m². Die Länge des Zauns beträgt 20 m. Welche Seitenlängen hat der Auslauf?

Das Problem lässt sich durch systematisches Probieren oder mit einer quadratischen Gleichung lösen.

1. Aufstellen einer quadratischen Gleichung.
2. Die Gleichung wird umgeformt in die Normalform $x^2 + px + q = 0$.
3. Kann die binomische Formel angewandt werden? Falls nicht, wird wie beim Umformen in die Scheitelpunktform auf beiden Seiten die quadratische Ergänzung $\left(\frac{p}{2}\right)^2$ addiert. Anschließend wird die binomische Formel angewandt.

BEACHTE
Löst man eine quadratische Gleichung, so ermittelt man die Nullstellen der zugehörigen Funktion, die sich ergibt, wenn alle Terme auf eine Seite des Gleichheitszeichens gebracht wurden.

> Quadratische Gleichungen können in die **Normalform $x^2 + px + q = 0$** umgeformt werden. Diese kann man quadratisch ergänzen, um beim Lösen die binomische Formel anwenden zu können.

BEISPIEL 1

Auslaufbreite: x
Auslauflänge: $20 - 2x$
Flächeninhalt: $(x \cdot 20 - 2x)$ [in m²]

Gleichung: $x \cdot (20 - 2x) = 48$

$20x - 2x^2 = 48 \quad | -48$

$20x - 2x^2 - 48 = 0 \quad | :(-2)$

Normalform: $\mathbf{x^2 - 10x + 24 = 0} \quad | + \left(\frac{10}{2}\right)^2$

$\underbrace{x^2 - 10x + \left(\frac{10}{2}\right)^2}_{\text{Binomische Formel}} + 24 = \left(\frac{10}{2}\right)^2 \quad | -24$

$(x-5)^2 = 25 - 24$

$(x-5)^2 = 1$

$x_1 - 5 = 1$ und $x_2 - 5 = -1$

$x_1 = 6$ und $x_2 = 4$

Probe: $6 \cdot (20 - 2 \cdot 6) = 6 \cdot 8 = 48$
$4 \cdot (20 - 2 \cdot 4) = 4 \cdot 12 = 48$

Die Lösungen sind $x_1 = 6$ und $x_2 = 4$.
Der Auslauf ist 6 m breit und 8 m lang oder 4 m breit und 12 m lang. In beiden Fällen beträgt der Flächeninhalt 48 m².

072-1
HINWEIS
Unter dem Webcode wird angezeigt, wie die p-q-Formel hergeleitet wird.

Wendet man das Lösungsverfahren auf die Variablen p und q der Normalform an, so erhält man die ***p-q*-Formel** zum lösen quadratischer Gleichungen.

> Quadratische Gleichungen in der Normalform $x^2 + px + q = 0$ haben die Lösungen
>
> $x_1 = -\frac{p}{2} + \sqrt{\left(\frac{p}{2}\right)^2 - q}$ und $x_2 = -\frac{p}{2} - \sqrt{\left(\frac{p}{2}\right)^2 - q}$
>
> Den Radikanden $\left(\frac{p}{2}\right)^2 - q$ nennt man **Diskriminante D**. Aus D kann die Anzahl der Lösungen abgelesen werden. Es gibt drei mögliche Fälle.
> $D > 0$: zwei Lösungen $\quad$ $D = 0$: eine Lösung $\quad$ $D < 0$: keine Lösung

BEISPIEL 2

1) $x^2 - 10x - 11 = 0$, also $p = -10$, $q = -11$

$x_1 = -\frac{-10}{2} + \sqrt{\left(\frac{-10}{2}\right)^2 + 11}$ und $x_2 = -\frac{-10}{2} - \sqrt{\left(\frac{-10}{2}\right)^2 + 11}$

$x_1 = 5 + \sqrt{25 + 11}$ $\quad$ $x_2 = 5 - \sqrt{25 + 11}$

$x_1 = 5 + \sqrt{36}$ $\quad$ $x_2 = 5 - \sqrt{36}$

$x_1 = 11$ $\quad$ $x_2 - 1$

2) $-2x^2 - 12x - 20 = 0 \quad | :(-2)$

$x^2 + 6x + 10 = 0$, also $p = 6$, $q = 10$

$x_1 = -\frac{6}{2} + \sqrt{\left(\frac{6}{2}\right)^2 - 10}$

$x_1 = -3 + \sqrt{9 - 10}$

$x_1 = -3 + \sqrt{-1}$

Schon x_1 zeigt, dass es keine Lösung gibt, da $D < 0$.

Üben und Anwenden

1 Löse die Gleichungen mit Hilfe der *p*-*q*-Formel.

a) $x^2 + 6x = 0$
b) $x^2 + 24x = 25$
c) $x^2 - 16x = 17$
d) $x^2 - 48x = -432$
e) $16y + y^2 = 57$
f) $a^2 - a = 2$
g) $x^2 - 0{,}4x = 0{,}45$
h) $y^2 - 90y = -1400$
i) $y^2 - 18y = 175$
j) $x^2 - 7x = 36{,}75$

2 Wende die binomischen Formeln an und löse die Gleichungen. Zur Kontrolle findest du die Lösungen in der Randspalte.

a) $x^2 + 12x + 36 = 121$
b) $x^2 - 16x + 64 = 225$
c) $x^2 + 36x + 324 = 361$
d) $x^2 - 17x + 72{,}25 = 144$
e) $x^2 + 28x + 196 = 324$
f) $x^2 + 1{,}8x + 0{,}81 = 1{,}96$

3 Wie viele Lösungen haben die quadratischen Gleichungen?
Begründe und gib die Lösungen an.

a) $(a + 12)^2 - 27 = 457$
b) $(y - 14)^2 + 45 = 25$
c) $(z - 4)^2 - 40 = -36$
d) $(b + 15)^2 + 12 = 12$
e) $(m - 1)^2 + 35 = 179$
f) $(17 + n)^2 + 16 = 33 - 17$
g) $\left(\frac{1}{2}s + 29\right)^2 - 42 = 102$

4 Stelle eine zu dem Zahlenrätsel passende quadratische Gleichung auf und löse sie.

a) Quadriert man die Summe aus einer Zahl und neun, so erhält man 49.
b) Die Summe aus dem Quadrat einer Zahl und 25 ergibt 146.
c) Multipliziert man den Vorgänger einer Zahl mit sich selbst, so erhält man 225.
d) Multipliziert man den Vorgänger und Nachfolger einer Zahl, so erhält man 168.

5 Die vier Seiten eines quadratischen Platzes werden um jeweils 5,5 m verlängert. Der neue Flächeninhalt des Platzes beträgt nun $1560{,}25\,m^2$.

a) Welche Seitenlänge hatte der alte Platz?
b) Wurde der Flächeninhalt um mehr als 25 % vergrößert? Begründe.

6 Für einen Park wird ein kreisrundes Blumenbeet geplant. Im Endausbau wird der Durchmesser des Beets um 4 m vergrößert. Die Beetfläche ist nun $3500\,m^2$ groß.

a) Welchen Radius sollte das Beet ursprünglich haben?
b) Um wie viel Prozent wurde die ursprüngliche Fläche vergrößert?

7 Ein Prisma mit quadratischer Grundfläche besitzt ein Volumen von $1983{,}75\,cm^3$ bei einer Körperhöhe von 15 cm.
Die Seiten der Grundflächen werden um 2,5 cm verlängert. Das neue Volumen beträgt jetzt $2940\,cm^3$.
Fertige eine Skizze an. Berechne für beide Prismen die Seitenlänge der quadratischen Grundfläche.

8 Ergänze auf beiden Seiten der Gleichung dieselbe Zahl so, dass du die linke Seite der Gleichung als Quadrat schreiben kannst.
Bestimme dann die Lösung der Gleichung.

a) $x^2 + 12x + \square = 45 + \square$
b) $x^2 - 18x + \square = 115 + \square$
c) $x^2 + 14x + \square = 176 + \square$
d) $x^2 - 28x + \square = 165 + \square$
e) $x^2 - 32x + \square = 105 + \square$
f) $x^2 + 50x + \square = 275 + \square$
g) $x^2 + 44x + \square = 245 + \square$
h) $x^2 - 6x + \square = 567 + \square$

9 ➡ Erkläre mit eigenen Worten, wie man in Aufgabe 8 auf die quadratische Ergänzung kommt.

10 Löse die Gleichungen. Führe zur Kontrolle die Probe durch.

a) $x^2 - 18x = -56$ b) $x^2 - 34x = -145$
c) $x^2 + 54x = -504$ d) $x^2 - 12x = -20$
e) $x^2 + 64x = -183$ f) $x^2 - 26x = -133$

11 Bestimme die Lösungen der Gleichungen. Welche Gleichung hat keine Lösung?

a) $x^2 + 0{,}4x = 5{,}25$ b) $x^2 - 3{,}2x = -1{,}75$
c) $x^2 - 1{,}6x = -2$ d) $x^2 + 7{,}4x = -5{,}85$
e) $x^2 + 4{,}2x = 7{,}84$ f) $x^2 - 5{,}2x = -2{,}35$

12 Daniela und Marvin haben die Gleichung $x^2 - \frac{1}{2}x - 1{,}5 = 0$ gelöst, indem sie mit einem Funktionenplotter Zeichnungen angefertigt haben.

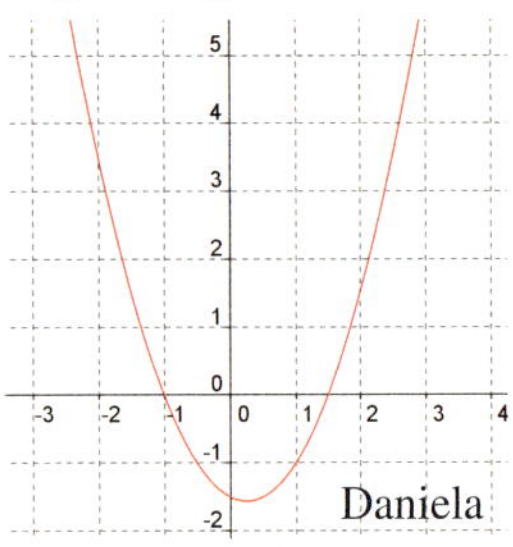

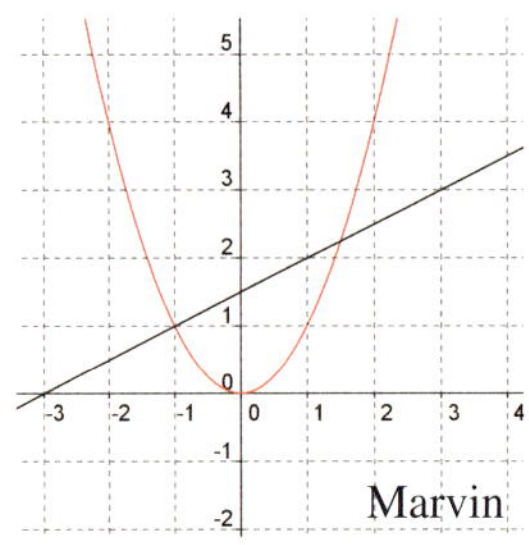

a) Vergleicht zu zweit die beiden Zeichnungen. Erklärt die Lösungswege von Daniela und Marvin und lest die Lösung aus der Zeichnung ab.
b) Löst die folgenden Gleichungen durch eine geeignete Zeichnung.
① $x^2 - 3{,}5x + 3 = 0$
② $-x^2 + x + 6 = 0$
③ $x^3 - 4{,}5x + 4{,}5 = 0$
c) Warum hat die Gleichung $x^2 = -\frac{1}{2}x - 4$ keine Lösung? Begründet eure Überlegungen grafisch.

BEACHTE
Die Probe wird immer an der gegebenen Gleichung durchgeführt, da es sein kann, dass man sich schon bei den ersten Umformungen verrechnet hat.

13 Löse mit Hilfe der *p*-*q*-Formel. Forme zunächst in die Normalform um und bestimme *p* und *q*. Mache die Probe.

a) $x^2 + 4x = 12$ b) $x^2 + 6x = 55$
c) $x^2 - 12x = 108$ d) $6x + x^2 = 27$
e) $x^2 = 40 - 18x$ f) $47 + 46x = x^2$

14 Bilde die Normalform und löse.

a) $2x^2 - 16x = -30$ b) $2x^2 + 4x = 16$
c) $3x^2 - 36x = -96$ d) $2x^2 - 20x + 50 = 32$
e) $0{,}4x^2 + 2{,}3x = 20$ f) $0{,}8x^2 - 4{,}8x = 3{,}2$

15 Löse die Gleichungen und begründe die Anzahl ihrer Lösungen.

a) $x^2 - \frac{4}{9}x = -\frac{4}{81}$ b) $x^2 - 2{,}4x + 1{,}44 = 0$
c) $x^2 + \frac{6}{13}x = -\frac{9}{169}$ d) $x^2 + 7{,}8x = -15{,}21$
e) $x^2 + \frac{12}{15}x = -\frac{36}{225}$ f) $x^2 - 1{,}6x = -0{,}64$

16 Finde die Fehler in Kevins Hausaufgaben und korrigiere sie.

1) $x^2 - 8x + 15 = 0$
$x_1 = -\frac{8}{2} + \sqrt{\left(\frac{8}{2}\right)^2 - 15}$
$= -4 + \sqrt{16 - 15}$
$= -4 + 1$
$= -3$
$x_2 = -4 - 1 = -5$

2) $x^2 + 5x - 14 = 0$
$x_1 = -\frac{5}{2} + \sqrt{\left(\frac{5}{2}\right)^2 - 14}$
$= -\frac{5}{2} + \sqrt{\frac{25}{4} - 14}$
$= -\frac{5}{2} + \sqrt{-\frac{31}{4}}$
$D < 0$, also hat die Gleichung keine Lösung

17 Bestimme die Nullstellen der Funktion zeichnerisch und überprüfe dein Ergebnis rechnerisch.

a) $f(x) = 3x^2 + 12x + 12$
b) $f(x) = -2x^2 + 4x - 5$
c) $f(x) = -4x^2 + 24x$
d) $f(x) = 2x^2 - 12x + 20$

18 Ein Rechteck hat einen Flächeninhalt von $28\,cm^2$ und einen Umfang von 23 cm. Wie lang sind die Seiten des Rechtecks?

19 In einem rechtwinkligen Dreieck ist das Hypotenusenquadrat $400\,cm^2$ groß. Eine Kathete ist 4 cm kürzer als die andere. Berechne die Längen der Katheten.

20 Das kleinere Rechteck liegt auf dem größeren.

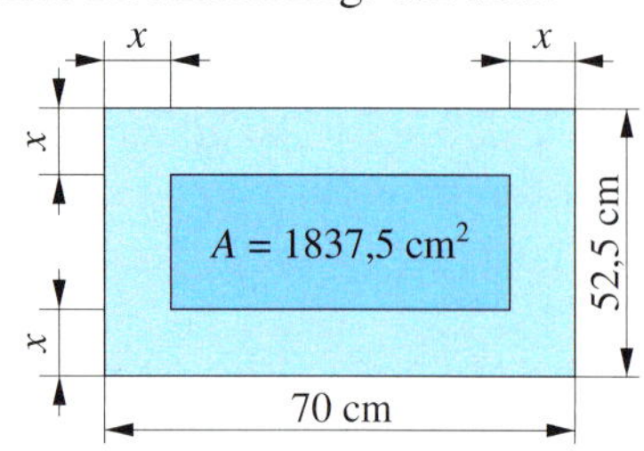

a) Bestimme den Flächeninhalt des größeren Rechtecks.
b) Das innere Rechteck hat zu allen Seiten des äußeren Rechtecks gleiche Abstände. Bestimme diesen Abstand.

21 Melina und Jan haben die Gleichung $x^2 + 10x = 0$ auf unterschiedliche Weise gelöst. Beachte den Hinweis in der Randspalte.

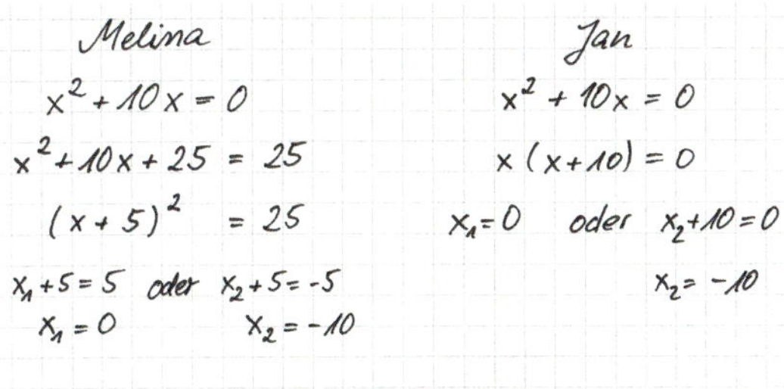

a) Erläutere und vergleiche die beiden Lösungswege.
b) Melina behauptet, dass man mit Jans Methode nicht alle quadratischen Gleichungen lösen kann.
Was hälst du von ihrer Aussage?
c) Löse die folgenden Gleichungen mit beiden Methoden.
① $x^2 - 6x = 0$ ② $x^2 + 12x = 0$
③ $x^2 - 24x = 0$ ④ $2x^2 - 18x = 0$

22 Löse die Gleichungen.
a) $x^2 + 14x = 0$ b) $x^2 + 20x + 36 = 0$
c) $x^2 - 7x = 6$ d) $-4x + x^2 = 0$
e) $x^2 - 49 = 0$ f) $4x^2 = 36x$
g) $0{,}5x^2 - 2{,}5x = 0$ h) $(2x - 3)(x - 1) = 0$

23 Die Diagonale eines Rechtecks ist 7,5 cm lang. Sein Umfang beträgt 21 cm. Berechne die Seitenlängen des Rechtecks.

24 An einer Straßenkreuzung wird ein Gehweg angelegt.

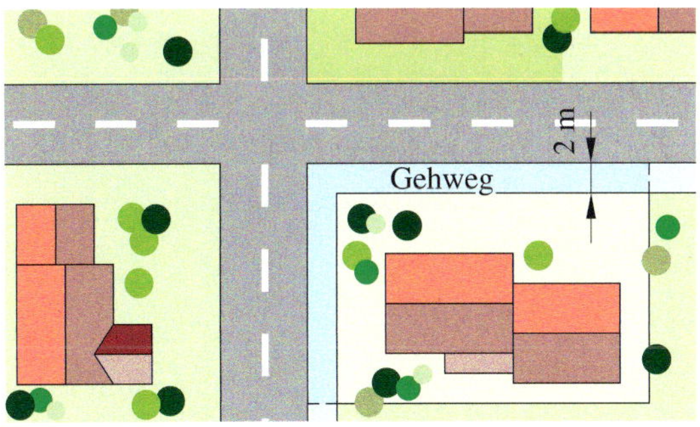

Von den Grundstücken wird ein 2 m breiter Streifen benötigt. Das Eckgrundstück mit 609 m² wird dadurch um 96 m² kleiner. Wie lang und breit war das Grundstück vorher?

25 Bei einem runden Fernkabel wird ein Gesamtquerschnitt von etwa 70 cm² angegeben. Dabei ist das Kabel mit einer 3,5 cm starken Isolierschicht umgeben. Welchen Durchmesser hat das eigentliche Kabel? Gib einen sinnvoll gerundeten Wert an.

26 Um den Innenraum von Fertigungshallen möglichst gut zu beleuchten, werden Industriegebäude manchmal mit einem Sägezahndach aus Glas versehen.

Zunächst sollen die zu erwartenden Kosten für das Glasdach überschlagen werden.
1 m² Sicherheitsglas kostet einschließlich Zuschnitt, Montage und Mehrwertsteuer etwa 375 €. Die Metallsparren, die das Glas tragen, braucht man zunächst nicht zu berücksichtigen. Jede Stirnfläche hat die Form eines rechtwinkligen Dreiecks. Eine Kathete dieses Dreiecks ist um 1 m, die andere um 0,5 m kürzer als die Hypotenuse.
a) Berechne die Längen der Hypotenuse und der Katheten.
b) Bestimme den Flächeninhalt einer dreieckigen Stirnfläche.
c) Wie viel m² Glas werden für das gesamte Dach geplant? Verwende das Maß aus der Grafik oben.
d) Wie hoch sind die etwa zu erwartenden Kosten für das Glasdach?

27 Ein Rechteck hat den Flächeninhalt A. Finde den Faktor, mit dem beide Seiten des Rechtecks multipliziert werden müssen, damit sich der Flächeninhalt verdoppelt (verdreifacht, vervierfacht). Ist eine Gesetzmäßigkeit erkennbar?
Notiere deine Vorgehensweise und Ergebnisse und stelle sie in der Klasse vor.

HINWEIS
Das Umformen einer quadratischen Gleichung in ein Produkt, wie in Aufgabe 21, nennt man auch Faktorisieren.

HINWEIS
Ein Koeffizient ist ein Faktor, der zu einer Variable gehört. Der Koeffizient des Terms $7x^2$ lautet 7.

HINWEIS
Beim Einfügen der WENN-Funktion wird folgende Erläuterung angezeigt: ***Wenn(Prüfung; [Dann_Wert]; [Sonst_Wert])***

HINWEIS
Das Kaptial K_0 wächst um Zins und Zinseszins in zwei Jahren auf $K_2 = K_0 \cdot (1+\frac{p}{100})^2$.

28 Timo hat mit einer Tabellenkalkulation ein kleines Programm erstellt, mit dem er quadratische Gleichungen löst.

B8 | =WENN((-B4/2)^2-B5>=0;-B4/2+WURZEL((-B4/2)^2-B5);"Keine Lösung")

	A	B	C	D	E
1	**Lösen von quadratischen Gleichungen**				
2	**Normalform**	**x² + px + q**			
3	Gib die Koeffizienten p und q ein:				
4	p =	-1			
5	q =	-12			
6					
7	Lösungen:				
8	x₁ =	4			
9	x₂ =	-3			

a) In der Zelle **B8** benutzt er eine WENN-Abfrage, um eine Fallunterscheidung durchzuführen. Erkläre den Aufbau des Befehls.
b) Erläutere die Terme, die er innerhalb der WENN-Abfrage benutzt.
c) Gib die Formel an, die er in Zelle **B9** eingeben muss, um gegebenenfalls die zweite Lösung zu berechnen.
d) Erstelle selbst ein Tabellenblatt, mit dem die Lösungen berechnet werden.
e) Erstelle ein Tabellenblatt für die Lösung einer quadratischen Gleichung der Form $a x^2 + bx + c = 0$.

29 Untersuche mit Hilfe deines Tabellenblattes aus der vorherigen Aufgabe, ob die folgenden Aussagen für quadratische Gleichungen in Normalform richtig sind.
a) Wenn $p = q$ ist, dann hat die quadratische Gleichung immer genau eine Lösung.
b) Wenn $p = 0$ ist und $q > 0$ ist, dann hat die Gleichung genau zwei Lösungen.
c) Wenn $q = 0$ ist, dann sind die Lösungen der Gleichung $x_1 = 0$ und $x_2 = -p$.
d) Wenn q negativ ist, gibt es immer zwei Lösungen.
e) Stelle mit Hilfe deines Tabellenblatts eigene Aussagen auf, die wahr sind.

30 Bestimme die Nullstellen der Funktionen.
Nutze dazu dein Tabellenkalkulationsblatt.
a) $f(x) = x^2 + 6{,}5x - 12$
b) $f(x) = x^2 - 14x + 24$
c) $f(x) = x^2 + 2{,}75x - 5$
d) $f(x) = 3x^2 - 27x + 42$

31 Bestimme jeweils die Koordinaten der Schnittpunkte der Funktionen f und g.
a) $f(x) = x^2$ und $g(x) = x + 2$
b) $f(x) = -x^2 + 4$ und $g(x) = 0{,}5x - 1$
c) $f(x) = x^2 - 2x + 2$ und $g(x) = -2x^2 + 4x + 2$
d) $f(x) = x^2 - 4x + 5$ und $g(x) = -0{,}5x^2 + 2x -$

32 Wie viele Schnittpunkte können eine Gerade und eine Parabel bzw. zwei Parabeln haben?
Verfasse einen Eintrag im Merkheft, in dem du alle möglichen Fälle skizzierst und erläuterst. Erkläre, wie die Anzahl der Schnittpunkte und die Lösungen einer quadratischen Gleichung zusammenhängen.

33 Der Bogen einer Brücke kann annähernd durch die Funktion $f(x) = -0{,}4x^2 + 3x$ beschrieben werden.
a) Wie breit ist die Brücke?
b) Gib die maximale Höhe der Brücke an.

34 Bei einem Schachturnier mit n Teilnehmern soll jeder gegen jeden spielen.
a) Welche Formel gilt für die Anzahl der Partien? Begründe.
① $n + (n-1) + \ldots + 1$ ② n^2
③ $(n-1) + (n-2) + \ldots + 1$ ④ $2n$
⑤ $\frac{1}{2} \cdot n \cdot (n-1)$
b) Wie viele Spiele gibt es, wenn 6 (10, 15) Teilnehmer anwesend sind?
c) Bei einem Schachturnier wurden 66 Partien gespielt. Wie viele Spieler waren es?
d) **Schachturnier der SV**
Am Samstag wurden beim Schachturnier der SV 175 Partien gespielt. Gewinner war …

Melissa meint, die Angaben in der Schülerzeitung seien falsch. Was meinst du? Begründe.

35 Peter bringt zu Beginn eines Jahres 1200 € auf eine Bank. Nach genau zwei Jahren erhält er mit Zinsen 1273,08 €. Wie hoch ist der Zinssatz? (siehe Randspalte)

36 999 € ergaben nach zwei Jahren insgesamt 83,60 € Zinsen. Gib den Zinssatz an.

37 Zur Finanzierung des Kanalisationsbaus erlassen die Kommunen Abwassergebühren. Fast alle Städte und Gemeinden erheben auch für Regenwasser Gebühren.
Die Gemeinde, in der Bauer Peters wohnt, verlangte im Jahr 2009 bei bebauten Flächen 1,78 € pro m^2 und bei unbebauten Flächen 1,37 € pro m^2.
Bauer Peters hat auf seiner rechteckigen Wiese eine Scheune gebaut.
Die Scheune ist 2,5-mal so lang wie breit.
Die Gesamtfläche des Grundstücks beträgt 793,5 m^2.

a) Berechne Länge und Breite der Scheune. Verwende die Skizze (Maße in m).
b) Gib den Flächeninhalt der durch die Scheune bebauten Fläche an und berechne die unbebaute Fläche.
c) Wie hoch waren im Jahr 2007 die Abwassergebühren, die Bauer Peters für sein Grundstück bezahlen musste?

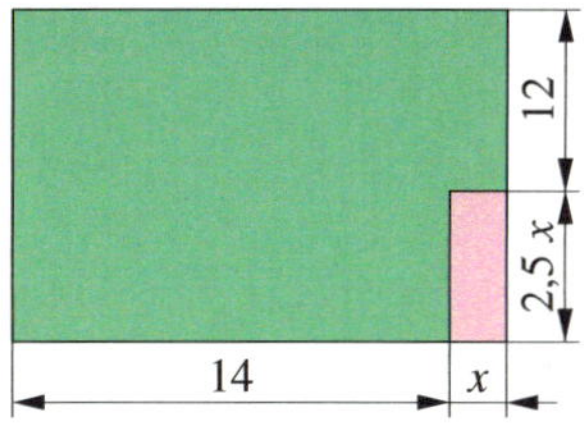

38 Sein Wohnhaus hat Herr Peters in die Mitte eines 616 m^2 großen rechteckigen Grundstücks so gebaut, dass es von jeder Grundstücksgrenze gleich weit entfernt ist.
a) Wie lang sind die Grundstücksgrenzen? Verwende die Skizze (Maße in m).
b) Berechne die Grundfläche des Wohnhauses von Herrn Peters.
c) Gib den Flächeninhalt der gepflasterten Garageneinfahrt und des Eingangswegs an. Diese Flächen zählen zu den bebauten Flächen.
d) Berechne die nach der Abwassergebührenordnung jährlich entstehenden Kosten (siehe Aufgabe 37).
e) Bauer Peters baut an die eine Seite seines Hauses ein Überdach für sein Brennholz, was als bebaute Fläche zählt. Durch das Überdach nimmt der Anteil der bebauten Fläche seines Grundstücks um 20 % zu. Wie hoch sind die Abwasserkosten in dem Baujahr der Überdachung, wenn diese seit Juli existiert?

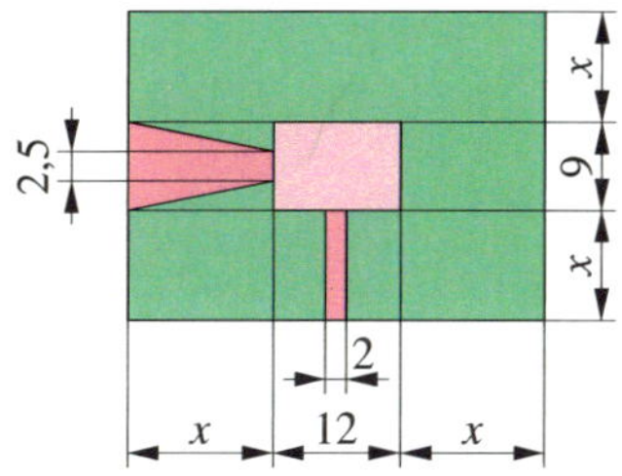

39 Zum Bewässern der Gewächse im Blumengarten wird auf dem Petershof das Regenwasser in einer Tonne gesammelt.
a) Schätze, wie viel Liter Regenwasser die Tonne fassen kann.
b) Berechne das Volumen der Regentonne. Gib an, wie viel Liter Regenwasser in die Tonne passen.
c) Da die bisherige Tonne zu wenig Regenwasser auffangen kann, ersetzt Herr Peters sie durch eine neue, die bei gleicher Höhe das doppelte Fassungsvermögen hat.
Wie groß ist der Durchmesser der neuen Tonne?

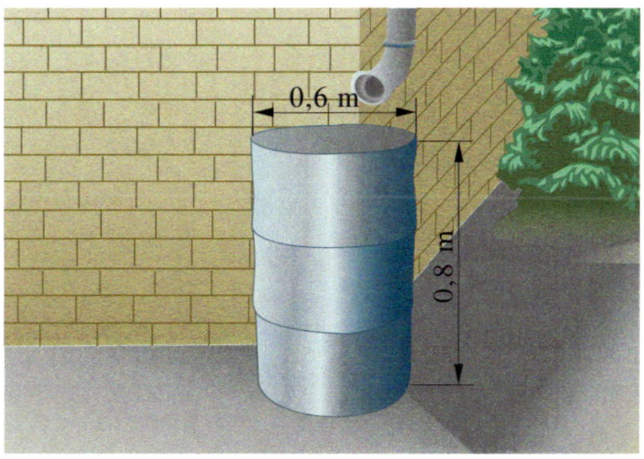

ZUM WEITERARBEITEN
Recherchiere, wie viel Regen im Jahr in deiner Region fällt. Wie oft würde die im Bild links gezeigte Tonne gefüllt werden?

Gewinnoptimierung – Mit dieser Schülerband ist zu rechnen!

Eine Schülerband spielt seit zwei Jahren zusammen und will sich für das SchoolJam Schülerband-Festival bewerben. Dafür müssen sie einen Demo-Song aufnehmen und einschicken.
Sie möchten gleich eine ganze CD mit eigenen Songs aufnehmen und diese bei ihren Auftritten zum Verkauf anbieten.

Deutschlands beste Schülerband gesucht

SchoolJam ist ein bundesweites Schülerband-Festival, das jährlich veranstaltet wird. Gesucht werden die besten Schülerbands Deutschlands. Mitmachen können Schüler der Schulklassen 5–13, sowie Berufsschüler bis 21 Jahre.

Die Siegerband darf dann als ***„Beste Schülerband Deutschlands"*** beim größten deutschen Open-Air-Festival ***„Rock am Ring"*** auftreten.

Aber für wie viel Geld sollen sie die CD verkaufen?
Um dies festzustellen, erhoben sie eine Online-Umfrage unter Freunden, Familienangehörigen und Mitschülern, die zum Ergebnis rechts führte.

- Bei einem Preis von 10,– € könnte die Band 100 CDs verkaufen.
- Senken sie die Preise um einen Euro, dann kaufen sich fünf weitere Personen die CD.
- Steigern sie den Preis um einen Euro, dann kaufen die CD fünf Personen weniger.

1 Wie viele CDs könnte die Schülerband verkaufen, wenn sie die CD für 9 € (8 €, 5 €, 12 €) anbieten würde?
Übertrage die folgende Wertetabelle in dein Heft und vervollständige sie.

Absatz								100							
Preis (in €)	3	4	5	6	7	8	9	10	11	12	13	14	15	16	17

2 Zeichne die Funktion *Absatzmenge* → *Preis* in ein geeignetes Koordinatensystem und zeige, dass die zugehörige Funktionsgleichung $f(x) = -0{,}2\,x + 30$ lautet.

3 Wie viel Geld nimmt die Band ein, wenn sie 100 CDs zu einem Preis von 10 € verkauft? Ändern sich die Einnahmen, wenn sie die CDs zu einem Preis von 8 € (12 €) verkauft? Beachte bei der Berechnung, dass die Band zu diesen Preisen eine andere Absatzmenge hat.

4 Bestimme eine Funktionsgleichung, die die Einnahmen in Abhängigkeit vom Verkaufspreis darstellt. Ermittle den Scheitelpunkt dieser Funktion und zeichne ihren Graphen in ein geeignetes Koordinatensystem. Überprüfe die rechnerischen Lösungen mit Hilfe eines Funktionenplotters. Welche Bedeutung hat der Scheitelpunkt für die Problemstellung?

Um die CD zu produzieren, hatte die Schülerband Fixkosten in Höhe von 500 € (für die Aufnahmen im Tonstudio, das Leihen von Instrumenten und Geräten, u. ä.). Für die Herstellung jeder einzelnen CD fallen außerdem Kosten in Höhe von 1,50 € an.

5 Wie hoch sind die Kosten der Band, wenn sie 100 CDs produzieren lässt? Bestimme eine Funktionsgleichung, die die Kosten in Abhängigkeit von der produzierten Stückzahl darstellt.

6 Berechne den Gewinn der Schülerband, wenn sie 100 CDs zu 10 € verkauft. Zeige, dass die Funktion $f(x) = -0{,}2x^2 + 28{,}5x - 500$ den Gewinn der Band in Abhängigkeit von der produzierten (und verkauften) Stückzahl angibt.

a) Welche Bedeutung haben die Nullstellen der „Gewinnfunktion"?

b) Wie viele CDs sollte die Band herstellen lassen, wenn sie einen maximalen Gewinn erzielen möchte?

c) Überprüfe die rechnerischen Lösungen mit Hilfe eines Funktionenplotters.

7 Die Schülerband hat sich dazu entschlossen, die CD für einen Preis von 11 € zu verkaufen.
Bestimme die Höhe der Kosten, die die Band hatte.
Wie viele CDs muss die Band mindestens verkaufen, damit sie keinen Verlust macht?

8 Bisher hat die Band einen Gewinn von 103 € erzielen können.
Wie viele CDs konnten bislang verkauft werden? Welche Annahmen hältst du in diesem Beispiel für realistisch, welche für unrealistisch? Begründe.

9 Die Band hat weitere 150 CDs produzieren lassen. Wie hoch ist der Gewinn, wenn sie 5 CDs an Freunde verschenkt, 80 % zu 11 € und den Rest mit 15 % Rabatt verkauft?

Vermischte Übungen

1 Löse die folgenden Ungleichungen. Gib die Lösungen als Intervall an.

a) $2x + 15 > 8x - 5$

b) $x - 9 \leq -x - 17$

c) $12 - 49x < -x$

d) $\frac{4 + 12x}{4} \geq -7x + 14$

e) $11x + 9 \leq -5x - 39$

f) $\frac{34 - 4x}{2x} < 36$

2 Der Umfang eines Rechtecks ist mindestens 52 m. Eine Seite des Rechtecks ist dreimal so groß wie die andere Seite.

a) Wie groß können die Seitenlängen höchstens sein?

b) Wie groß kann der Flächeninhalt des Rechtecks höchstens sein?

c) Wie lang können die Seiten höchstens sein, wenn eine Seite 5 m länger ist als die andere Seite?

3 Wende die binomischen Formeln an.

a) $(a - 12)^2$ b) $(x + 15)^2$

c) $(16 - x)^2$ d) $(m - 14)(m + 14)$

e) $(x + 25)^2$ f) $(a + 13)(a - 13)$

g) $(17 - b)^2$ h) $(2{,}5 + y)^2$

4 Schreibe als Produkt.

a) $x^2 + 10x + 25$ b) $64x^2 - 81y^2$

c) $100a - 20ab + a^2$ d) $4x^2 + 12ax + 9a^2$

e) $0{,}04a^2 - 0{,}36y^2$ f) $36x^2 + 12xy + y^2$

g) $81x^2 - 36xy + 4y^2$ h) $36a^2x + 27ax^2$

5 Löse die Klammern auf und fasse zusammen.

a) $(x + y)^2 + (x - y)^2$

b) $(a + 8)^2 + (a + 7)(a - 7)$

c) $(x - 3)(x + 3) - (x - 5)^2$

d) $(2a - b)^2 - (b - 3a)^2$

e) $(6c - 4d)^2 - (6c - 3d)(6c + 4d)$

6 Betrachte die eingefärbte Fläche.

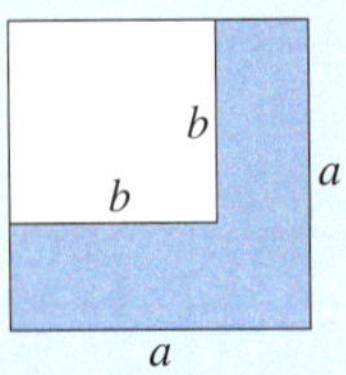

a) Gib einen Term für den Flächeninhalt der Fläche an.

b) Welche Seitenlängen hat ein flächengleiches Rechteck? Forme dazu den Term aus Aufgabenteil a) um. Begründe.

ZUM WEITERARBEITEN
Ein Bäcker kann im Ofen 192 Brötchen backen. Dabei beträgt die Anzahl der Bleche im Ofen ein Drittel der Anzahl der Brötchen auf einem Blech. Wie viele Brötchen liegen auf einem Blech und wie viele Bleche passen in den Ofen?

7 Löse die quadratischen Gleichungen.

a) $x^2 + 9x - 52 = 0$

b) $x^2 + x - 56 = 0$

c) $x^2 + 21{,}5x - 102 = 0$

d) $x^2 - 17{,}6x - 7{,}2 = 0$

8 Der abgebildete Wasserstrahl kann durch die Funktionsgleichung $h(x) = -5{,}2x^2 + 0{,}4$ beschrieben werden. Dabei ist $h(x)$ die Höhe in m über dem Wasserspiegel.

a) In welcher Höhe in m kommt der Wasserstrahl aus dem Brunnen?

b) In welcher Entfernung vom Baumstamm trifft der Strahl das Wasser, wenn die „Nase" 20 cm lang ist?

9 Ein Würfel hat eine Oberfläche von 37,5 cm². Welche Kantenlänge hat er?

10 Bestimme eine quadratische Gleichung mit …

a) der Lösung $x_1 = -5$ und $x_2 = 3$.

b) keiner Lösung.

c) einer Lösung.

d) gleicher Lösung wie $x^2 - 5x - 24 = 0$.

11 Vergrößert man den Radius eines Kreises um 2 cm, so entsteht ein Kreis, dessen Flächeninhalt dreimal so groß ist wie der des ersten Kreises. Bestimme den Radius des ersten Kreises.

12 Die Seite einer Raute ist 20 cm lang. Die Längen ihrer Diagonalen unterscheiden sich um 8 cm.

a) Wie lang sind die Diagonalen?

b) Welchen Flächeninhalt hat die Raute?

13 300 Bakterien vermehren sich in zwei Stunden auf 675 Bakterien.
Um wie viel Prozent vermehren sie sich stündlich?

14 Gegeben ist die Gleichung $4x^2 = 12x$.
Marion dividiert beide Seiten durch x und erhält $x = 3$ als Lösung.
Nimm dazu Stellung.

15 Thomas meint, dass man die Lösung von vielen quadratischen Gleichungen der Form $x^2 + px + q = 0$ auch raten kann, wenn man sich p und q ansieht.

Gleichung	p	q	x_1	x_2
$x^2 - 12x + 32 = 0$	-12	32	4	8
$x^2 + 2x - 15 = 0$	2	-15	3	-5
$x^2 - 9x + 18 = 0$	-9	18	6	3

a) Welche Zusammenhänge bestehen zwischen p und q und den beiden Lösungen x_1 und x_2?
b) Bestimme die Lösungen der Gleichungen mit diesem Verfahren. Überprüfe deine Lösungen durch eine Probe.
① $x^2 - 15x + 56 = 0$
② $x^2 - 7x - 44 = 0$
③ $x^2 - 13x + 36 = 0$
④ $x^2 + 15x + 50 = 0$

16 Der Franzose Francois Viète (meist Vieta genannt, 1540 bis 1603) untersuchte die Zusammenhänge zwischen der Gleichung $x^2 + px + q = 0$ und ihren Lösungen x_1 und x_2. Er stellte fest, dass die folgende Beziehung gilt: $x^2 + px + q = (x - x_1)(x - x_2)$.
Man nennt diese Form der Darstellung auch **Linearfaktorform**.

a) Begründe, warum x_1 und x_2 Lösungen der Gleichung $(x - x_1)(x - x_2) = 0$ sind.
b) Zeige durch Umformen der Gleichung $x^2 + px + q = (x - x_1)(x - x_2)$, dass $x_1 + x_2 = -p$ und $x_1 \cdot x_2 = q$ gilt.

17 Welche Lösungen gehören zu welchen Gleichungen? Ordne zu.

A) $x_1 = 5;\ x_2 = -3$
B) $x_1 = 1;\ x_2 = 4$
C) $x_1 = 5;\ x_2 = 3$
D) $x_1 = -5;\ x_2 = -3$
E) $x_1 = -1;\ x_2 = 4$
F) $x_1 = -4;\ x_2 = -1$

1) $x^2 - 5x + 4 = 0$
2) $x^2 - 8x + 15 = 0$
3) $x^2 - 2x - 15 = 0$
4) $x^2 + 8x + 15 = 0$
5) $x^2 - 3x - 4 = 0$
6) $x^2 + 5x + 4 = 0$

18 Welche quadratische Gleichung hat die folgenden Lösungen?
a) $x_1 = 7$ und $x_2 = 3$
b) $x_1 = -5$ und $x_2 = 6$
c) $x_1 = -4$ und $x_2 = 12$
d) $x_1 = 8$ und $x_2 = -4$

TIPP
Nutze für Aufgabe 18 den Satz des Vieta. Für die Lösungen x_1 und x_2 einer quadratischen Gleichung gilt: $x_1 + x_2 = -p$ und $x_1 \cdot x_2 = q$.

19 Quadratische Funktionen kann man in der Scheitelpunktform, in der allgemeinen Form oder in der Linearfaktorform angeben.
a) Die folgenden Funktionsterme gehören zu nur zwei verschiedenen Funktionen.
Welche der angegebenen Funktionsterme gehören zur gleichen Funktion?
Gib jeweils die Nullstellen und die Scheitelpunkte der Funktionen an.
$f_1(x) = (x - 2)(x - 4)$ $\quad f_2(x) = (x - 1)^2 - 9$
$f_3(x) = x^2 - 2x - 8$ $\quad f_4(x) = (x + 2)(x - 4)$
$f_5(x) = (x - 3)^2 - 1$ $\quad f_6(x) = x^2 - 6x + 8$
b) Vergleiche mit deinem Tischnachbarn die drei Darstellungsformen. Welche Berechnungen lassen sich mit welcher Form besonders leicht ausführen?
Stellt eure Ergebnisse auf einem Plakat oder einer Folie dar und präsentiert sie der Klasse.
c) Forme die angegebenen Funktionsterme jeweils in die beiden anderen Darstellungsformen um.
Gib die Nullstellen und den Scheitelpunkt der Funktionen an.
① $f(x) = (x - 5)(x - 3)$
② $g(x) = x^2 - 4x - 12$
③ $h(x) = (x - 2)^2 - 1$

20 Für welche Werte von a hat die Gleichung $(x + 2)(x - a) = 0$ genau eine Lösung? Begründe.

21 Zeichne ein Dreieck, ein Viereck, ein Fünfeck und ein Sechseck. Zeichne alle Verbindungen zwischen den Eckpunkten ein.

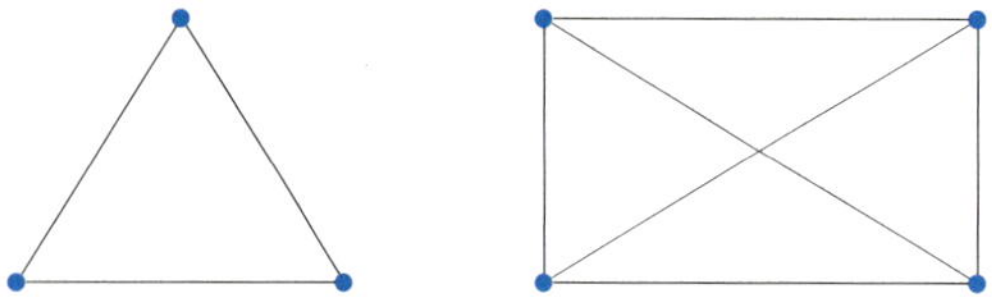

a) Zeige, dass man die Anzahl der Verbindungslinien zwischen n Eckpunkten mit folgender Funktion berechnen kann: $f(n) = 0{,}5\,n^2 - 0{,}5\,n$
b) Wie viele Verbindungslinien gibt es bei einem Achteck, einem Zehneck und einem Zwanzigeck?
c) Bei welcher Figur gibt es genau 153 Verbindungslinien?
d) Auf einer Party begrüßt jeder Gast jeden anderen Gast mit einem Küsschen. Es wurden insgesamt 276 Küsschen gegeben. Wie viele Gäste sind auf der Party? (Stell dir vor, dass jeder Eckpunkt eine Person darstellt, die einer anderen Person ein Begrüßungsküsschen schenkt.)

ZUM WEITERARBEITEN
Zu welcher Summe passt dieses Bild? Begründe.

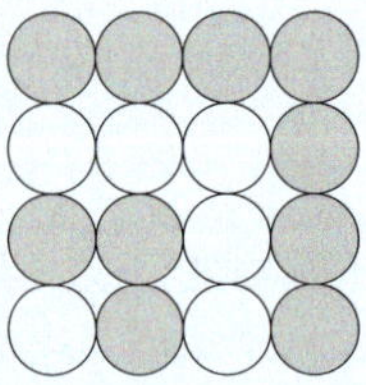

22 Die Summe der ersten n Zahlen, die nach einem bestimmten Muster gebaut sind, lässt sich mit Hilfe einer quadratischen Funktion berechnen.
a) Ordne Summen und Terme einander zu.

1) $1 + 3 + 5 + 7 + 9 + \ldots$
2) $2 + 4 + 6 + 8 + 10 + \ldots$
3) $4 + 8 + 12 + 16 + 20 + \ldots$

A) n^2 B) $2n^2 + 2n$ C) $n^2 + n$

b) Wie viele gerade Zahlen muss man addieren, um 240 zu erhalten?
c) Wie viele ungerade Zahlen muss man addieren, um als Summe 144 zu erhalten?
d) Gibt es eine Summe der Vielfachen von 4, die den Wert 1000 annimmt?
e) Finde einen Term für die Summe aus $2 + 6 + 10 + 14 + \ldots$ und bestimme eine Anzahl von Summanden, sodass die Summe 450 ergibt.

23 Die Abbildung zeigt die finnische Nationalflagge.

a) Zeichne die Figur für $a = 1{,}1$ m und $b = 1{,}8$ m im Maßstab 1 : 10. Das blaue Kreuz hat die Breite $x = 0{,}3$ m. Beachte, dass die weißen Rechtecke links vom Kreuz halb so groß sind wie die Rechtecke rechts vom Kreuz.
b) Gib den Flächeninhalt der gesamten weißen Fläche an.
c) Zeige, dass sich der Flächeninhalt des weißen Anteils der Fahne durch $A(x) = x^2 - 2{,}9x + 1{,}98$ [in m²] berechnen lässt, wenn man die Seitenlängen der Fahne beibehält und die Breite x des blauen Kreuzes verändert.
d) Wie breit muss der Streifen sein, damit die weiße Fläche $\frac{2}{3}$ der Gesamtfläche ausmacht?

24 Beim Kugelstoßen hängt die Flugweite von der Anfangsgeschwindigkeit, dem Abwurfwinkel und der Abwurfhöhe ab.
Wenn man den Luftwiderstand vernachlässigt, dann lässt sich die Flugbahn der Kurve einer Kugel näherungsweise durch eine Parabel beschreiben. Die Kugel eines Kugelstoßers bewegt sich auf der Bahn
$f(x) = -0{,}04x^2 + 0{,}6x + 2{,}16$.
Dabei ist x die horizontale Entfernung der Kugel vom Abwurfpunkt in m und $f(x)$ die Höhe der Kugel in m.
a) Welche maximale Höhe erreicht die Kugel während des Fluges?
b) Wie weit fliegt die Kugel?
c) 10 m vom Abstoßpunkt entfernt befindet sich eine Markierung. In welcher Höhe befindet sich die Kugel über der Markierung?

Teste dich!

a

b

1 Löse die folgenden Ungleichungen. Gib die Lösungen in Intervallschreibweise an.

a) $12x + 5 > x - 3$ b) $2x + 29 \leq -3x - 6$ c) $22 - 4x < -6x$

d) $\frac{1+8x}{2} \geq -10x + 4$ e) $21x + 39 \leq -3x - 9$ f) $\frac{14-2x}{4} < 36$

2 (a) Addiert man zu dem Fünffachen einer Zahl acht, so erhält man höchstens fünfzehn. Wie lautet die gesuchte Zahl?

2 (b) Addiert man zu dem Neunfachen einer Zahl zwölf, so erhält man mindestens die Differenz aus dem Zweifachen dieser Zahl und zwei. Wie lautet die gesuchte Zahl?

3 Löse die quadratischen Gleichungen.

a) $4x^2 - 25 = 0$ b) $1{,}2x^2 - 14{,}7 = 0$ c) $x^2 - 4{,}5x = 0$ d) $x^2 + 3x - 18 = 0$

e) $x^2 + 1{,}5x - 1 = 0$ f) $x^2 - \frac{5}{6}x + \frac{1}{6} = 0$ g) $4x^2 - 52x + 160 = 0$ h) $0{,}5x^2 - 3x + 4 = 0$

4 (a) Gib eine quadratische Gleichung an, die die folgenden Lösungen hat.

a) $x_1 = 12$ und $x_2 = -12$

b) $x_1 = 0$ und $x_2 = 7$

c) $x_1 = 8$

d) keine Lösung

4 (b) Gib eine quadratische Gleichung an, die die folgenden Lösungen hat.

a) $x_1 = 9$ und $x_2 = 12$

b) $x_1 = 0$ und $x_2 = 9$

c) $x_1 = 12$

d) x_1 ist doppelt so groß wie x_2

5 (a) Geometrische Berechnungen

a) Die Diagonale in einem Quadrat ist 128 cm lang. Wie lang ist eine Seite des Quadrats?

b) Der Oberflächeninhalt eines Würfels beträgt $121{,}5\,\text{cm}^2$. Wie lang sind seine Kanten?

5 (b) Ein Rechteck und ein Dreieck haben jeweils einen Flächeninhalt von $120\,\text{cm}^2$.

a) Der Umfang des Rechtecks beträgt 46 cm. Wie lang sind die beiden Seiten?

b) Die Grundseite des Dreiecks ist 1 cm länger als die zugehörige Höhe. Wie lang ist die Grundseite?

6 (a) Auf einem rechteckigen Feld mit einer Länge von 120 m und einer Breite von 80 m soll ein Sportplatz errichtet werden. Auf 60 % der Fläche wird das Sportfeld errichtet und rundherum ein gleichmäßig breiter Zuschauerraum.

a) Berechne die Breite des Zuschauerraumes.

b) Welche Maße hat das Spielfeld?

6 (b) Verlängert man den Radius eines Kreises um 50 cm, dann verdoppelt sich die Kreisfläche.

a) Wie lang war der ursprüngliche Radius?

b) Um wie viel Prozent wurde der Radius vergrößert?

Gold: 34 – 32 Punkte, Silber: 31 – 28 Punkte, Bronze: 27 – 23 Punkte

Punkteverteilung

Aufgabe	a	b
1	6	
2	2	3
3	8	
4	4	5
5	4	6
6	4	6

HINWEIS

Brauchst du noch Hilfe, so findest du auf den angegebenen Seiten ein Beispiel oder eine Anregung zum Lösen der Aufgaben. Überprüfe deine Ergebnisse mit den Lösungen auf Seite 171.

Aufgabe	Seite
1	64
2	64
3	72
4	68, 72
5	72
6	72

Zusammenfassung

→ Seite 64

Ungleichungen lösen

Um eine **Ungleichung** zu lösen, nutzt man die gleichen Äquivalenzumformungen wie bei linearen Gleichungen, mit einer Ausnahme: Multipliziert oder dividiert man beide Seiten einer Ungleichung mit einer negativen Zahl, dreht sich das Verhältniszeichen um.

$$\begin{aligned} -3x - 4 &\le 4x + 5 && \mid -4x \\ -7x - 2 &\le 5 && \mid +2 \\ -7x &\le 7 && \mid :(-7) \\ x &\ge -1 \end{aligned}$$

Die Menge der Lösungen von Ungleichungen wird **Lösungsmenge** genannt und mit L bezeichnet. Häufig lässt sich diese als Strecke oder Halbgerade auf dem Zahlenstrahl darstellen.

$L = \{x \in \mathbb{R}^+ \mid x < 2\}$

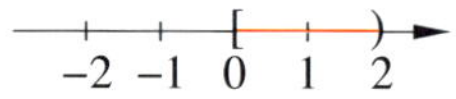

$L = \{x \in \mathbb{R} \mid x < 2\}$

→ Seite 68

Rein quadratische Gleichungen lösen

Gleichungen, bei denen die Variable nur in der zweiten Potenz vorkommt, heißen **rein quadratische Gleichungen**.
Sie lassen sich auf die Form $x^2 = d$ zurückführen.

Wenn $\boldsymbol{d > 0}$ ist, hat die Gleichung $x^2 = d$ **zwei Lösungen**: $x_1 = \sqrt{d}$ und $x_2 = -\sqrt{d}$.

Wenn $\boldsymbol{d = 0}$ ist, hat die Gleichung $x^2 = d$ **genau eine Lösung**: $x_1 = 0$.

Wenn $\boldsymbol{d < 0}$ ist, hat die Gleichung $x^2 = d$ **keine Lösung**.

$$\begin{aligned} x^2 - 25 &= 0 && \mid -25 \\ x^2 &= 25 && \mid \text{Wurzelziehen} \end{aligned}$$
$x_1 = 5$ und $x_2 = -5$

$$\begin{aligned} 4x^2 &= 0 && \mid :4 \\ x^2 &= 0 && \mid \text{Wurzelziehen} \\ x &= 0 \end{aligned}$$

$$\begin{aligned} x^2 + 36 &= 0 && \mid -36 \\ x^2 &= -36 \end{aligned}$$

→ Seite 72

Allgemein quadratische Gleichungen lösen

Quadratische Gleichungen können in die **Normalform $x^2 + px + q = 0$** überführt werden.

Sie können mit dem Verfahren der Quadratischen Ergänzung und der ***p-q*-Formel** gelöst werden.

Die p-q-Formel lautet $x_1 = -\frac{p}{2} + \sqrt{\left(\frac{p}{2}\right)^2 - q}$ und $x_2 = -\frac{p}{2} - \sqrt{\left(\frac{p}{2}\right)^2 - q}$

Aus der **Diskriminante** $D = \left(\frac{p}{2}\right)^2 - q$ lässt sich die Anzahl der Lösungen ablesen:

$D > 0$: zwei Lösungen (z. B. $\sqrt{D} = \sqrt{169}$)

$D = 0$: eine Lösung (z. B. $\sqrt{D} = \sqrt{0}$)

$D < 0$: keine Lösung (z. B. $\sqrt{D} = \sqrt{-16}$)

$$x^2 - 10x + 24 = 0 \quad \mid \text{quad. Ergänzung}$$
$$\underbrace{x^2 - 10x + \left(\tfrac{10}{2}\right)^2}_{(x-5)^2} + 24 = \left(\tfrac{10}{2}\right)^2 \quad \mid -24$$
$$(x-5)^2 = 1$$

$x_1 - 5 = 1 \quad \mid +5$ und $x_2 - 5 = -1 \quad \mid +5$
$x_1 = 6$ und $x_2 = 4$

$x^2 + 6x + 5 = 0$ und

$x_1 = -\frac{6}{2} + \sqrt{\left(\frac{6}{2}\right)^2 - 5}$ $\qquad x_2 = -\frac{6}{2} - \sqrt{\left(\frac{6}{2}\right)^2 - 5}$

$x_1 = -3 + \sqrt{4}$ $\qquad x_2 = -3 - \sqrt{4}$

$x_1 = -1$ $\qquad x_2 = -5$

Zufall und Wahrscheinlichkeiten

Bei einer Lotto-Ziehung hängen die gezogenen Zahlen vom Zufall ab. Viele Menschen spielen Lotto und erhoffen sich einen großen Gewinn. Allerdings ist die Wahrscheinlichkeit, einen Sechser zu haben, äußerst gering.

Noch fit?

NACHGEDACHT
Wie viel Prozent der Eiskugeln haben Schokoladengeschmack?

1 Schreibe in Prozentschreibweise und als Dezimalbruch.

a) $\frac{1}{2}$ b) $\frac{7}{10}$ c) $\frac{3}{4}$ d) $\frac{7}{20}$
e) $\frac{9}{25}$ f) $\frac{34}{200}$ g) $\frac{325}{500}$ h) $\frac{189}{1000}$
i) $\frac{4}{5}$ j) $\frac{28}{40}$ k) $\frac{3}{8}$ l) $\frac{1}{3}$

2 Zeichne einen Zahlenstrahl (mit 12 cm Abstand zwischen 0 und 1) und markiere die folgenden Brüche.

a) $\frac{1}{2}$; $\frac{1}{3}$; $\frac{5}{6}$; $\frac{7}{12}$; $\frac{3}{4}$; $\frac{5}{8}$; $\frac{11}{24}$ b) $\frac{2}{3}$; $\frac{11}{12}$; $\frac{7}{24}$; $\frac{1}{6}$; $\frac{1}{4}$; $\frac{37}{48}$

3 In der Mathematikarbeit der Klasse 9 a wurden folgende Noten erteilt:

Note	1	2	3	4	5	6
Anzahl	2	6	8	5	3	1

a) Gib die relative Häufigkeit für jede Note an.
b) Berechne die Durchschnittsnote.

4 Eine Polizeikontrolle vor der Oberschule „Süd“ ergab, dass 18 von 200 kontrollierten Fahrrädern Mängel aufweisen. An der Gesamtschule „Nord“ wiesen 15 Räder Mängel auf, 135 waren mängelfrei. Mit welcher relativen Häufigkeit wiesen Fahrräder Mängel auf?

5 Berechne.

a) $\frac{1}{5}+\frac{2}{5}$ b) $\frac{3}{10}+\frac{3}{5}$ c) $\frac{1}{4}+\frac{1}{2}$ d) $\frac{7}{20}+\frac{2}{5}$
e) $\frac{1}{3}+\frac{1}{4}$ f) $\frac{3}{8}+\frac{5}{12}$ g) $\frac{11}{25}+\frac{7}{20}$ h) $\frac{5}{8}+\frac{3}{40}$
i) $1-\frac{3}{4}$ j) $1-\frac{57}{100}$ k) $1-\left(\frac{1}{4}+\frac{3}{10}\right)$ l) $1-\frac{2}{5}-\frac{1}{3}$

6 Berechne.

a) 7 % von 200 € b) 28 % von 50 kg c) 25 % von 80 Personen
d) 20 % von 25 m e) 50 % von 1540 Blumen f) 28,9 % von 43 350 €

7 Berechne.

a) $\frac{3}{4}\cdot 12$ b) $\frac{1}{2}\cdot 100$ c) $\frac{7}{10}\cdot 200$
d) $\frac{1}{3}\cdot 219$ e) $\frac{23}{25}\cdot 2000$ f) $\frac{2}{5}\cdot 250$

8 In einer 9. Klasse wurde eine Befragung zum Thema „Höhe des monatlichen Taschengeldes durchgeführt (Ergebnisse siehe Randspalte).

a) Stelle getrennt für Mädchen und Jungen eine Tabelle für die absoluten und relativen Häufigkeiten der Ergebnisse auf. Gib die relativen Häufigkeiten auch in Prozent an.
b) Vergleiche die Höhe des monatlichen Taschengeldes der Mädchen mit der der Jungen.

URLISTE DER MÄDCHEN
10 €, 15 €, 20 €, 25 €, 15 €, 15 €, 20 €, 10 €, 15 € 30 €, 15 €, 10 €, 15 €

URLISTE DER JUNGEN
10 €, 10 € 15 €, 20 €, 30 €, 25 €, 15 €, 30 €, 20 €, 15 €, 10 €, 25 € 10 €, 15 €

KURZ UND KNAPP

1. Wie schreibt man eine Dezimalzahl in Prozentschreibweise?
2. Beschreibe, wie man ein Säulendiagramm zeichnet.
3. Beschreibe, wie man ein Kreisdiagramm zeichnet.
4. Erkläre anhand von Beispielen die folgenden Begriffe: Maximum, Minimum, Spannweite, Mittelwert, Durchschnitt, Zentralwert

Wahrscheinlichkeiten

Erforschen und Entdecken

1 „Wahrscheinlichkeitsrallye"
Ihr benötigt: Spielfiguren, Würfel, Heftzwecken, ein Skatspiel, einen Legostein, eine Münze
Spielregeln: Jeder Spieler erhält eine Spielfigur. Ziel des Spiels ist es, als Erster das Zielfeld zu erreichen. Die Felder werden in Pfeilrichtung durchlaufen. Jeder Spieler hat pro Runde einen Wurf. Gewürfelt wird mit dem abgebildeten Gegenstand des angestrebten Feldes. Das Feld darf erst besetzt werden, wenn das abgebildete Ergebnis gewürfelt wird. Es wird ohne Rausschmeißen gespielt. Der oder die Jüngste beginnt.
Spielphasen:
1. Zuerst versucht der Spieler eines der Eckfelder ①, ②, ③ oder ④ zu besetzen.
2. Danach sucht sich der Spieler eines der in Pfeilrichtung angegebenen Felder aus und versucht dieses zu besetzen.
3. Auf dem Weg ins Ziel wählt der Spieler, ob er mit dem Legostein oder dem Würfel wirft oder aus einem vollständigen Skatblatt ein Ass zieht.

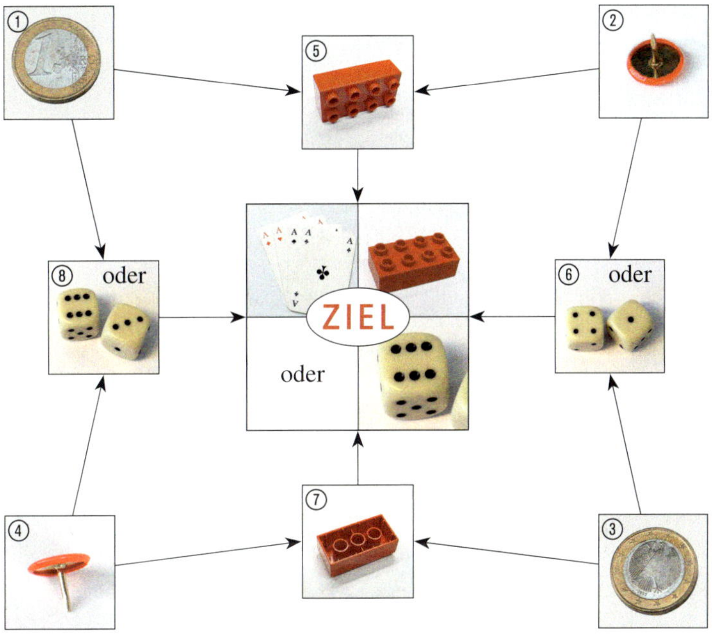

a) Vergleicht das „Würfeln" einer Reißzwecke mit einem Münzwurf (*„Kopf" oder „Zahl"*). Nennt Gemeinsamkeiten und Unterschiede.
b) Betrachtet nur den ersten möglichen Zug (also auf eines der Eckfelder ①, ②, ③ oder ④). Gibt es einen Anfangszug, der sich als besonders günstig erwiesen hat? Begründet.
c) Vergleicht das Würfeln eines „normalen" Spielwürfels mit dem Würfeln eines Legosteins. Nennt Gemeinsamkeiten und Unterschiede.
d) Mit welchem Zufallsgerät (Würfel, Legostein, Kartenspiel) erreicht man das Zielfeld am schnellsten?

BEISPIEL
Ein Spieler wählt das Feld ① als Startfeld. Von dort aus kann er die Felder ⑤ oder ⑧ erreichen. Er wählt Feld ⑤. Von Feld ⑤ geht es zum Zielfeld. Um das Zielfeld zu erreichen, kann er wählen, ob er mit dem Legostein oder dem Würfel wirft oder aus einem vollständigen Skatblatt ein Ass zieht.

www 087-1
BEACHTE
Unter dem Webcode kannst du den Computer für dich würfeln lassen.

2 Arbeitet zu zweit. Werft einen Spielwürfel 100-mal. Berechnet nach 10, 20, 30, …, 100 Würfen jeweils die relative Häufigkeit des Ergebnisses „Eins gewürfelt". Zeichnet das Koordinatensystem in euer Heft und tragt die berechneten Werte ein. Was fällt euch auf?

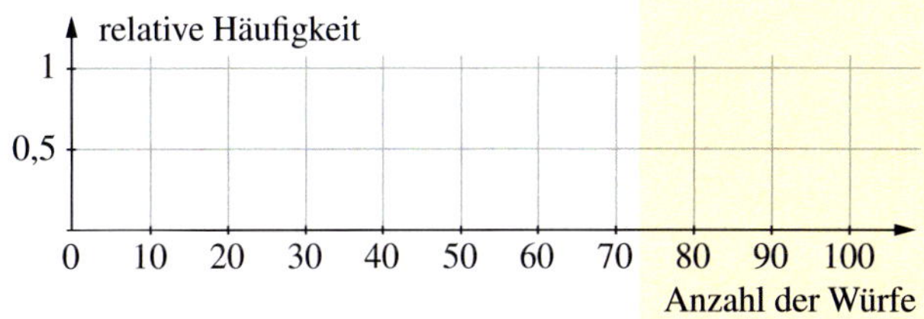

3 Nimm einen Legostein und wirf ihn mindestens 100-mal.
a) Notiere in einer Strichliste, wie häufig die „Noppen" oben liegen bleiben. Vergleiche deine Ergebnisse mit denen deiner Mitschüler.
b) Veranschauliche in einem geeigneten Diagramm, wie sich mit der Anzahl der Versuche die relativen Häufigkeiten verändern.

Lesen und Verstehen

HINWEIS
Beim Würfeln mit einem Würfel handelt es sich um ein Zufallsexperiment. Diese Ergebnisse sind möglich:

Güven möchte an einem warmen Ferientag ins Schwimmbad gehen, Phillip möchte lieber Fußball spielen.
Daher schlägt Phillip vor:
„Lass uns eine Münze werfen. Liegt ‚Zahl' oben, gehen wir schwimmen, ansonsten spielen wir Fußball."

Zufallsexperimente sind Vorgänge, die unter gleichen Bedingungen wiederholbar sind. Sie haben mehrere mögliche Versuchsausgänge (Ergebnisse), die nicht vorhersehbar sind.

Zufallsexperimente, bei denen alle Ergebnisse gleich wahrscheinlich sind, nennt man **Laplace-Experimente**.
Die Wahrscheinlichkeit für das Eintreten eines Ergebnisses e ist

$$P(e) = \frac{1}{\text{Anzahl aller möglichen Ergebnisse}}$$

BEISPIEL 1
Beim Münzwurf sind die Ergebnisse „Kopf" (K) und „Zahl" (Z) möglich.
Beide Ergebnisse sind gleich wahrscheinlich.

$P(\text{K}) = \frac{1}{2} = \frac{50}{100} = 50\,\%$

$P(\text{Z}) = \frac{1}{2} = \frac{50}{100} = 50\,\%$

Der Vorschlag von Phillip ist also fair.

Güven macht einen Gegenvorschlag: „Lass uns eine Heftzwecke werfen. Fällt sie auf den Rücken, spielen wir Fußball, bleibt sie seitlich liegen, so gehen wir ins Schwimmbad."

ZUR INFORMATION
P wird in der Mathematik als Abkürzung für Wahrscheinlichkeit (engl. probability) genutzt.
P(R) bedeutet „die Wahrscheinlichkeit dafür, dass „Rücken" geworfen wird".

Kann man nicht davon ausgehen, dass bei einem Zufallsexperiment die Ergebnisse gleich wahrscheinlich sind, so muss experimentiert werden, um die Wahrscheinlichkeiten bestimmen zu können.

Die relative Häufigkeit eines Ergebnisses nähert sich bei einer großen Anzahl von Versuchen einem Wert an.
Diesen Wert nennt man **(statistische) Wahrscheinlichkeit eines Ergebnisses.**

Die relative Häufigkeit eines Ergebnisses kann bei einer großen Anzahl von Versuchen als Schätzwert für die Wahrscheinlichkeit dieses Ergebnisses verwendet werden.
Die Wahrscheinlichkeit für ein Ergebnis liegt stets zwischen 0 und 1 (bzw. zwischen 0 % und 100 %).

BEISPIEL 2
Phillip ist sich nicht sicher, ob der Vorschlag von Güven fair ist. Deshalb nimmt er die Heftzwecke und wirft sie 100-mal.
Die Heftzwecke landet 45-mal auf dem Rücken und 55-mal auf der Seite.

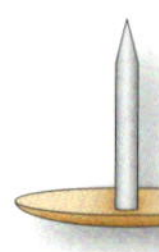

$P(R) = \frac{45}{100} = 45\,\%$

$P(S) = \frac{55}{100} = 55\,\%$

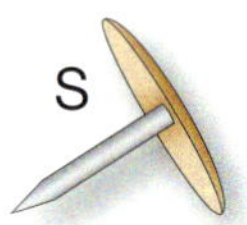

Der Vorschlag ist nicht fair, weil die Ergebnisse des Zufallexperiments nicht gleich wahrscheinlich sind.

Üben und Anwenden

1 Entscheide und begründe, ob es sich bei den folgenden Experimenten um ein Laplace-Experiment handelt.
a) Wurf mit einem Würfel
b) Wurf mit einem Legostein
c) Ziehung der ersten Kugel beim Lotto
d) Ziehen einer Karte aus einem Skatspiel (mit 32 Karten)
e) Michael Ballack schießt einen Elfmeter.
f) Oliver Kahn hält einen Elfmeter.
g) Ein Marmeladenbrot fällt vom Tisch. Landet es auf der Marmeladenseite oder der anderen?

2 Wie groß ist die Wahrscheinlichkeit dafür, dass bei dem abgebildeten Glücksrad die „3“ gedreht wird?

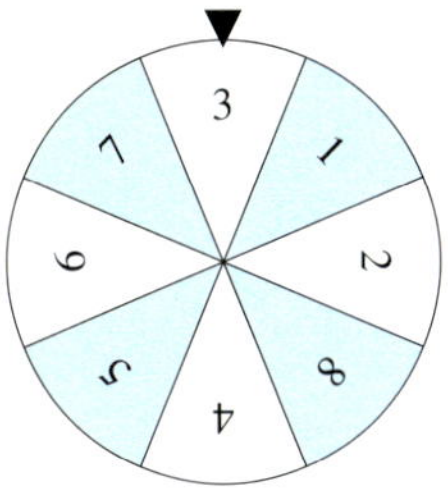

3 Begründe, warum es sich um Laplace-Experimente handelt und bestimme die Wahrscheinlichkeit für die folgenden Ergebnisse.
a) Bei einer Tombola werden 1200 Lose verkauft. Jens gewinnt den Hauptgewinn, eine Reise nach Italien.
b) Aus einem vollständigen Skatspiel (32 Karten) möchte Angelina den Kreuz-Buben ziehen.
c) Zehn Kinder ermitteln durch „Hölzchen ziehen“ (wer das kürzeste Hölzchen zieht, verliert), wer beim Versteckspiel suchen muss. Fynn verliert.
d) Beim „Mensch-ärgere-dich-nicht“ muss Nele eine 2 werfen, um zu gewinnen.

4 Bestimme die Wahrscheinlichkeit dafür, dass Klaus …
a) im Mai geboren wurde.
b) an einem Sonntag geboren wurde.
c) am 13. April geboren wurde.
d) im Sommer geboren wurde.
e) das Sternzeichen „Krebs“ hat.
f) an einem Feiertag geboren wurde.

5 In der Saison 2008/2009 erreichten Leverkusen, Mainz, Hamburg und Bremen das DFB-Pokal-Halbfinale. Die Spielpaarungen werden ausgelost.
Bestimme – falls möglich – die Wahrscheinlichkeit dafür, dass …
a) Leverkusen gegen Hamburg spielen muss.
b) Bremen ein Heimspiel hat.
c) Mainz das Endspiel erreicht.

6 Der Verschluss einer Mineralwasserflasche wird 100-mal geworfen.
a) Welche Versuchsausgänge sind bei diesem Zufallsexperiment möglich?
b) Erfasse in einer Häufigkeitstabelle die absolute Häufigkeit der auftretenden Ergebnisse.
c) Bestimme die statistische Wahrscheinlichkeit für jeden möglichen Versuchsausgang und stelle sie in einem Säulendiagramm dar.
d) Vergleiche deine Ergebnisse mit denen deiner Mitschüler.

7 Zeichne je ein Glücksrad, sodass …
a) die Wahrscheinlichkeit für „rot“ $\frac{1}{4}$ beträgt.
b) die Wahrscheinlichkeit für „grün“ $\frac{1}{3}$ beträgt.
c) die Wahrscheinlichkeit für „gelb“ $\frac{1}{5}$ beträgt.
d) die Wahrscheinlichkeit für „blau“ 0 beträgt.
e) die Wahrscheinlichkeit für „schwarz“ 30 %, für „weiß“ 60 % und für „grau“ 10 % beträgt.

8 Gib Beispiele für sichere und unmögliche Ergebnisse an.

HINWEIS
Die Wahrscheinlichkeit sagt nichts über den Einzelfall aus, sondern nur über sehr viele Fälle.

BEACHTE
Ist die Wahrscheinlichkeit für ein Ergebnis 1, so spricht man von einem sicheren Ergebnis.
Ist die Wahrscheinlichkeit 0, so spricht man von einem unmöglichen Ergebnis.
Beispiel:
P(„weiße Kugel“) = 1
P(„rote Kugel“) = 0

ZUM WEITERARBEITEN
In Aufgabe 9 musst du eine Heftzwecke etliche Male mühsam werfen. Kannst du dir diese Arbeit irgendwie erleichtern? Begründe.

9 Werfen von Heftzwecken

a) Wirf eine Heftzwecke 10-mal. Berechne die relative Häufigkeit dafür, dass die Heftzwecke auf die Seite fällt.

b) Wirf erneut 10-mal. Verändert sich die relative Häufigkeit dafür, dass die Heftzwecke auf die Seite gefallen ist, bei insgesamt 20 Würfen? Berechne.

c) Wiederhole das Experiment mehrfach. Übertrage die folgende Tabelle in dein Heft und fülle sie aus.

Anzahl der Würfe	10	20	30	…	100
Anzahl „Seite“					
relative Häufigkeit „Seite“					

d) Übertrage die Ergebnisse deines Experiments in das Koordinatensystem.

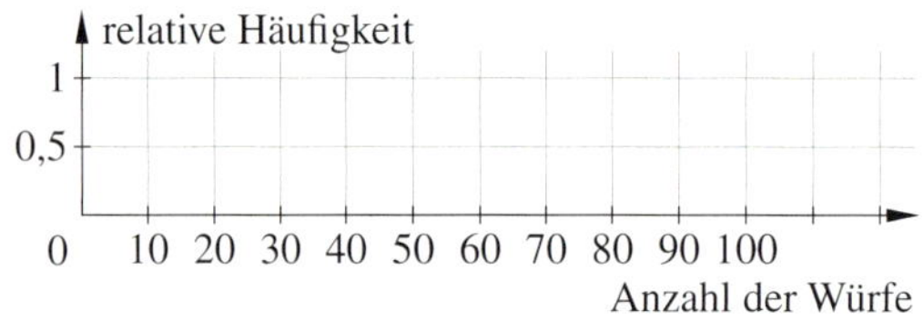

e) Nähert sich der Wert der relativen Häufigkeit mit steigender Versuchszahl tatsächlich immer mehr einem Endwert an?

f) Führe das Experiment gegebenenfalls weiter und ermittle die statistische Wahrscheinlichkeit dafür, dass die Heftzwecke auf die Seite fällt. Vergleiche dein Ergebnis mit denen deiner Mitschüler.

10 In einer Urne befinden sich drei Kugeln.

a) Wie groß ist die Wahrscheinlichkeit dafür, dass beim ersten Zug das „T“ gezogen wird?

b) Angenommen, beim ersten Zug wurde das „T“ gezogen. Wie groß ist die Wahrscheinlichkeit, dass beim zweiten Zug das „O“ gezogen wird, wenn das „T“ nicht wieder in die Urne gelegt wird?

c) Es werden nacheinander alle drei Kugeln aus der Urne gezogen. Welche Buchstabenreihenfolgen können auftreten?

d) Wie groß ist die Wahrscheinlichkeit dafür, dass das Wort „ROT“ gezogen wird?

11 Beim Spiel „Wer wird Millionär“ muss bei einer Frage aus vier Antwortmöglichkeiten die richtige ausgewählt werden. Wie groß ist die Wahrscheinlichkeit, …

a) eine Frage durch Raten richtig zu beantworten?

b) eine Frage durch Raten richtig zu beantworten, wenn zwei Antworten sicher ausgeschlossen werden können?

12 Im Januar 2002 wurde in zwölf europäischen Ländern der Euro als Währung eingeführt.

a) Nimm wahllos zehn Münzen aus deinem Portemonnaie oder deiner Spardose und schreibe auf, aus welchen Ländern die Münzen stammen.

b) Addiert eure Ergebnisse im Klassenverband und bestimmt die statistische Wahrscheinlichkeit dafür, dass eine Münze aus Deutschland (Finnland) stammt.

c) Gebt für alle Länder die Wahrscheinlichkeit dafür an, dass eine Münze aus diesem Land stammt. Erstellt eine Rangliste.

d) Zeichnet ein zugehöriges Kreis- und ein zugehöriges Säulendiagramm.

e) Mathematiker gingen bei Einführung der Münzen davon aus, dass sich irgendwann alle Euro-Münzen vermischen. Vergleicht die Annahme mit euren Ergebnissen und nehmt kritisch Stellung.

13 In einer Urne befinden sich 10 Kugeln. Bei 100 Versuchen wird 63-mal eine weiße und 37-mal eine schwarze Kugel gezogen. Wie viele weiße und wie viele schwarze Kugeln befinden sich wahrscheinlich in der Urne?

Summenregel

Erforschen und Entdecken

1 Betrachte die folgenden Glücksräder:

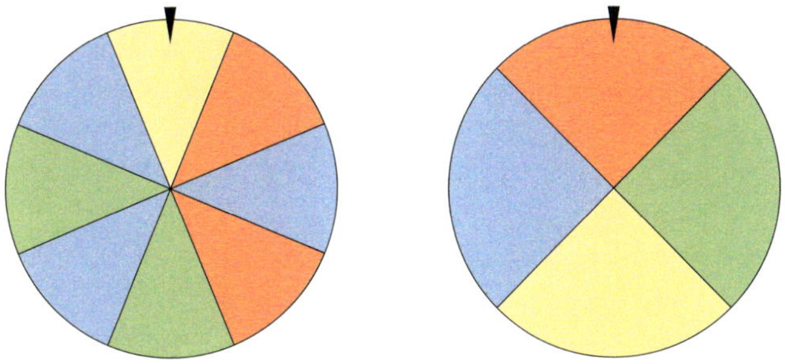

a) Handelt es sich beim Drehen der Glücksräder um Laplace-Experimente?
b) Bestimme die Wahrscheinlichkeit, mit dem ersten Glücksrad „gelb“ zu drehen.
c) Begründe, warum die Wahrscheinlichkeit, mit dem ersten Glücksrad „rot“ zu drehen, $\frac{1}{4}$ sein muss.
d) Du gewinnst einen Preis, wenn du „blau“ drehst. Welches Glücksrad würdest du benutzen, wenn du es auswählen darfst?
e) Ein Freund schlägt dir folgendes Spiel vor: „Suche dir ein Glücksrad aus und nenne mir zwei Farben des Glücksrades. Wenn ich eine der Farben drehe, bekomme ich einen Euro von dir. Drehe ich die Farbe nicht, bekommst du einen Euro von mir.“ Ist es sinnvoll, auf dieses Spiel einzugehen? Begründe.

WUSSTEST DU SCHON?
Schon seit Jahrhunderten werden Glücksräder zur Belustigung eingesetzt.

2 Übertrage das Netz des Tetraeders und des Oktaeders auf ein Blatt Papier. Beschrifte die Flächen mit den Zahlen 1 bis 4 bzw. 1 bis 8 und klebe die Körper zusammen.

Tetraeder

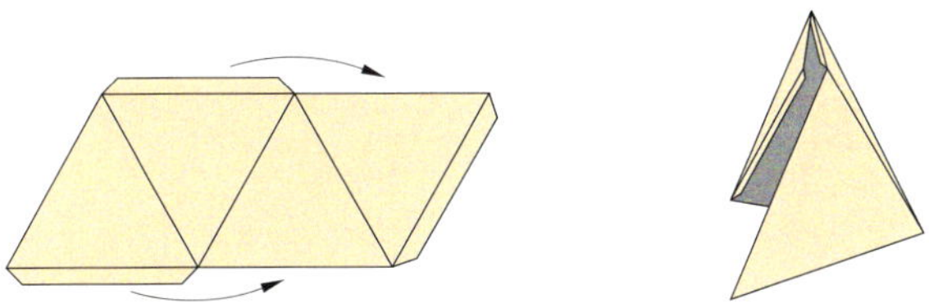

Oktaeder

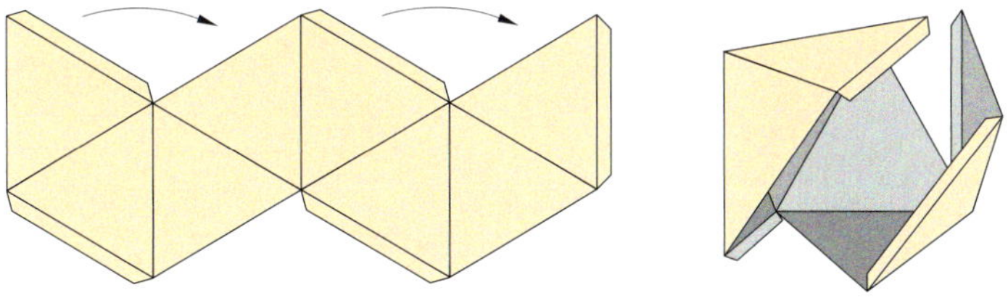

a) Handelt es sich beim Wurf mit dem Tetraeder bzw. dem Oktaeder um ein Laplace-Experiment?
b) Bestimme für jeden „Würfel“ die Wahrscheinlichkeit dafür, …
- eine „1“ zu werfen.
- eine „3“ zu werfen.
- eine „1“ oder eine „3“ zu werfen.
- eine ungerade Zahl zu werfen.

www 091-1

BEACHTE
Unter dem Webcode kannst du dir die Netze ausdrucken.

Lesen und Verstehen

Ein Skatspiel besteht aus 32 Karten. Tom überlegt, wie groß die Wahrscheinlichkeit ist, einen König zu ziehen.
Ein Zufallsexperiment hat mehrere mögliche **Ergebnisse**, die sich in einer **Ergebnismenge** zusammenfassen lassen. Haben mehrere Ergebnisse eine gemeinsame Eigenschaft, so kann man diese zu einem **Ereignis** zusammenfassen.

HINWEIS
Die Summenregel gilt auch, wenn Ereignisse zusammengefasst werden. In diesem Fall werden die Wahrscheinlichkeiten der Ereignisse addiert. Die Ereignisse dürfen sich jedoch nicht überschneiden. Sie dürfen kein gemeinsames Ergebnis enthalten.

BEISPIEL 1
Für das Ereignis K, „Ziehen eines Königs“, sind vier Ergebnisse günstig.
K = {Kreuz-König, Pik-König, Herz-König, Karo-König}

Bei Zufallsexperimenten gilt bei der Berechnung von Wahrscheinlichkeiten die **Summenregel**.
Setzt sich ein Ereignis aus mehreren Ergebnissen zusammen, so berechnet man die Wahrscheinlichkeit dieses Ereignisses, indem man die Wahrscheinlichkeiten der einzelnen Ergebnisse addiert.

BEISPIEL 2
Das Ziehen einer Karte aus dem Kartenspiel ist ein Laplace-Experiment. Jede Karte wird mit der Wahrscheinlichkeit $\frac{1}{32}$ gezogen.
P(„König“) = P(„Herz-König“) + P(„Pik-König“) + P(„Karo-König“) + P(„Kreuz-König“) $= \frac{1}{32} + \frac{1}{32} + \frac{1}{32} + \frac{1}{32} = \frac{4}{32} = \frac{1}{8}$

BEISPIEL 3
Wie groß ist die Wahrscheinlichkeit dafür, dass bei dem abgebildeten Glücksrad ein Gewinn erzielt wird?

Wahrscheinlichkeit für einen Hauptgewinn:
$\frac{1}{12} \approx 0{,}083$, also $\approx 8{,}3\,\%$

Wahrscheinlichkeit für einen Kleingewinn:
$\frac{3}{12} = \frac{1}{4} = 0{,}25 = 25\,\%$

Wahrscheinlichkeit für einen Gewinn:
$\frac{1}{12} + \frac{3}{12} = \frac{4}{12} = \frac{1}{3} \approx 0{,}333$, also $\approx 33{,}3\,\%$

Die Wahrscheinlichkeit für einen Gewinn beträgt ungefähr 33,3 %.

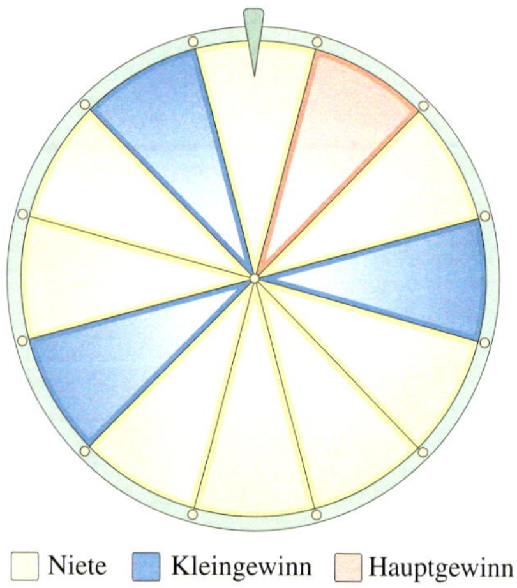

BEACHTE
*In Beispiel 4 kann man die Summenregel nicht anwenden.
P(„Herz oder König“) ≠ P(„Herz“) + P(„König“), denn die Ereignisse „Herz“ und „König“ schließen sich nicht aus, da der Herz-König zu beiden Ereignissen gehört.*

Tom möchte wissen, wie groß die Wahrscheinlichkeit ist, einen König oder eine Herz-Karte zu ziehen.

Da bei Laplace-Experimenten die Wahrscheinlichkeiten für alle Ereignisse E gleich groß sind, gilt:

$$P(E) = \frac{\textit{Anzahl der günstigen Ergebnisse}}{\textit{Anzahl der möglichen Ergebnisse}}$$

BEISPIEL 4
Für das Ereignis „König oder Herz“ sind elf Ergebnisse günstig:

Herz-Sieben,	Herz-Bube,	Kreuz-König,
Herz-Acht,	Herz-Dame,	Pik-König,
Herz-Neun,	Herz-König	
Herz-Zehn	Herz-Ass	Karo-König

P(„Herz oder König“) $= \frac{11}{32}$

Üben und Anwenden

1 Jana zieht eine Karte aus einem Skatspiel (32 Karten). Gib die Wahrscheinlichkeit an, dass folgendes Ereignis eintritt:

a) Karo-Sieben
b) Bube
c) Kreuz-Karte
d) Dame oder ein König
e) Herz-Ass oder eine Acht
f) Kreuz-Karte oder die Pik-Sieben
g) rote Karte oder eine Zehn
h) ein rotes Ass
i) eine Bildkarte

2 Serpil wirft gleichzeitig zwei Münzen.
a) Gib alle möglichen Ergebnisse an, die bei diesem Wurf eintreten können, wie z. B. „Kopf, Kopf" (KK) oder „Zahl, Kopf" (ZK).
b) Wie groß ist die Wahrscheinlichkeit dafür, dass beide Münzen „Zahl" zeigen?
c) Wie groß ist die Wahrscheinlichkeit, dass einmal „Zahl" erscheint?
d) Wie groß ist die Wahrscheinlichkeit dafür, dass mindestens einmal „Kopf" fällt?

3 Bestimme die Wahrscheinlichkeit, dass Lena innerhalb des angegebenen Zeitraums geboren wurde.
a) im Mai oder Juni
b) in einem Monat mit sechs Buchstaben
c) in einem Monat, der ein „R" enthält
d) an einem Mittwoch oder Donnerstag
e) an einem Wochenende im September

4 Bestimme die Wahrscheinlichkeit dafür, dass Folgendes gewürfelt wird:
a) eine „3"
b) eine „6"
c) eine ungerade Zahl
d) eine „1" oder eine „2"
e) eine Zahl, die kleiner ist als „5"
f) eine Primzahl

5 In einer Lostrommel befinden sich 112 Nieten, 69 Kleingewinne und 19 Hauptgewinne. Wie groß ist die Wahrscheinlichkeit, …

a) einen Kleingewinn zu ziehen?
b) eine Niete oder einen Kleingewinn zu ziehen?
c) einen Gewinn zu ziehen?

6 Bei einem Fußballturnier schießen die Teilnehmer jeweils dreimal auf eine Torwand. Dabei wurde zu 35 % einmal getroffen, zu 15 % zweimal, zu 8 % dreimal und zu 42 % keinmal. Wie groß ist die Wahrscheinlichkeit, dass ein zufällig ausgewählter Spieler die Torwand mindestens einmal trifft?

7 Betrachte die Situation beim „Mensch-ärgere-dich-nicht". Gib die Wahrscheinlichkeit für die Ereignisse beim nächsten Wurf an.

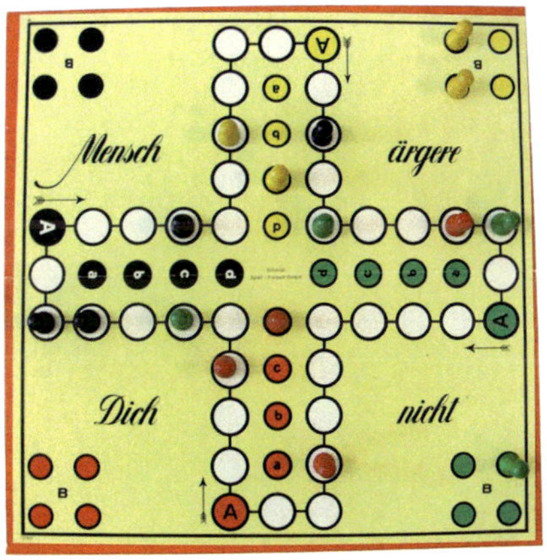

a) Eine rote Spielfigur erreicht das Ziel.
b) Eine gelbe Spielfigur erreicht das Ziel.
c) Eine schwarze Spielfigur erreicht das Ziel.
d) Eine grüne Spielfigur erreicht das Ziel.
e) Eine schwarze Spielfigur schlägt eine grüne Spielfigur.
f) Eine rote Spielfigur schlägt eine grüne Spielfigur.
g) Eine grüne Spielfigur schlägt eine beliebige andersfarbige Spielfigur.
h) Eine rote Spielfigur erreicht weder das Ziel, noch kann sie eine andere Spielfigur schlagen.

NACHGEDACHT
Gibt es für Beispiel 3 auf S. 92 noch einen anderen Lösungsweg?

8 In einer Urne befinden sich 50 Kugeln, die mit den Zahlen 1 bis 50 beschriftet sind. Die Kugeln mit den Nummern 1 bis 25 sind rot, die mit den Nummern 26 bis 50 sind blau.

Bestimme die Wahrscheinlichkeit dafür, dass
a) eine gerade Zahl gezogen wird,
b) eine rote Kugel mit gerader Zahl gezogen wird,
c) eine durch vier teilbare Zahl gezogen wird,
d) eine blaue Kugel mit einer Primzahl gezogen wird.
e) Überlege dir eigene Beispiele und bestimme die Wahrscheinlichkeiten.

9 Simon sagt: „ Die Wahrscheinlichkeit, mit einem Würfel eine gerade Zahl zu werfen, ist $\frac{1}{2}$. Die Wahrscheinlichkeit, eine Zahl zu werfen, die größer ist als 3, beträgt ebenfalls $\frac{1}{2}$. Also ist die Wahrscheinlichkeit dafür, eine gerade Zahl zu werfen oder eine Zahl, die größer ist als 3, gleich $\frac{1}{2} + \frac{1}{2} = 1$.“
Was hat Simon nicht bedacht?
Diskutiere mit deinem Nachbarn.

10 Von Schülerinnen und Schülern einer Gesamtschule kommen 18 % mit dem Bus zur Schule, 22 % mit dem Fahrrad, 41 % der Schülerinnen und Schüler gehen zu Fuß zur Schule und 19 % werden mit dem Auto gebracht.
Wie groß ist die Wahrscheinlichkeit, dass ein zufällig ausgewählter Schüler wie folgt zur Schüler kommt?
a) mit dem Fahrrad
b) mit dem Fahrrad oder zu Fuß
c) nicht mit dem Fahrrad
d) mit dem Bus

11 Ein Roulette-Zylinder besteht aus einer in einer Schüssel eingelassenen drehbaren Scheibe mit 36 abwechselnd roten und schwarzen Nummernfächern. Das 37. Fach für die Null ist grün gekennzeichnet.

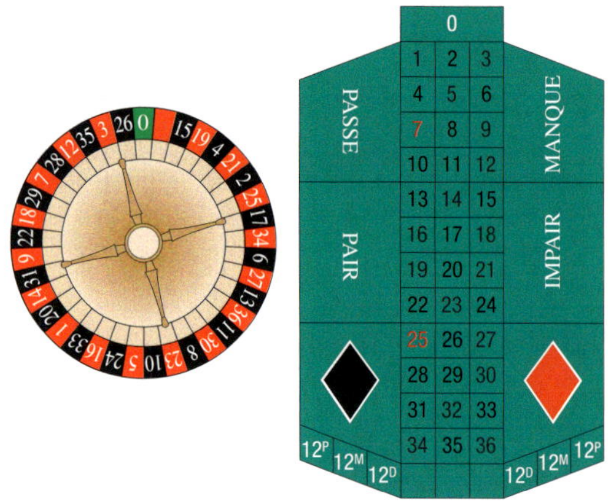

Der Zylinder wird in Bewegung gesetzt und eine Kugel wird hineingeworfen. Ziel des Spiels ist es, zu erraten, auf welche Zahl die Kugel fallen wird.
Bestimme die Wahrscheinlichkeiten für folgende Wettmöglichkeiten:
a) *Plein* – man setzt auf eine der 37 Zahlen
b) *Rouge* – man setzt auf alle roten Zahlen
c) *Manque* – man setzt auf die Zahlen 1 bis 18
d) *Cheval* – man setzt auf zwei auf dem Tableau benachbarte Zahlen, z. B. 0 und 2 oder 13 und 14 oder 27 und 30
e) *Carré* – man setzt auf vier Zahlen, die auf dem Tableau aneinandergrenzen, z. B. 23, 24, 26 und 27
f) *Colonne 34* – man setzt auf die Zahlen der ersten „Kolonne“ (Spalte), das sind die Zahlen 1, 4, 7, …, 31, 34
g) *Impair* – man setzt auf alle ungeraden Zahlen

12 Eine beliebige Person aus deiner Klasse wird für eine Umfrage ausgelost. Wie groß ist die Wahrscheinlichkeit, dass sie …
a) ein Mädchen ist,
b) ein Junge ist,
c) eine blaue Hose trägt,
d) blaue Augen hat,
e) 15 Jahre alt ist,
f) Mathe oder Sport als Lieblingsfächer hat?

Wahrscheinlichkeiten nutzen und deuten

Erforschen und Entdecken

1 Betrachte die Darstellung zu Chancen und Risiken im Leben, die in einer Zeitschrift abgebildet wurde.

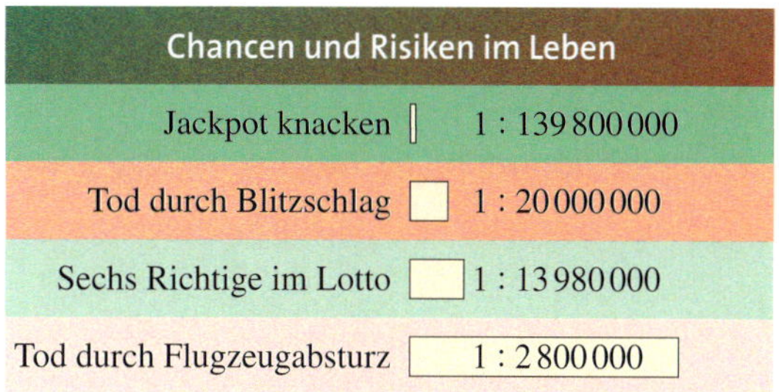

a) Bei welchen Wahrscheinlichkeiten handelt es sich um Laplace-Wahrscheinlichkeiten? Welche Wahrscheinlichkeiten wurden aus statistischen Werten ermittelt?

b) Wie wird vermutlich die Wahrscheinlichkeit für das Ereignis „Tod durch Blitzschlag“ ermittelt?

c) Welches der angegebenen Ereignisse ist am wahrscheinlichsten, welches ist am unwahrscheinlichsten?

d) Welche der folgenden Aussagen sind laut Darstellung zutreffend?
1. Es ist wahrscheinlicher, vom Blitz erschlagen zu werden, als den Lotto-Jackpot zu knacken.
2. Die Wahrscheinlichkeit, durch einen Flugzeugabsturz ums Leben zu kommen, ist im Vergleich zu den anderen Ereignissen sehr hoch, insgesamt aber sehr gering.
3. Nehmen 13 980 000 Spieler beim Lotto teil, so hat genau einer sechs Richtige.
4. Haben 10 Spieler sechs Richtige im Lotto, so hat genau einer den Jackpot geknackt.
5. Es ist etwa siebenmal wahrscheinlicher, vom Blitz erschlagen zu werden als bei einem Flugzeugabsturz zu sterben.

2 *Beim „Mensch-ärger-dich-nicht“-Spiel*

Setze den folgenden Dialog fort.

Fabian: „Typisch. Wenn man die „6“ braucht, um aus dem Haus zu kommen, fällt sie nicht.“

Max: „Richtig. Sechsen werfen ist viel schwieriger als die anderen Zahlen – die kommen einfach nicht so oft.“

Emma: „Ist doch Quatsch. Wenn du sechsmal wirfst, dann fällt auch eine ‚6‘.“

…

3 Versuch mit Gummibärchen

Du benötigst eine Packung Gummibärchen und einen Schal oder ein Tuch für den Versuch. Ziehe mit verbundenen Augen 25 Gummibärchen aus der Packung heraus.

a) Ergänze die folgende Tabelle in deinem Heft:

Farbe	rot	gelb	grün	weiß	orange
absolute Häufigkeit					
relative Häufigkeit					

b) In einer 300-g-Tüte befinden sich 125 Gummibärchen. Wie viele rote Gummibärchen erwartest du in der Tüte? Vergleicht eure Rechenwege.

c) Der Hersteller gibt an, dass $\frac{1}{3}$ der Gummibärchen rot und $\frac{1}{6}$ der Gummibärchen gelb ist. Vergleiche die Angaben mit deinen Ergebnissen.

Lesen und Verstehen

Herr Welbers möchte für den Sommer einen Segeltörn buchen. Zwei Reviere stehen zur Auswahl:
Das Tyrrhenische Meer oder die türkische Westküste. Auf dem Tyrrhenischen Meer liegt die durchschnittliche Regenwahrscheinlichkeit im Sommer bei 7 %. Die türkische Westküste wirbt mit durchschnittlich drei Regentagen im gesamten Sommer (Juli bis September).

ZUR INFORMATION
Das Tyrrhenische Meer ist ein Teil des Mittelmeeres. Es liegt zwischen dem italienischen Festland, Sardinien und Sizilien.

Um Chancen und Risiken in unterschiedlichen Bereichen beurteilen zu können, bedient man sich der Wahrscheinlichkeitsrechnung.
Wichtig ist es, die angegebenen Wahrscheinlichkeiten richtig zu deuten.

BEISPIEL 1
Die Regenwahrscheinlichkeit im Tyrrhenischen Meer ist mit 7 % gering, dennoch sind Regentage (auch mehrere pro Törn) möglich. Die Regenwahrscheinlichkeit an der türkischen Westküste beträgt $\frac{3}{92} \approx 3{,}3\,\%$.
Sie ist damit also nicht einmal halb so groß wie im Tyrrhenischen Meer.

Wahrscheinlichkeiten werden auch genutzt, um Häufigkeiten zu schätzen.

Um Häufigkeiten zu schätzen, kann man die Prozentrechnung nutzen. Die Wahrscheinlichkeit für ein Ereignis kann in diesen Fällen als Prozentsatz angegeben werden.

BEISPIEL 2
Herr Welbers möchte wissen, mit wie vielen Regentagen er bei einem dreiwöchigen Törn im Tyrrhenischen Meer zu rechnen hat.

7 % von 21 Tagen
$\frac{7}{100} \cdot 21 = 1{,}47$

Herr Welbers muss also mit 1 bis 2 Regentagen rechnen. Es ist aber ebenso möglich, dass es gar nicht regnet oder an mehr als zwei Tagen regnet.

Wahrscheinlichkeitsaussagen beruhen auf einer großen Anzahl statistischer Erhebungen bzw. durchgeführter Versuche und stellen demnach Durchschnittswerte dar. Sie sind für die Vorhersage von Einzelergebnissen nicht geeignet.

Üben und Anwenden

ZUM WEITERARBEITEN
Die Regenwahrscheinlichkeit beträgt im August 9 %. Mit wie vielen Regentagen muss man rechnen?

1 In einem Internetforum schreibt ein Nutzer:
„Ein Wissenschaftler hat errechnet, dass es wahrscheinlicher ist, von einem Blitz getroffen zu werden, als einen Sechser im Lotto zu haben. Dennoch gibt es jedes Jahr mehrere 100 Menschen mit 6 Richtigen, aber kaum jemand wird vom Blitz getroffen. Soviel zur Wahrscheinlichkeitsrechnung."
Formuliere eine Antwort auf den Eintrag.

2 Fabian behauptet: „Die Wahrscheinlichkeit, einen Freiwurf beim Basketball zu verwandeln, beträgt 50 %. Denn entweder trifft ein Basketballspieler oder er trifft eben nicht."
Nimm Stellung zu Fabians Aussage.

3 Vor einem Konzert der Gruppe „Tokio Hotel“ wurden 50 Personen von Redakteuren einer Schülerzeitung nach ihrer Lieblingsband befragt.
In der folgenden Ausgabe der Schülerzeitung findet sich folgende Überschrift:
Tokio Hotel beliebteste Band in Deutschland – 9 von 10 Befragten nennen Tokio Hotel als Lieblingsband
Hältst du die Überschrift für gerechtfertigt? Begründe deine Meinung.

4 Nimm Stellung zu dieser Karikatur.

5 Schwarzfahrer

> Die Verkehrsbetriebe in Deutschland verzeichnen jedes Jahr enorme Verluste durch Schwarzfahrer. Der Verkehrsverband Berlin-Brandenburg (VBB) schätzt den jährlichen Einnahmeverlust auf über 25 Millionen Euro. Nach Schätzungen des Verbandes Deutscher Verkehrsunternehmen (VDV) belaufen sich die Gesamtverluste auf über 250 Millionen Euro pro Jahr.

Welche Daten müssen die Verkehrsbetriebe sammeln, um die jährlichen Einnahmeverluste schätzen zu können? Wie würdest du vorgehen, um die Verluste zu schätzen?

6 In Deutschland liegt die Wahrscheinlichkeit bei 8 %, dass ein Mann farbenblind ist. Bei Frauen ist die Wahrscheinlichkeit halb so groß. 2008 lebten in Deutschland 40,2 Mio. Männer und 41,8 Mio. Frauen.

a) Bestimme die Anzahl der farbenblinden Frauen und Männer in Deutschland.

b) Wie hoch ist die Wahrscheinlichkeit, dass eine Person in Deutschland farbenblind ist?

7 Diese Grafik zeigt die statistische Wahrscheinlichkeit für weiße Weihnachten in den einzelnen Regionen in Deutschland.

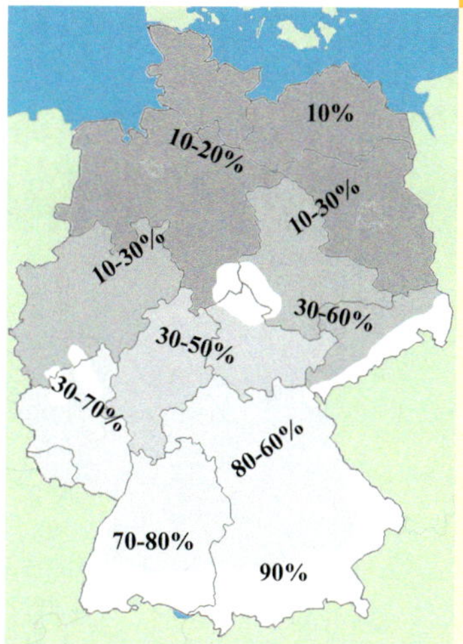

a) Wie wahrscheinlich sind weiße Weihnachten in deinem Wohnort?

b) In welcher Region ist die Wahrscheinlichkeit für weiße Weihnachten am geringsten (am höchsten)?

c) Wie lässt sich die statistische Wahrscheinlichkeit für weiße Weihnachten ermitteln?

d) Lies den Text in der Randspalte und gib die Wahrscheinlichkeit für weiße Weihnachten in den angegebenen Städten in Bruch-, Dezimalbruch- und Prozentschreibweise an. Vergleiche die Wahrscheinlichkeiten mit den Angaben in der Grafik.

8 Sechs Münzen werden gleichzeitig geworfen. Welches der folgenden Ereignisse ist wahrscheinlicher? Begründe.
1. KKKKKK 2. KZKZKZ 3. KKZKZK

9 Spielsituation

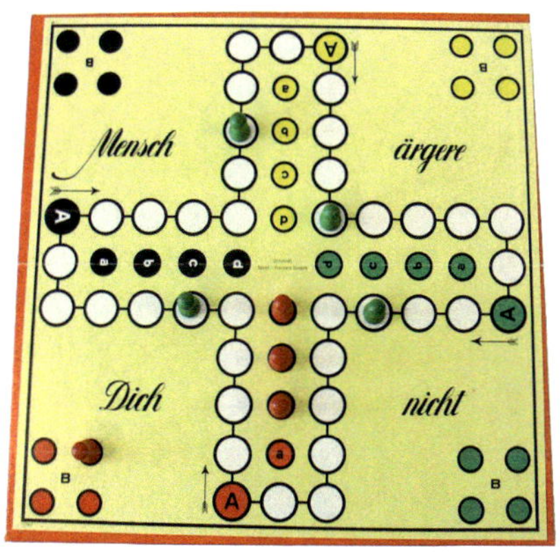

„Das Spiel habe ich hundertprozentig gewonnen“, meint Felix (rote Spielsteine).
„Warte nur ab …“
Setzt den Dialog fort.

ZUR INFORMATION
„In München ist die Chance, weiße Weihnachten zu erleben, im Städtevergleich am höchsten: Hier liegt etwa alle drei Jahre über die Feiertage Schnee. Die Dresdner feiern immerhin alle vier Jahre weiße Weihnachten, die Frankfurter alle acht Jahre. In Hamburg und Aachen kann man etwa nur alle zehn Jahre mit einer weißen Pracht zum Fest rechnen.“

10 Im Wetterbericht heißt es: „Mit 40%iger Wahrscheinlichkeit wird es morgen regnen." Welche dieser Aussagen treffen zu?

Es ergibt sich ein Lösungswort.

Aussage	trifft zu	trifft nicht zu
Morgen wird es in 40% der Zeit regnen.	P	H
Morgen wird es vielleicht regnen.	I	A
Von 0:40 Uhr an wird es regnen.	R	M
Auf 40% der Region wird morgen Regen fallen.	S	M
Es ist wahrscheinlicher, dass es nicht regnen wird, als dass es regnen wird.	E	C
Es wird morgen bestimmt nicht regnen.	H	L

11 In einer Zeitschrift steht: „20% aller 14-Jährigen hatten schon einmal eine Beziehung." In Annas Klasse 9a sind 25 Schülerinnen und Schüler 14 Jahre alt.
Wie viele von ihnen hatten schon eine Beziehung?

12 Im Wetterbericht sagen sie für das diesjährige Weihnachtsfest eine Schneewahrscheinlichkeit von 30% vorher.
Sandra ist der Meinung, dass es 30% des Tages schneien wird. Tim widerspricht ihr. Er glaubt, dass es in 30% der Region schneien wird.
Wie würdest du den Wetterbericht interpretieren?

13 In Brandenburg beträgt die Regenwahrscheinlichkeit im Juni 33%. Mit wie vielen Regentagen muss man rechnen?

14 Beim Handball kann vor einem Freiwurf ein Spieler eingewechselt werden. Der Trainer hat eine Statistik über die letzten verwandelten Freiwürfe von zwei Spielern geführt.
Jens hat 67 seiner letzten 100 Torwürfe verwandelt. Thomas hat von 45 Torwürfen insgesamt 20 verwandelt.
Welchen Spieler sollte der Trainer deiner Meinung nach einwechseln? Begründe deine Wahl.

15 In einer undurchsichtigen Bonbontüte sind 30 Bonbons. Anni und Tina nehmen drei rote und zwei gelbe Bonbons heraus.
Beurteile die folgenden Aussagen.

a) Es befinden sich noch 25 weitere Bonbons in der Tüte.
b) Es können keine grünen Bonbons in der Tüte sein.
c) Beim öffnen der Tüte gab es 18 rote und 12 gelbe Bonbons zur Auswahl.
d) Die wenigsten Bonbons in der Tüte sind gelb.

16 Familie Weyers startet im März zu einem 14-tägigen Segeltörn. Im Reiseführer wird die Regenwahrscheinlichkeit für den Urlaubsmonat mit 20% angegeben.

a) Mit wie vielen Regentagen muss Familie Weyers rechnen?
b) Vater Weyers sagt, dass es an mindestens einem Tag regnen wird. Hat er Recht?
c) Im April regnet es durchschnittlich an drei Tagen. Bestimme die Regenwahrscheinlichkeit für den Monat April.

Mehrstufige Zufallsexperimente

Erforschen und Entdecken

1 Das Spiel „Turm von Hanoi“ besteht aus einem Grundbrett mit drei Stäben und verschieden großen Scheiben. Zu Beginn des Denkspiels liegen alle Scheiben der Größe nach auf dem linken Stab.

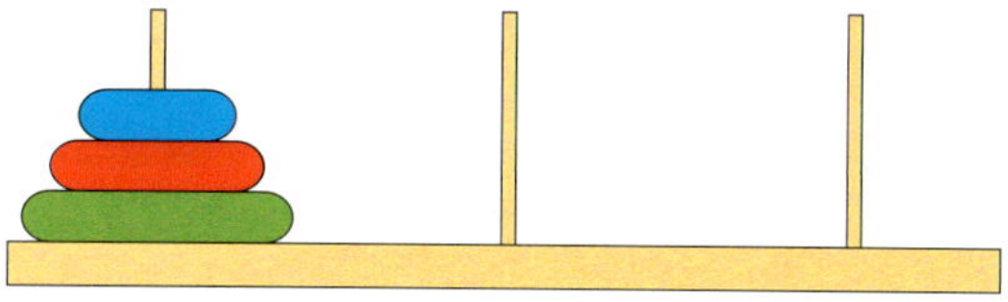

Ziel des Spiels ist es, am Ende alle Scheiben der Größe nach auf dem rechten Stab anzuordnen und dabei möglichst wenige Umlegungen, also Züge zu machen. Es darf stets nur eine Scheibe bewegt werden und es darf keine größere Scheibe auf eine kleinere gelegt werden.

a) Bastelt oder zeichnet ein solches Denkspiel. Für erste Übungen auf Papier können unterschiedlich große Münzen verwendet werden.

b) Wie viele Züge sind mindestens notwendig, um drei Scheiben von links nach rechts umzulegen? Vergleicht untereinander.
Probiert es auch mit vier und fünf Scheiben.

2 In einer Schale liegen zwei rote, zwei blaue und zwei gelbe Kugeln. Es wird zwei Mal nacheinander jeweils eine Kugel gezogen. Dazu wird dieses Bild gezeichnet.

a) Erkläre das Bild.

b) Nenne alle Möglichkeiten, zwei Kugeln zu ziehen.

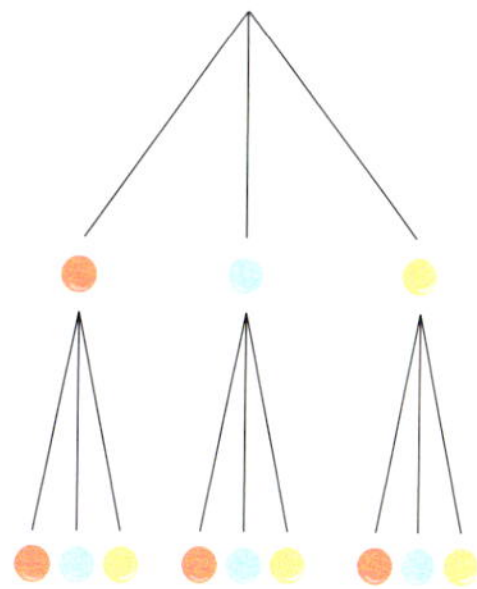

3 Arbeitet in Kleingruppen. Jede Gruppe benötigt drei unterschiedliche Radiergummis. Legt die drei Radiergummis in eine Reihe. Wie viele unterschiedliche Möglichkeiten gibt es, die Radiergummis in einer Reihe anzuordnen? Probiert es aus.

4 Smileys gibt es mit lachendem Mund, mit weinendem Mund und mit geradem Mund. Sie haben blaue oder braune Augen.

a) Zeichne alle möglichen Smileys. Gehe systematisch vor und erkläre dein Vorgehen.

b) Wie viele verschiedene Smileys gibt es? Wie könnte man das ohne Zeichnen herausfinden? Vergleiche deine Ergebnisse mit denen deiner Mitschüler.

5 Stelle dir vor, die rote Kugel fällt – abgelenkt durch die gelben Zapfen – nach unten und bleibt im Kasten C liegen.
Sie könnte also zum Beispiel am 1. Zapfen nach links (L), in der 2. Zapfenreihe nach rechts (R), in der dritten Reihe nach rechts (R) und in der vierten Reihe nach links (L) bis in den Kasten C gefallen sein.
Der Weg wäre dann LRRL.

a) Wie viele Stufen hat ein solches Zufallsexperiment?

b) Gib für jeden Kasten einen möglichen Kugelweg an.

c) Wie viele Wege gibt es insgesamt?

d) Warum stimmt die Anzahl der Kästen nicht mit der Anzahl der Wege überein?

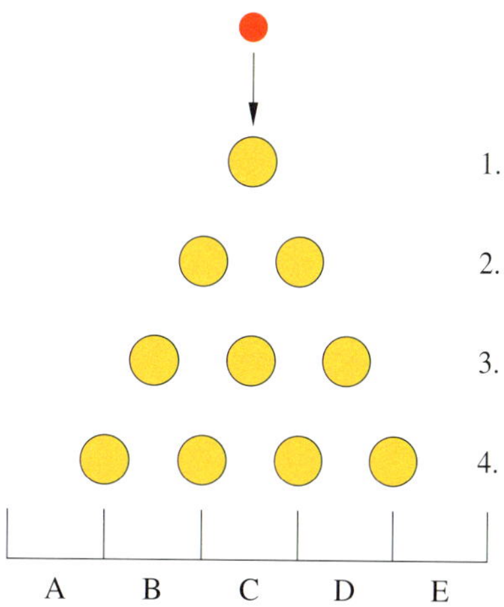

99-1

ZUM WEITERARBEITEN
Das in Aufgabe 1 verwendete Spiel ist unter dem Namen „Turm von Hanoi“ bekannt geworden. Erkundet mit Hilfe der unter dem Webcode angegebenen Linkliste, welche Geschichte mit dem Turm in Verbindung steht.

ZUM WEITERARBEITEN
Wie viele Möglichkeiten der Anordnung erhält man in Aufgabe 3, wenn vier Radiergummis verwendet werden?

Lesen und Verstehen

Bei einer Befragung von Gästen interessiert, welches 2-Gänge-Menü aus Hauptspeise und Nachspeise sie gegessen haben. In der Speisekarte gibt es die folgenden Angebote.
Hauptspeisen: Fleisch, Fisch, Pizza; Nachspeisen: Eis, Obst

Diese Befragung ist ein zweistufiges Zufallsexperiment, weil es aus zwei Teilexperimenten, die hier nacheinander ablaufen, zusammengesetzt ist. Die Elemente der Ergebnismenge S sind geordnete Paare. Zum Beispiel ist das Paar (Fleisch; Obst) ein Ergebnis, also ein Element aus S.

Zur Veranschaulichung solcher mehrstufiger Zufallsexperimente (zweistufiger, dreistufiger, …) verwendet man häufig ein Baumdiagramm.

BEACHTE
Wenn ein Baumdiagramm sehr aufwendig zu zeichnen ist, dann genügt es häufig als Lösungshilfe, nur Teile des Baumes zu skizzieren, z. B. nur den oberen Pfad des Baumes.

BEISPIEL 1

1. Stufe Hauptspeise	2. Stufe Nachspeise	Ergebnisse
Fleisch	Eis	(Fleisch; Eis)
	Obst	(Fleisch; Obst)
Fisch	Eis	(Fisch; Eis)
	Obst	(Fisch; Obst)
Pizza	Eis	(Pizza; Eis)
	Obst	(Pizza; Obst)

$S = \{$(Fleisch; Eis); (Fleisch; Obst); (Fisch; Eis); (Fisch; Obst); (Pizza; Eis); (Pizza; Obst)$\}$

Die Anzahl der Elemente der Ergebnismenge S lassen sich auch mit der allgemeinen Zählregel bestimmen.

Allgemeine Zählregel: Die **Anzahl der Ergebnisse** eines mehrstufigen Zufallsexperiments ist gleich dem Produkt der Anzahl der Ergebnisse seiner Teilexperimente.

Im Beispiel gibt es zwei Teilexperimente. Das erste Teilexperiment ist die Wahl der Hauptspeise. Es gibt drei Möglichkeiten. Das zweite Teilexperiment ist die Wahl der Nachspeise. Es gibt zwei Möglichkeiten.
Insgesamt gibt es also $3 \cdot 2 = 6$ Möglichkeiten, ein 2-Gänge-Menü zusammenzustellen.

BEISPIEL 2
Alina, Ben und Clara machen ein Wettrennen. Wie viele mögliche Zieleinläufe gibt es?
Sie können ins Ziel laufen in der Reihenfolge (Alina; Ben; Clara); (Alina; Clara; Ben); (Ben; Alina; Clara); (Ben; Clara; Alina); (Clara; Alina; Ben) oder (Clara; Ben; Alina).

BEACHTE
$2! = 1 \cdot 2 = 2$
$3! = 1 \cdot 2 \cdot 3 = 6$
$4! = 1 \cdot 2 \cdot 3 \cdot 4 = 24$
$n! = 1 \cdot 2 \cdot 3 \cdot \ldots \cdot n$

Wenn Alina Erste geworden ist, kann sie nicht auch noch Zweite werden. Daher gibt es für den Erstplatzierten drei Möglichkeiten, für den Zweitplatzierten nur noch zwei Möglichkeiten und für den Drittplatzierten nur noch eine Möglichkeit. Also gibt es $3 \cdot 2 \cdot 1 = 6$ Möglichkeiten.
Man kann stattdessen schreiben: 3! (lies: 3 Fakultät). Das bedeutet, dass alle natürlichen Zahlen von 1 bis 3 miteinander multipliziert werden. $3! = 3 \cdot 2 \cdot 1 = 6$.

Üben und Anwenden

1 Die Mensa der Gesamtschule Mitte bietet zum Mittagessen vier Hauptgerichte (Nudeln, Salat, Pizza, Fisch) und zwei Nachspeisen (Birne, Quark) an.
a) Zeichne ein zugehöriges Baumdiagramm.
b) Aus wie vielen Kombinationsmöglichkeiten können die Schülerinnen und Schüler das Essen auswählen?
c) Notiere alle Kombinationsmöglichkeiten. Schreibe z. B. (Pizza/Birne).
d) Die Mensa erweitert die Speisekarte um ein Fleischgericht und Eis.
Wie viele Kombinationsmöglichkeiten gibt es nun?

2 Max möchte einen Cocktail mit zwei unterschiedlichen Säften mixen. Er hat sechs verschiedene Fruchtsäfte im Haus. Max meint, dass er 30 verschiedene Cocktails mixen kann. Sein Vater ist der Ansicht, dass es nur 15 sind. Schließe dich begründet einer Meinung an.

3 Ein Restaurant bietet zwölf unterschiedliche Kombinationen von 2-Gänge-Menüs an. Aus wie vielen Haupt- und Nachspeisen kann der Gast auswählen?
Finde verschiedene Möglichkeiten.

4 Auf einer Geburtstagsparty können Preise gewonnen werden. Dazu sind Schachteln mit einem grünen, einem roten oder einem blauen Los versteckt. Nacheinander sollten drei Schachteln gefunden werden.
Hauptgewinn:
alle Lose haben die gleiche Farbe
Kleingewinn:
zwei Lose haben die gleiche Farbe
a) Wie viele Elemente hat die Ergebnismenge S?
b) Wie viele und welche Ergebnisse sind für die Gewinnklassen günstig?
c) Formuliere eine Bedingung für einen Trostpreis und gib die zugehörigen Ergebnisse an.
d) Unter welchen Umständen würde es sich um ein Laplace-Experiment handeln?

5 Ein Tresor verfügt über zwei Drehknöpfe, die auf die Zahlen 1 bis 8 eingestellt werden können.

a) Wie viele Kombinationsmöglichkeiten gibt es?
b) Bei einem neuen Tresormodell soll es 96 Kombinationsmöglichkeiten geben. Wie ist das möglich?

6 Wie viele zweistellige Zahlen kann man aus den Ziffern 1, 3, 7, 8 und 9 bilden, wenn
a) jede Ziffer nur einmal vorkommen darf?
b) jede Ziffer auch mehrfach vorkommen kann?

7 In Jans Sockenkiste liegen ein roter und zwei blaue Socken. Noch verschlafen nimmt er sich zwei Socken aus der Kiste.
a) Erkläre das Baumdiagramm rechts.
b) Wie groß ist die Wahrscheinlichkeit, dass Jan passende Socken anzieht?

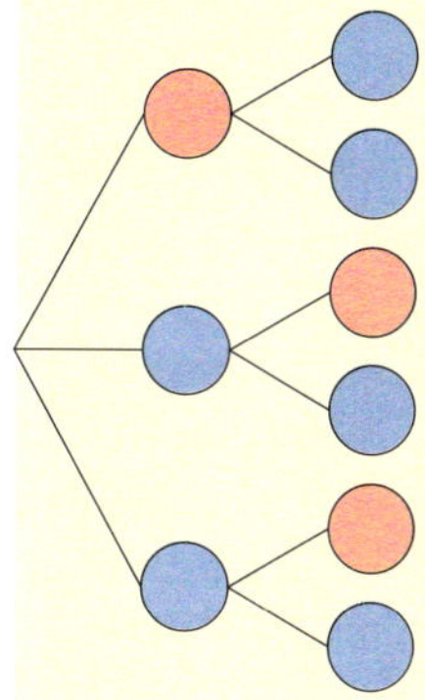

8 Zur Qualitätssicherung von Keksen werden der laufenden Produktion Proben entnommen. Nacheinander werden der Geschmack, die Farbe und dann die Form überprüft.
Es wird jeweils kontrolliert, ob die Norm erfüllt ist oder nicht.
a) Wie viele Stufen hat das Zufallsexperiment? Zeichne ein Baumdiagramm und gib die Ergebnismenge S an.
b) Gib folgende Ereignisse an:
A: zwei Prüfungen bestanden;
B: höchstens eine Prüfung nicht bestanden;
C: nur die Farbprüfung nicht bestanden;
c) Die Produktion wird gestoppt, wenn die ersten beiden Prüfungen nicht bestanden sind. Kennzeichne im Baumdiagramm die Pfade farbig, die zu einem Stopp der Produktion führen.
d) Sind die Teilexperimente Laplace-Experimente? Begründe.

HINWEIS
Zwei Zufallsexperimente heißen abhängig, wenn die Wahrscheinlichkeiten der Ergebnisse des zweiten Zufallsexperiments vom Ausgang des ersten beeinflusst werden, z. B. zweimaliges Ziehen einer Socke aus einer Kiste. Ansonsten heißen die Zufallsexperimente unabhängig.

HINWEIS
Handelt es sich bei Teilexperimenten eines mehrstufigen Zufallsexperiments um Laplace-Experimente, gilt $P(E) = \frac{g}{m}$. Dabei steht g für die Anzahl der günstigen Ergebnisse und m für die Anzahl der möglichen Ergebnisse.

ZUM WEITERARBEITEN
Kannst du Mineralwasser geschmacklich von Leitungswasser unterscheiden? Überlege dir einen Versuchsaufbau und prüfe nach.

9 Ein Bube, eine Dame und ein König eines Skatspiels liegen verdeckt auf dem Tisch. Ein Spieler soll zweimal eine Karte ziehen, wobei die gezogene Karte immer wieder zurückgelegt wird und die Karten neu gemischt werden. Die Ergebnisse werden notiert.

a) Wie viele Kombinationsmöglichkeiten gibt es?
b) Gib die Wahrscheinlichkeit an, dass zweimal hintereinander eine Dame gezogen wird. Beachte die Randspalte.
c) Wie groß ist die Wahrscheinlichkeit, dass die Dame mindestens einmal gezogen wird?
d) Mit welcher Wahrscheinlichkeit wird die Dame weder beim ersten noch beim zweiten Zug gezogen?

10 Caroline testet mit zwei Gläsern, ob sie Leitungswasser von Mineralwasser ohne Kohlensäure geschmacklich unterscheiden kann. Ein Münzwurf entscheidet, mit welchem Wasser das Glas gefüllt wird. Es ist also auch möglich, dass sich in beiden Gläsern die gleiche Sorte Wasser befindet.
a) Mit welcher Wahrscheinlichkeit wird Caroline durch Raten beide Gläser richtig zuordnen?
Beachte die Randspalte.
b) Halbiert sich die Wahrscheinlichkeit, wenn sie drei Gläser Wasser testen muss?

11 Familie Erlbach erwartet Zwillinge.
a) Welche Geschlechtskombinationen sind möglich?
b) Zeichne ein zugehöriges Baumdiagramm.
c) Sohn Leon von Familie Erlbach meint, dass die Wahrscheinlichkeit für „zwei Schwestern" bei $\frac{1}{3}$ liegt. Erkläre Leon, warum das falsch ist.

12 Wie viele dreistellige Zahlen kann man aus den Ziffern 1, 2, 3, 4, 5 und 6 bilden, wenn …
a) jede Ziffer nur einmal vorkommen darf?
b) jede Ziffer auch mehrfach vorkommen kann?

13 Ein Glücksspielautomat besteht aus zwei Rädern.

a) Wie viele Kombinationsmöglichkeiten gibt es?
b) Man gewinnt den Hauptpreis, wenn beide Räder das vierblättrige Kleeblatt anzeigen. Wie groß ist die Wahrscheinlichkeit, den Hauptpreis zu gewinnen? Beachte die Randspalte.
c) Zeigen beide Räder das gleiche Symbol, aber nicht das Kleeblatt, so erhält man einen Trostpreis. Gib die Wahrscheinlichkeit für einen Trostpreis an.

14 Die Gesamtschule Süd verkauft T-Shirts und Poloshirts mit Schullogo. Sowohl die T-Shirts als auch die Poloshirts werden in den Größen S, M, L und XL angeboten. Als Farben stehen rot, schwarz, grün und blau zur Auswahl.
a) Zeichne ein zugehöriges Baumdiagramm.
b) Wie viele Produktkombinationen gibt es?
c) Angenommen alle Produktkombinationen sind in gleicher Anzahl in einem Wäschekorb vorhanden. Wie groß ist die Wahrscheinlichkeit, dass man ohne hinzusehen Folgendes zieht?
① ein Poloshirt
② ein T-Shirt der Größe S
③ ein blaues Poloshirt
④ ein rotes T-Shirt der Größe XL
Beachte die Randspalte.

Pfadregel

Erforschen und Entdecken

1 Die beiden Glücksräder werden nacheinander gedreht.

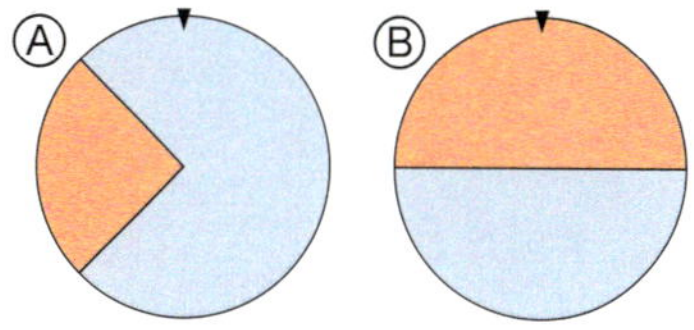

a) Wie groß ist die Wahrscheinlichkeit, mit dem ersten Glücksrad „Rot“ zu drehen? Gib die Wahrscheinlichkeit für das gleiche Ergebnis beim zweiten Glücksrad an.

b) Um die möglichen Versuchsausgänge des zweistufigen Zufallsexperiments zu veranschaulichen, hat Caterina das Baumdiagramm ① gezeichnet. Sie meint: „Es gibt vier unterschiedliche Versuchsausgänge. Also liegt die Wahrscheinlichkeit, mit beiden Glücksrädern „Rot“ zu drehen, bei $\frac{1}{4}$.“ Nimm Stellung zu ihrer Aussage.

c) Mark und Eileen schlagen vor, die rechts abgebildeten Baumdiagramme zur Veranschaulichung des zweistufigen Zufallsexperiments zu verwenden.
Nenne Vorzüge und Nachteile der beiden Baumdiagramme.

d) Bestimme die Wahrscheinlichkeit, beide Male „Rot“ zu drehen. Wie lässt sich die Wahrscheinlichkeit für dieses Ergebnis aus dem Baumdiagramm ③ bestimmen?

①

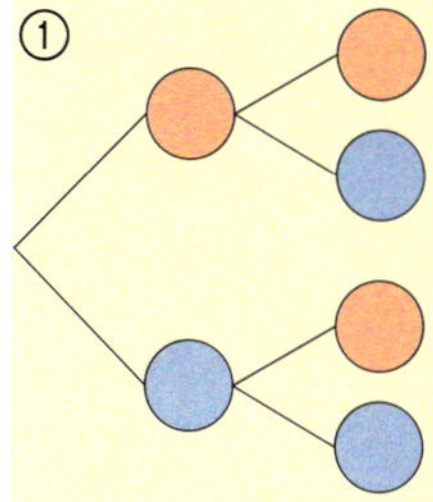

②

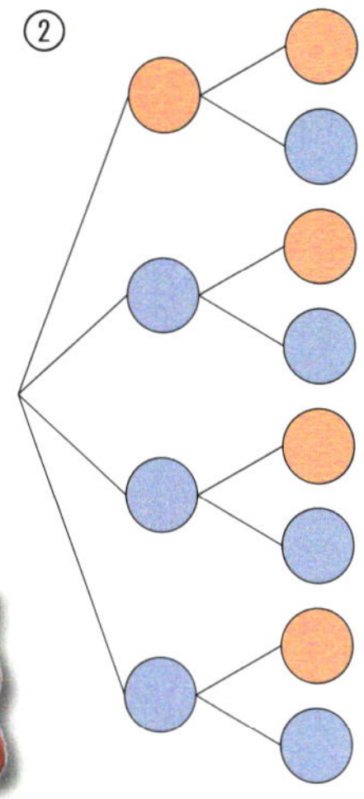

③

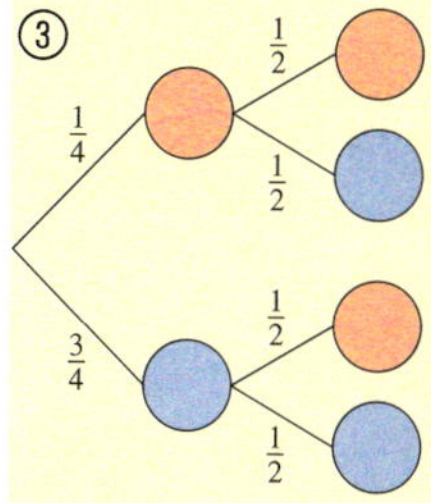

2 Lege fünf Gummibärchen mit unterschiedlicher Farbe in eine undurchsichtige Tüte.

a) Ziehe nacheinander zwei Gummibärchen aus der Tüte und notiere die Farbkombination. Schreibe zum Beispiel (Rot/Orange).
Wirf die beiden Gummibärchen wieder in die Tüte und wiederhole das Zufallsexperiment mehrere Male.

b) Ergänze alle Farbkombinationen, die bisher nicht gezogen wurden.

c) Melissa ist der Meinung, dass es zwanzig unterschiedliche Farbkombinationen gibt, Chiara meint, es gibt nur zehn. Wer hat Recht? Zeichne ein Baumdiagramm.

d) Wie groß ist die Wahrscheinlichkeit, beim ersten Versuch ein rotes Gummibärchen zu ziehen? Ändert sich die Wahrscheinlichkeit, ein rotes Gummibärchen zu ziehen, beim zweiten Versuch? Trage die jeweiligen Wahrscheinlichkeiten in das Baumdiagramm aus c) ein.

3 In der Klasse 9 b soll der Klassensprecher gewählt werden. Murat, Sören, Fiona und Natalie stehen zur Wahl.
Wer die meisten Stimmen erhält, soll Klassensprecher werden. Sein Stellvertreter wird der Schüler, der den zweiten Platz belegt hat.

a) Wie groß ist die Wahrscheinlichkeit, Klassensprecher zu werden? Wie groß ist die Wahrscheinlichkeit, Stellvertreter zu werden?
Zeichne ein Baumdiagramm mit den jeweiligen Wahrscheinlichkeiten.

b) Warum muss zwischen den Kombinationen (Murat/Fiona) und (Fiona/Murat) unterschieden werden?

c) Wie sieht das Baumdiagramm aus, wenn sich drei (fünf) Schülerinnen und Schüler wählen lassen möchten?

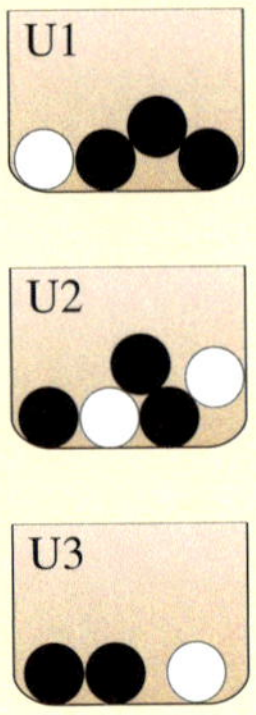

Lesen und Verstehen

Eine Lehrerin lässt jeden Schüler eine Kugel aus einer der drei Urnen ziehen.
Bei einer schwarzen Kugel muss ein Referat gehalten werden, bei einer weißen nicht.

BEISPIEL 1 Wie groß ist die Wahrscheinlichkeit, kein Referat zu halten?

Wahrscheinlichkeit: Wahl der Urne	**Wahrscheinlichkeit: Wahl der Kugel**	**Wahrscheinlichkeit: Kugelfarbe je Urne (Pfadregel)**	**Wahrscheinlichkeit: weiße Kugel (Summenregel)**
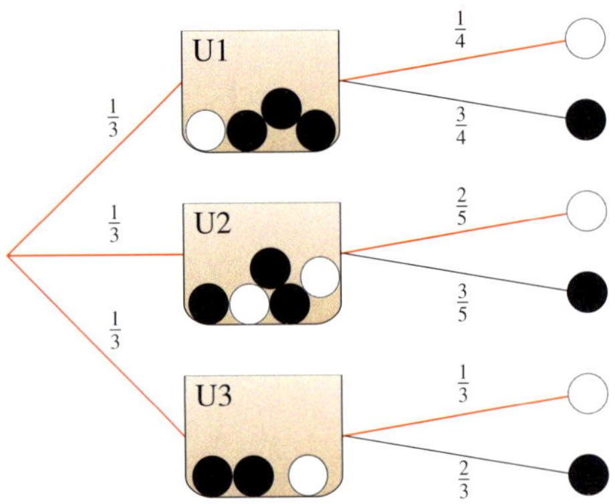		$\frac{1}{3} \cdot \frac{1}{4} = \frac{1}{12}$	$\frac{1}{12}$
		$\frac{1}{3} \cdot \frac{3}{4} = \frac{1}{4}$	+
		$\frac{1}{3} \cdot \frac{2}{5} = \frac{2}{15}$	$\frac{2}{15}$
		$\frac{1}{3} \cdot \frac{3}{5} = \frac{1}{5}$	+
		$\frac{1}{3} \cdot \frac{1}{3} = \frac{1}{9}$	$\frac{1}{9}$
		$\frac{1}{3} \cdot \frac{2}{3} = \frac{2}{9}$	$= \frac{59}{180} \approx 32{,}8\,\%$

Mit einer Wahrscheinlichkeit von 32,8 % muss kein Referat gehalten werden.

HINWEIS
Die Pfadregel besagt, dass man die Wahrscheinlichkeiten entlang eines „Baumpfades" multipliziert.

Pfadregel
Bei mehrstufigen Zufallsexperimenten ergibt sich die Wahrscheinlichkeit eines *Ergebnisses* aus dem Produkt der Wahrscheinlichkeiten der einzelnen Teilergebnisse.

Wahrscheinlichkeiten berechnen mit der Pfad- und Summenregel

1. Zerlege die Situation in Teilversuche.
2. Zeichne ein Baumdiagramm.
3. Notiere die Wahrscheinlichkeiten der Versuchsausgänge an den Ästen.
4. Markiere die relevanten Pfade. Berechne die Wahrscheinlichkeit mit der Pfadregel.
5. Berechne die Wahrscheinlichkeit des Ereignisses mit der Summenregel.

BEACHTE
Achte beim Zeichnen eines Baumdiagramms darauf, dass an jeder Verzweigung so viele Äste benötigt werden, wie der Teilversuch Ergebnisse hat.

BEISPIEL 2
Für die Klassenfahrt teilt der Lehrer die zehn Jungen zufällig auf zwei 5-Bett-Zimmer auf. Mit welcher Wahrscheinlichkeit schläft Lukas mit genau einem seiner Freunde Leon oder Mike im selben Zimmer?
Angenommen, Lukas kommt in Zimmer 1. Dann sind noch neun Betten frei, davon vier im ersten und fünf im zweiten Zimmer.
Der Ausgang des 1. Teilversuchs beeinflusst die Wahrscheinlichkeiten des 2. Teilversuchs.

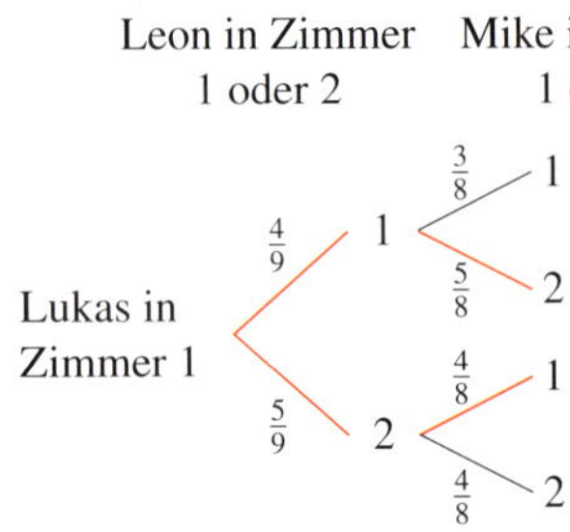

$\frac{4}{9} \cdot \frac{5}{8} = \frac{5}{18}$ (Pfadregel)

$\frac{5}{9} \cdot \frac{4}{8} = \frac{5}{18}$ (Pfadregel)

Summenregel: $\frac{5}{18} + \frac{5}{18} = \frac{5}{9} \approx 55{,}6\,\%$

Die Wahrscheinlichkeit beträgt 55,6 %.

Üben und Anwenden

1 Aus jeder Urne wird eine Kugel gezogen.

①

②

a) Zeichne ein zugehöriges Baumdiagramm.
b) Wie groß ist die Wahrscheinlichkeit, dass beide Kugeln weiß sind?
c) Mit welcher Wahrscheinlichkeit sind beide Kugeln schwarz?
d) ➡ Yasin meint, dass die Wahrscheinlichkeit, zwei weiße Kugeln zu ziehen, ein Viertel beträgt. Welchen Fehler könnte Yasin gemacht haben?

2 Eine Münze wird zweimal hintereinander geworfen. Zeichne ein Baumdiagramm und notiere die Wahrscheinlichkeiten an den Ästen. Bestimme die Wahrscheinlichkeiten für die Ergebnisse (Wappen/Wappen) und (Wappen/Zahl).

3 ➡ Aus der Urne wird zweimal eine Kugel gezogen, wobei die Kugel nach dem ersten Ziehen wieder zurückgelegt wird.

a) Zeichne ein Baumdiagramm.
b) Bestimme die Wahrscheinlichkeit dafür, dass zwei grüne Kugeln gezogen werden.
c) Bestimme die Wahrscheinlichkeit dafür, dass mindestens eine weiße Kugel gezogen wird.
d) Charles behauptet, dass sich die Wahrscheinlichkeiten nicht verändern, wenn sich in der Urne drei grüne und eine weiße Kugel befinden. Überprüfe Charles' Meinung.
e) Stefan meint: „Es spielt keine Rolle, ob man die zuerst gezogene Kugel wieder zurücklegt oder nicht.“
Hat Stefan Recht? Begründe. Sollte die Aussage falsch sein, dann zeichne ein neues Baumdiagramm und berechne die Wahrscheinlichkeiten aus Aufgabenteil b) und c) erneut.

4 Drei Buben, vier Könige und eine Dame liegen verdeckt auf dem Tisch. Es soll zweimal hintereinander gezogen werden. Die gezogene Karte wird wieder zurückgelegt.
a) Zeichne ein Baumdiagramm.
b) Gib die Wahrscheinlichkeiten für folgende Ergebnisse an. Gibt es mehrere Berechnungsmöglichkeiten?
- zwei Könige
- kein König
- zuerst ein Bube, dann eine Dame
- Bube und König (Reihenfolge egal)

c) Findet weitere Fragestellungen und tauscht diese im Klassenverband aus.

5 Ein Kunde erhält zufällig zwei Kugeln Eis.

a) Zeichne ein Baumdiagramm.
b) Bestimme die Wahrscheinlichkeit, dass der Kunde zwei Kugeln Milcheis erhält.
c) Wie groß ist die Wahrscheinlichkeit, dass der Kunde eine Kugel Milch- und eine Kugel Fruchteis erhält?
d) Gib ein strukturgleiches Zufallsexperiment an (siehe Randspalte).

6 Die Erfahrung sagt, dass im B-Kurs das Mathebuch mit einer Wahrscheinlichkeit von 90 % mitgebracht wird, ein Geodreieck aber nur mit 70 %iger Wahrscheinlichkeit.
a) Zeichne ein zweistufiges Baumdiagramm und notiere an den Pfaden die Wahrscheinlichkeiten.
b) Berechne die Wahrscheinlichkeit des Ereignisses, dass entweder das Geodreieck oder das Buch fehlt.

ZUR INFORMATION
Zwei Zufallsexperimente heißen strukturgleich, wenn sich die Ergebnisse der beiden Zufallsexperimente eindeutig einander zuordnen lassen und ihre Ergebnisse gleich wahrscheinlich sind. Strukturgleich sind z. B. ein zweimaliger Münzwurf und das zweimalige Drehen des folgenden Glücksrades.

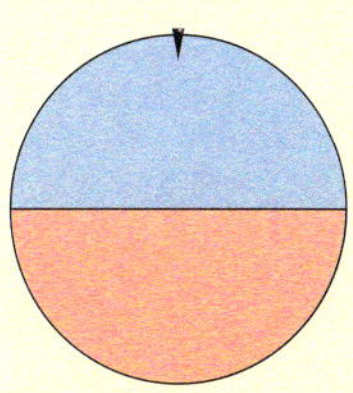

7 Die beiden Glücksräder werden gleichzeitig gedreht.

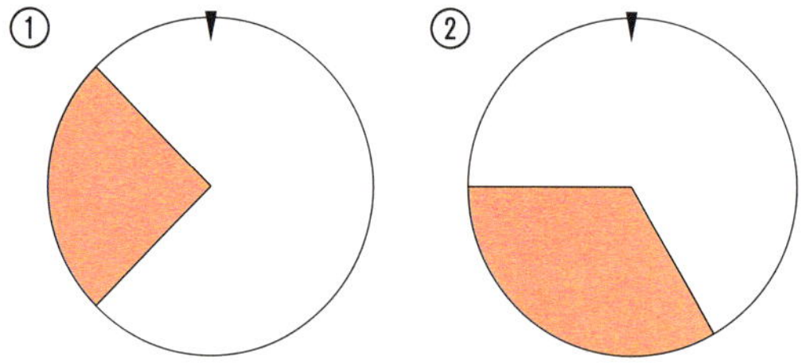

a) Zeichne ein Baumdiagramm.
b) Bestimme die Wahrscheinlichkeit dafür, dass beide Glücksräder auf „Rot" stehen bleiben.
c) Die Wahrscheinlichkeit für das Ergebnis (Rot/Rot) soll genau 5 % betragen. Wie groß muss der Winkel des roten Segments beim zweiten Glücksrad gewählt werden?

8 Ein Mathematiklehrer führt einen kurzen Multiple-Choice-Test durch.

1) Welches Gesetz wurde hier verwendet?
$3(4a - 5) = 12a - 15$
❏ Assoziativgesetz
❏ Kommutativgesetz
❏ Distributivgesetz

2) Welchen Wert hat der Term $3(4a - 5)$ für $a = 0$?
❏ -3
❏ -15

a) Löse die Aufgaben des Multiple-Choice-Tests.
b) Ein Schüler rät die Lösungen. Zeichne ein Baumdiagramm und bestimme die Wahrscheinlichkeit dafür, dass er beide Aufgaben (eine, keine) richtig rät.
c) Mit welcher Wahrscheinlichkeit rät man beide Aufgaben richtig, wenn bei beiden Fragen eine Antwortmöglichkeit mehr angegeben wird?
d) Der Lehrer möchte, dass die Wahrscheinlichkeit, beide Lösungen richtig zu raten, kleiner als 2 % ist. Wie viele Antwortmöglichkeiten müsste er bei den Fragen vorgeben? Finde mehrere Möglichkeiten.

ZUM WEITERARBEITEN
Familie Erle wünscht sich zwei Kinder. Jungen werden mit einer Wahrscheinlichkeit von 51 %, Mädchen mit einer Wahrscheinlichkeit von 49 % geboren. Bestimme die Wahrscheinlichkeit dafür, dass die Kinder von Familie Erle verschiedenen Geschlechts sind.

9 „Schere, Stein, Papier" spielt man zu zweit. Auf Drei zeigt jeder eine der Figuren.

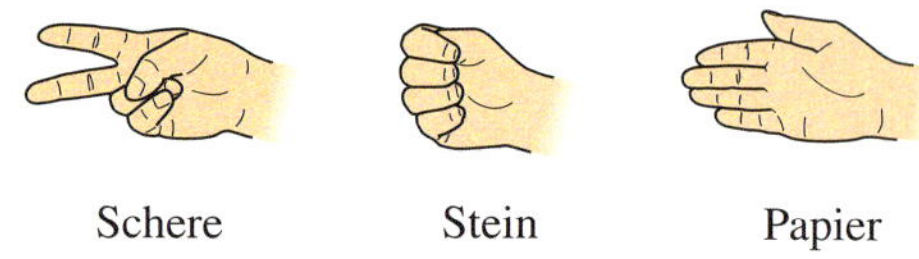

Es gilt: Papier umwickelt Stein; Stein stumpft Schere; Schere schneidet Papier. Bei zwei gleichen Figuren ist es unentschieden.
a) Spielt fünf Runden. Notiert die Figuren. Schätzt die Gewinnwahrscheinlichkeit.
b) Wie wahrscheinlich ist ein Unentschieden?
c) Manche spielen noch mit „Brunnen". Stein und Schere fallen in den Brunnen. Papier deckt den Brunnen ab. Welche Figuren sollte man hierbei eher wählen?

10 Ein Hersteller von Laptops lässt alle produzierten Geräte von zwei unabhängigen Qualitätskontrolleuren untersuchen.
Der erste Qualitätskontrolleur findet Fehler mit einer Wahrscheinlichkeit von 90 %.
Der zweite Qualitätskontrolleur entdeckt 95 % aller Fehler.
a) Mit welcher Wahrscheinlichkeit geht ein defekter Laptop in den Verkauf?
b) Der Hersteller verkauft jährlich 25 000 Laptops. Wie viele dieser Laptops weisen vermutlich einen Produktionsfehler auf?

11 Zollbeamte wissen, dass 15 % aller aus einem Urlaubsland einreisenden Passagiere Zigaretten schmuggeln.
Mit welcher Wahrscheinlichkeit ist unter zwei zufällig kontrollierten Passagieren mindestens ein Schmuggler?

12 Zwei Fußballprofis schießen abwechselnd auf eine Torwand. Der erste Profi trifft mit einer Wahrscheinlichkeit von 25 %, der zweite mit einer Wahrscheinlichkeit von 30 %.
a) Wie groß ist die Wahrscheinlichkeit, dass beide Profis treffen?
b) Wie groß ist die Wahrscheinlichkeit, dass mindestens ein Profi trifft?
c) Wie groß ist die Wahrscheinlichkeit, dass keiner der beiden Profis trifft?

13 Aus einer Gruppe von sieben Männern und drei Frauen werden zufällig zwei Personen ausgewählt.

a) Wie groß ist die Wahrscheinlichkeit, dass zwei Männer ausgewählt werden?

b) Mit welcher Wahrscheinlichkeit werden zwei Frauen ausgewählt?

c) Bestimme die Wahrscheinlichkeit dafür, dass ein Mann und eine Frau ausgewählt werden.

d) Ändern sich die Wahrscheinlichkeiten, wenn die Gruppe aus 14 Männern und sechs Frauen besteht? Begründe.

e) Was verändert sich, wenn lediglich bekannt ist, dass die Gruppe aus 70 % Männern und 30 % Frauen besteht?

14 Erfinde Aufgaben oder gib Zufallsexperimente an, die zu folgenden Baumdiagrammen passen.

a)

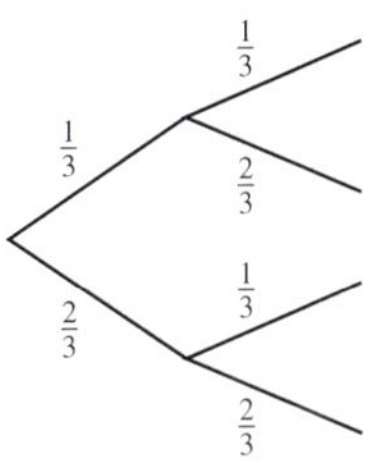

b)

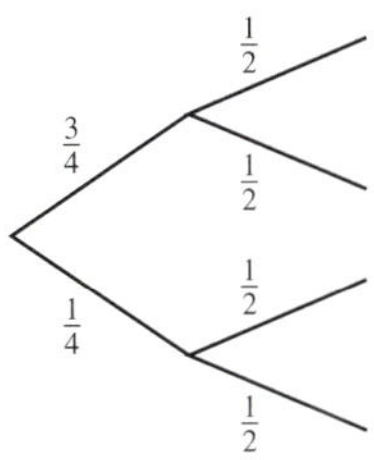

c)

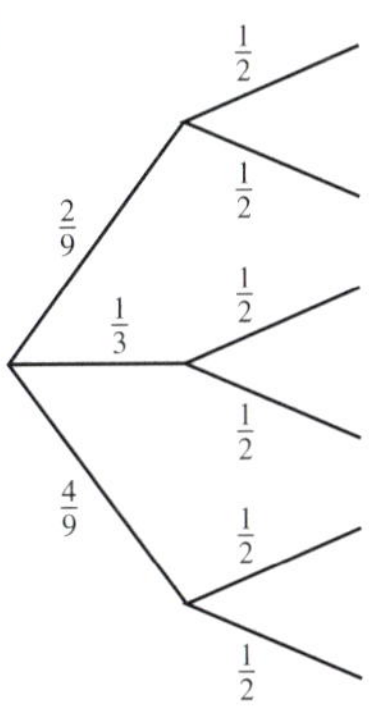

d)

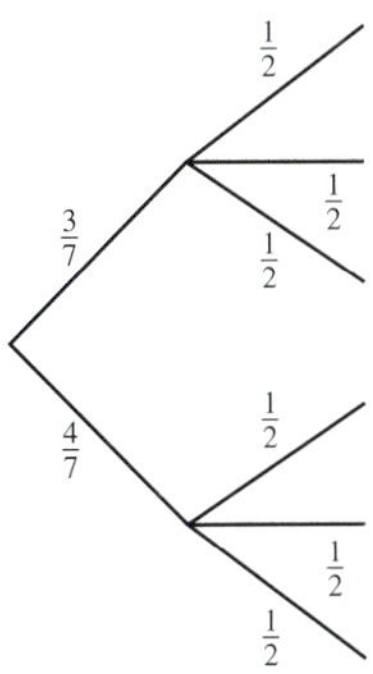

e)

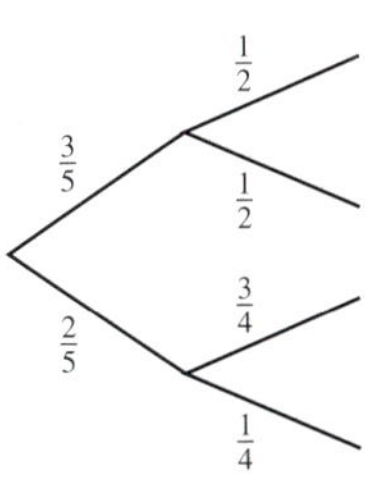

f)

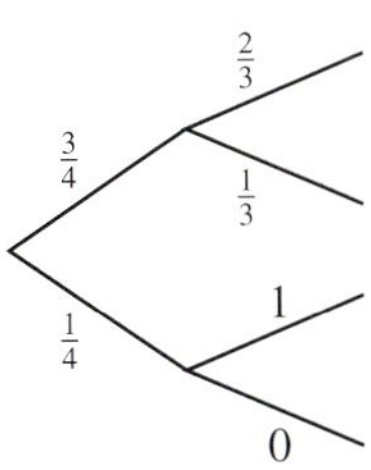

15 Chantals Schulbus muss auf dem Weg von ihrer Haltestelle bis zur Schule drei Ampeln passieren. Jede Ampel arbeitet unabhängig von der anderen. Die Schaltzeit der Ampeln ist jedoch gleich. Mit 60 %iger Wahrscheinlichkeit darf der Bus fahren.

a) In wie viel Prozent aller Fahrten ist zu erwarten, dass der Bus an keiner Ampel halten muss?

b) Chantal benutzt den Schulbus ca. 200-mal im Jahr. Wie oft kann sie sich wahrscheinlich über eine „grüne Welle" freuen?

16 Beim Spiel „Mensch-ärgere-dich-nicht" muss man zum Start in höchstens drei Würfen eine „6" geworfen haben. Es soll die Wahrscheinlichkeit bestimmt werden, in drei Würfen keine „6" zu werfen.
Betrachte dazu das folgende Baumdiagramm.

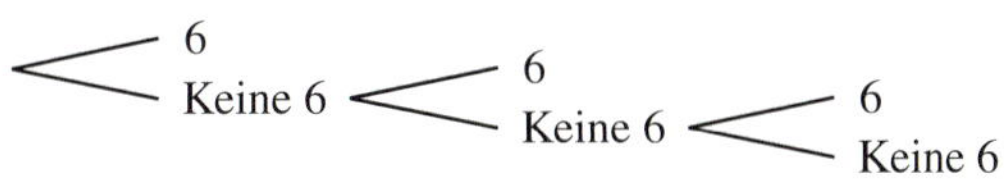

a) Hältst du die Darstellung im Baumdiagramm für sinnvoll?
Begründe.

b) Übertrage das Baumdiagramm in dein Heft und vervollständige die Einzelwahrscheinlichkeiten entlang der Pfade.

c) Berechne die Wahrscheinlichkeit, in drei Würfen keine „6" zu würfeln.

HINWEIS
Man muss in einem Baumdiagramm nicht immer alle möglichen Pfade darstellen. Es dürfen Pfade zusammengefasst werden, sofern dies für die Lösung der Aufgabe sinnvoll ist.

17 Nach Angaben des Herstellers befinden sich in einer Tüte Gummibärchen durchschnittlich $\frac{1}{3}$ rote und je $\frac{1}{6}$ gelbe, weiße, grüne und orangefarbene Gummibärchen.

a) Zeichne ein „verkürztes" Baumdiagramm und berechne die Wahrscheinlichkeit dafür, dass unter drei zufällig gezogenen Gummibärchen keines grün ist.

b) Zeichne ein „verkürztes" Baumdiagramm und berechne die Wahrscheinlichkeit dafür, dass alle drei zufällig gezogenen Gummibärchen rot sind.

18 Finde das Ergebnis eines zweistufigen Zufallsexperiments, dessen Eintrittswahrscheinlichkeit 75 % beträgt.

Das Ziegenproblem

In der amerikanischen Fernsehshow „Let's make a deal" ist ein Auto der Hauptpreis. Es steht hinter einer von drei verschlossenen Türen. Um das Auto zu gewinnen, muss sich der Kandidat für die richtige der drei Türen entscheiden. Hinter einer Tür befindet sich das Auto, hinter den beiden anderen jeweils eine Ziege.
Der Moderator weiß, was sich hinter den Türen befindet.

Hat sich der Kandidat für eine der drei Türen entschieden, zum Beispiel für Tür 3, öffnet der Moderator eine der beiden anderen Türen, zum Beispiel Tür 1, und eine Ziege schaut ins Publikum.
Der Kandidat hat nun noch die Möglichkeit, seine Entscheidung zu überdenken und sich für die andere verschlossene Tür zu entscheiden, in diesem Beispiel Tür 2.
Soll er besser bei seiner ursprünglichen Wahl bleiben oder soll er die Tür wechseln?

108-1

BEACHTE
Unter dem Webcode befindet sich ein Arbeitsblatt mit zwei Ziegen, einem Auto und drei Türen zum Ausschneiden.

1 Beschreibe den Versuchaufbau bei der Fernsehshow mit eigenen Worten. Diskutiert über die Möglichkeiten, die dem Moderator bleiben, wenn sich der Kandidat für eine Tür entschieden hat und die Assistentin diese Tür noch nicht geöffnet hat.

2 Bildet Kleingruppen und spielt die Fernsehshow nach. Führt mindestens dreißig Spiele durch und protokolliert eure Ergebnisse.
Wie häufig gewinnt man, wenn gewechselt wird?
Wie häufig gewinnt man, wenn man bei der ursprünglichen Wahl bleibt?

3 Die Frage, ob man die Gewinnwahrscheinlichkeit bei einem Wechsel erhöht, wurde der Journalistin *Marylin vos Savant* von einem Leser der Zeitschrift „Parade“ gestellt.

In ihrer Kolumne „Ask Marylin“ antwortete sie, dass der Kandidat auf jeden Fall wechseln sollte. Dieses Vorgehen würde seine Gewinnwahrscheinlichkeit verdoppeln, nämlich von $\frac{1}{3}$ auf $\frac{2}{3}$. Daraufhin erhielt sie etwa zehntausend Leserbriefe, die diese Strategie für falsch hielten.

Diskutiert die beiden unterschiedlichen Argumentationen.

Argumentation von Marylin vos Savant

Die Wahrscheinlichkeit, dass sich das Auto hinter Tür 1 befindet, ist $\frac{1}{3}$. Die Wahrscheinlichkeit, dass sich das Auto hinter einer der beiden anderen Türen befindet, ist somit $\frac{2}{3}$.
Mindestens hinter einer dieser beiden Türen steht eine Ziege. Öffnet der Moderator eine dieser Türen, so steht die Tür fest, hinter welcher das Auto mit der Wahrscheinlichkeit $\frac{2}{3}$ steht.
Also empfiehlt es sich, die gewählte Tür zu wechseln. Die Chance auf den Hauptgewinn verdoppelt sich.

Argumentation der meisten Leser

Die Wahrscheinlichkeit, dass sich das Auto hinter Tür 1 befindet, ist $\frac{1}{3}$, genauso wie für jede der beiden anderen Türen.
Öffnet der Moderator eine der beiden anderen Türen, zum Beispiel Tür 3, so scheidet diese Tür als mögliche Auto-Tür aus.
Die Wahrscheinlichkeit, dass sich das Auto hinter Tür 1 befindet, beträgt jetzt $\frac{1}{2}$, genauso wie für Tür 2. Es gibt also keinen Grund, die Tür zu wechseln. Die Gewinnchance ist für beide Türen gleich.

4 Betrachte das Baumdiagramm.

a) Erkläre die an den Pfaden notierten Wahrscheinlichkeiten.
b) Der Kandidat hat sich für Tür 1 entschieden. Bestimme, bei welchen Pfaden ein Wechsel zum Erfolg führt.
c) Berechne die Wahrscheinlichkeiten für diese Ergebnisse und bestimme die Erfolgswahrscheinlichkeit für das Ereignis „Kandidat wechselt die Tür“.
d) Zeichne je ein Baumdiagramm für den Fall, dass der Kandidat Tür 2 oder Tür 3 auswählt.

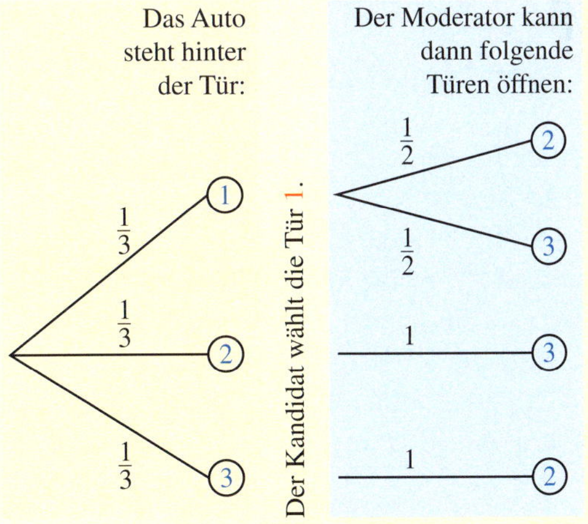

5 Überprüfe deine Überlegungen aus Aufgabe 3 und 4 mit einer Computer-Simulation (siehe Randspalte) zu den Gewinnwahrscheinlichkeiten beim Ziegenproblem für folgende Fälle.

a) Der Kandidat wechselt die Tür immer.
b) Der Kandidat wechselt die Tür nie.

109-1
BEACHTE
Unter dem Webcode befindet sich eine Simulation des Ziegenproblems.

Vermischte Übungen

1 Für welche der folgenden Ereignisse beim Würfeln mit einem regulären Würfel ist die Wahrscheinlichkeit $\frac{1}{3}$?

a) „3 teilt die geworfene Augenzahl“
b) „3 ist die geworfene Augenzahl“
c) „die geworfene Augenzahl ist kleiner als 3“
d) „die geworfene Augenzahl ist größer als 3“

2 In einem Gefäß liegen eine weiße und drei schwarze Kugeln. David zieht „blind“ eine der Kugeln.

a) Wie groß ist die Wahrscheinlichkeit dafür, dass die gezogene Kugel weiß (schwarz) ist?
b) David hat beim ersten Zug eine schwarze Kugel gezogen. Diese legt er nicht in das Gefäß zurück.
Bestimme die Wahrscheinlichkeit für das Ziehen einer weißen (schwarzen) Kugel beim zweiten Zug. Was ändert sich, wenn die erste gezogene Kugel weiß war?

3 Ein Torwart führt eine Statistik darüber, ob er einen Elfmeter gehalten hat oder nicht.
T = Tor; G = Elfmeter gehalten
TTGTTTGGTTGTTTTTTTTGTTTTT
Überprüfe die folgenden Aussagen.

a) Die Wahrscheinlichkeit dafür, dass ein Elfmeter gehalten wird, liegt bei 5 %.
b) Der Torwart wird den nächsten Elfmeter wahrscheinlich nicht halten.
c) Von den nächsten fünf Elfmetern wird der Torwart einen halten.
d) Es ist möglich, dass der Torwart von den folgenden zehn Elfmetern keinen halten wird.
e) Es ist unmöglich, dass der Torwart drei Elfmeter in Folge halten kann.
f) Durchschnittlich hält der Torwart jeden fünften Elfmeter.

4 Janina hat im Spielkasino beobachtet, dass in den vergangenen fünf Runden immer eine rote Zahl gewonnen hat. Daher entschließt sie sich, auf eine schwarze Zahl zu setzen, weil die Wahrscheinlichkeit dafür, dass eine schwarze Zahl fällt, in ihren Augen gestiegen ist.
Bewerte das Verhalten von Janina.

5 Alina spielt bei einem Straßenfest an dem folgenden Glücksrad.

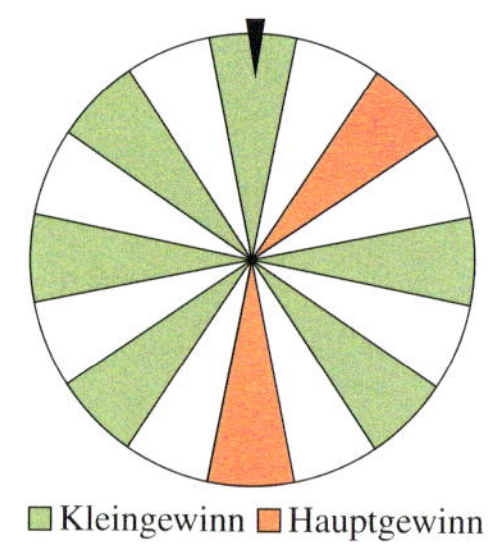

a) Wie groß ist die Wahrscheinlichkeit, dass Alina den Hauptgewinn „dreht“?
b) Wie groß ist die Wahrscheinlichkeit, dass sie einen Klein- oder einen Hauptgewinn „dreht“?
c) Alina wird folgendes Spiel angeboten:
Du zahlst für jeden Dreh einen Euro. Bleibt das Glücksrad auf „Hauptgewinn“ stehen, erhältst du fünf Euro und hast somit vier Euro gewonnen. Bleibt das Glücksrad auf „Kleingewinn“ stehen, erhältst du zwei Euro und hast somit einen Euro gewonnen.
Ist das Spiel fair?
Begründe deine Meinung.

6 Ein Schreinermeister bekommt den Auftrag, ein Glücksrad zu bauen, bei dem die Wahrscheinlichkeit für einen Hauptgewinn 5 % und für einen Kleingewinn 25 % betragen soll.

a) Wie groß ist die Wahrscheinlichkeit, einen Hauptgewinn zu erhalten?
b) Wie groß ist die Wahrscheinlichkeit, einen Haupt- oder Kleingewinn zu erzielen?
c) Bestimme die Wahrscheinlichkeit dafür, keinen Gewinn zu erhalten.
d) Zeichne ein mögliches Glücksrad.

7 Bei einem Sportfest treten die sechs schnellsten Schülerinnen der Jahrgangsstufe 9 beim 100-m-Lauf gegeneinander an.
Wie viele Kombinationen für die Belegung der beiden ersten Plätze gibt es?

8 Smileys gibt es in den Farben gelb, grün, rot und violett. Sie lachen, sind traurig oder haben ein neutrales Gesicht.
Wie viele verschiedene Smileys gibt es?

9 Ein Künstler arbeitet an seinem Werk „Zufällige Grundfarben“. Dazu hat er je eine Flasche mit den Grundfarben Rot, Blau und Gelb in einen nicht einsehbaren Behälter gelegt. Der Künstler zieht nun zufällig eine Flasche und gibt einen Teil der Farbe in ein Behältnis. Die Flasche legt er in das Behältnis zurück, mischt die Flaschen durch und zieht erneut eine Flasche. Die beiden gezogenen Farben mischt er im gleichen Mengenverhältnis.

a) Wie viele unterschiedliche Farben können entstehen?
b) Zeichne ein Baumdiagramm.
c) Ist die Wahrscheinlichkeit dafür, dass das Farbgemisch blau bzw. orange ist, gleich?
d) Wie groß ist die Wahrscheinlichkeit dafür, wieder eine der drei Grundfarben Rot, Blau oder Gelb zu erhalten?

10 Bei einem Tierklappbuch ist jede Seite in drei gleich große Teile unterteilt. Der obere Teil der Seite zeigt den Kopf, der mittlere den Rumpf und der untere die Beine und Füße eines Tieres.

a) Das Buch zeigt fünf verschiedene Tiere. Wie viele Kombinationsmöglichkeiten von Kopf, Rumpf und Beinen gibt es?
b) Wie groß ist die Wahrscheinlichkeit, dass bei einer zufällig ausgewählten Kombination Kopf, Rumpf und Beine zum gleichen Tier gehören?
c) Wie viele Tiere müsste das Buch zeigen, damit es mehr als 500 Kombinationsmöglichkeiten gibt?

11 Aus der Urne sollen nacheinander zwei Kugeln mit Zurücklegen gezogen werden.

a) Wie viele Kombinationsmöglichkeiten gibt es? Notiere sie.
b) Wie groß ist die Wahrscheinlichkeit, dass zwei blaue Kugeln gezogen werden?
c) Mit welcher Wahrscheinlichkeit werden eine weiße und eine rote Kugel in beliebiger Reihenfolge gezogen?
d) Bestimme die Wahrscheinlichkeit, dass genau eine gelbe Kugel gezogen wird.

HINWEIS
Steht in einer Aufgabe „Ziehe aus der Urne nacheinander zwei Kugeln mit Zurücklegen“, dann bedeutet das, dass eine Kugel gezogen wird und diese vor dem zweiten Ziehen wieder in die Urne zurückgelegt werden soll.

12 Das Glücksrad wird zweimal gedreht.

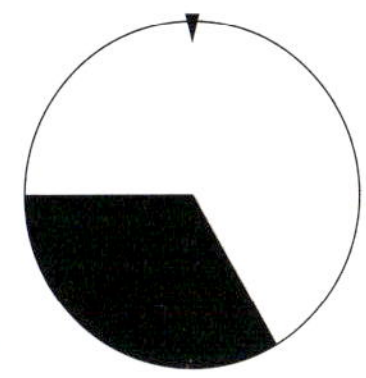

a) Zeichne ein Baumdiagramm.
b) Was ist wahrscheinlicher?
   – Es wird zweimal „Weiß“ gedreht.
   – Das Rad zeigt in beliebiger Reihenfolge einmal auf „Weiß“ und einmal auf „Schwarz“.

Schätze zuerst und rechne dann.

13 Beim Basketball trifft Mike beim Freiwurf mit einer Wahrscheinlichkeit von 60 %. Dirk hat 38 der letzten 50 Freiwürfe verwandelt.
Mike und Dirk werfen nacheinander je einmal auf den Korb.
Wie groß ist die Wahrscheinlichkeit, dass sie zusammen keinen Treffer (einen Treffer; zwei Treffer) erzielen?

14 Aus der Urne sollen nacheinander zwei Kugeln mit Zurücklegen gezogen werden.
Bestimme die Wahrscheinlichkeit für folgende Ereignisse: Ziehen von

a) „genau zwei weißen Kugeln“
b) „genau einer roten Kugel“
c) „mindestens einer blauen Kugel“
d) „keiner blauen Kugel“
e) „einer roten und einer blauen Kugel in beliebiger Reihenfolge“

HINWEIS
Beantworte Aufgabe 15 gegebenenfalls in deinem Lerntagebuch.

15 Nenne ein Beispiel für ein Laplace-Experiment und ein Beispiel für ein Zufallsexperiment, dessen Ergebnisse nicht gleich wahrscheinlich sind.

16 Aus den abgebildeten Würfelnetzen werden Würfel gebaut. Gib für jeden Würfel die Wahrscheinlichkeit an, …
a) dass er bei einem Wurf „grün" zeigt.
b) dass er bei einem Wurf „gelb" zeigt.
c) dass er bei einem Wurf „rot" zeigt.

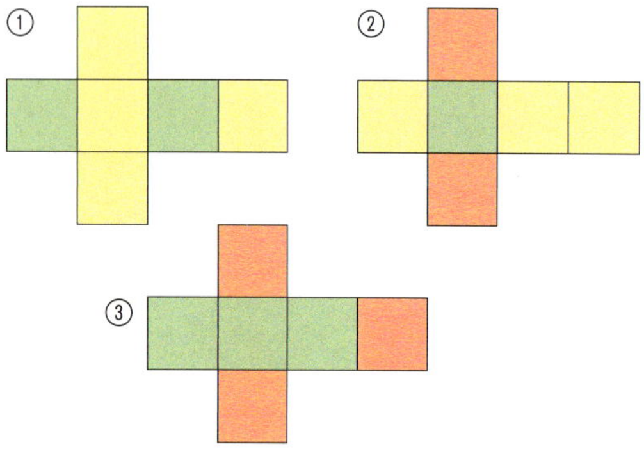

17 James bekommt jede Woche ein Überraschungsei geschenkt. Im letzten Jahr waren darin insgesamt sieben Figuren für seine Sammlung.
Jetzt bekommt er wieder ein Ei geschenkt. Mit welcher Wahrscheinlichkeit ist darin eine Figur?

18 Jan hat den ganzen Tag lang eine Losbude beobachtet. Insgesamt sind 2140 Lose verkauft worden. Darunter befanden sich 74 Hauptgewinne und 488 Kleingewinne.
Jetzt kauft er ein Los. Mit ungefähr welcher Wahrscheinlichkeit erhält er …
a) einen Hauptgewinn?
b) keinen Gewinn?

19 Konstantin hat beim Bowling schon 200-mal geworfen.
a) Wie groß ist die Wahrscheinlichkeit, dass er bei einem zufällig ausgewählten Wurf zwei oder weniger Pins umwirft?
b) Wie groß ist die Wahrscheinlichkeit, dass er bei einem zufällig ausgewählten Wurf mindestens acht Pins umwirft?

Umgeworfene Pins	absolute Häufigkeit
0	19
1	21
2	26
3	24
4	32
5	29
6	20
8	17
9	8
10	4

20 In einer Zeitschrift liest Simone folgenden Text:

> **GUMMIBÄRCHENORAKEL**
> Ziehe aus einer Tüte mit geschlossenen Augen ein Gummibärchen. Wenn du ein rotes Gummibärchen ziehst, wirst du dich bald glücklich verlieben. Wenn du ein gelbes Gummibärchen ziehst, wirst du eine Woche lang viel Glück haben.

In Simones Tüte sind insgesamt 125 Gummibärchen, davon 50 rote, 25 gelbe, 25 weiße und 25 grüne.
Wie hoch ist die Wahrscheinlichkeit, dass Simone …
a) ein rotes Gummibärchen zieht?
b) ein gelbes Gummibärchen zieht?
c) entweder ein rotes oder ein gelbes Gummibärchen zieht?
d) weder ein rotes noch ein gelbes Gummibärchen zieht?
e) Was denkst du über solche Orakel?
f) Erfinde ein eigenes Orakel, zum Beispiel mit Schokolinsen.

21 Erkläre den Unterschied zwischen einem Ergebnis und einem Ereignis an einem selbst gewählten Beispiel.

22 Steffi spielt mit ihrem kleinen Bruder Frank Memory. Das Spiel hat 64 Karten. Steffi fängt an und hat eine Karte aufgedeckt.
a) Wie groß ist die Wahrscheinlichkeit, dass sie als nächstes eine passende Karte aufdeckt?
b) Wie groß ist die Wahrscheinlichkeit, dass Steffi als nächstes eine nicht passende Karte aufdeckt?
c) Wenn Steffi jetzt ein Pärchen zieht, wie groß ist die Wahrscheinlichkeit, dass sie danach wieder ein Pärchen zieht?

23 Eine Urne enthält insgesamt 50 Kugeln. 800-mal wurde je eine Kugel gezogen und wieder zurückgelegt. 320-mal war es eine gelbe Kugel, 384-mal eine rote und sonst eine grüne Kugel. Wie viele gelbe, rote und grüne Kugeln sind vermutlich in der Urne?

24 Die Klasse 9 b möchte beim Schulfest einen Stand mit Glücksspielen betreiben.
Es soll unter anderem ein Würfelspiel mit dem folgenden Quader stattfinden.

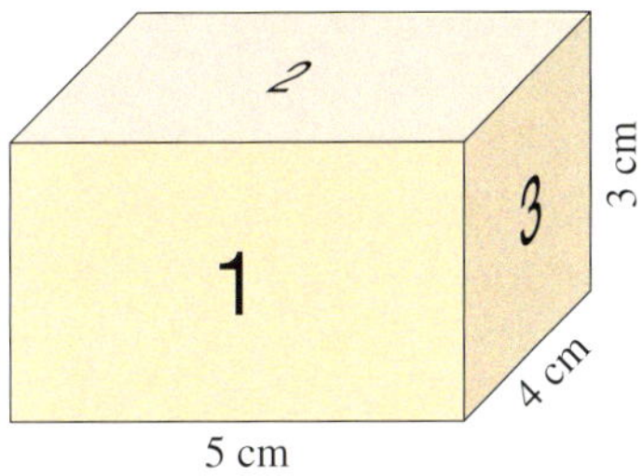

a) Handelt es sich um ein Laplace-Experiment? Begründe.
b) Mit welcher Wahrscheinlichkeit werden die einzelnen Zahlen geworfen? Um dies zu ermitteln, hat die Klasse eine Versuchsreihe durchgeführt und die Ergebnisse protokolliert.

1	2	3	4	5	6
187	409	150	153	402	199

Berechne die statistische Wahrscheinlichkeit für jeden möglichen Versuchsausgang.
c) Welche Würfelseiten liegen sich vermutlich gegenüber?
d) Alessandra schlägt vor, mit folgenden Wahrscheinlichkeiten zu arbeiten:

1	2	3	4	5	6
13%	27%	10%	10%	27%	13%

Hältst du Alessandras Vorgehen für sinnvoll?
e) Benjamin ist der Ansicht, dass die Wahrscheinlichkeiten proportional zur Größe der Seitenflächen sind.
Überprüfe, ob Benjamins Vermutung richtig ist.
f) Carina schlägt vor, dass ein Spieler gewinnt, wenn er bei zweimaligem Werfen einen Pasch erzielt. Zeichne ein (verkürztes) Baumdiagramm und berechne die Wahrscheinlichkeit für einen Pasch.
g) Dominik meint, dass die Wahrscheinlichkeit für einen Pasch zu groß ist und möchte, dass die Spieler gewinnen, wenn sie in zwei Würfen genau sieben Augen werfen. Bewerte Dominiks Vorschlag.

25 In einer Urne befinden sich vier blaue und sechs rote Kugeln.
a) Zeichne ein Baumdiagramm für zweimaliges Ziehen mit Zurücklegen.
b) Bestimme die Wahrscheinlichkeiten für das Ziehen von …
   - genau zwei roten Kugeln,
   - mindestens einer roten Kugel,
   - einer blauen und einer roten Kugel.
c) Wie verändern sich die Wahrscheinlichkeiten, wenn ohne Zurücklegen gezogen wird?

26 Von den 30 Schülerinnen und Schülern der Klasse 9 a waren sechs im Sommerurlaub in Spanien, fünf in Griechenland, elf in Deutschland und drei in der Türkei. Die restlichen Schüler besuchten andere Länder. Zwei Schüler der Klasse werden zufällig ausgewählt.

a) Wie groß ist die Wahrscheinlichkeit, dass beide ihren Urlaub in Deutschland verbracht haben?
b) Mit welcher Wahrscheinlichkeit haben beide ihren Urlaub im gleichen Land verbracht?

27 Eine Region wird von zwei Kraftwerken mit Energie versorgt. Im Notfall genügt auch eines. Bei einem Gewitter schaltet sich jedes Kraftwerk mit einer Wahrscheinlichkeit von 5% aus. Wie groß ist die Wahrscheinlichkeit, dass die Stromversorgung der Region zusammenbricht?

28 In Berlin kann man durchschnittlich alle zehn Jahre mit weißen Weihnachten rechnen.
a) Wie groß ist die Wahrscheinlichkeit, dass Berlin in zwei aufeinanderfolgenden Jahren weiße Weihnachten erlebt?
b) In den Jahren 2006, 2007 und 2008 lag in Berlin kein Schnee. Wie groß ist in Berlin die Wahrscheinlichkeit für eine weiße Weihnacht im Jahr 2009?

ZUM WEITERARBEITEN
Bestimme die Wahrscheinlichkeit dafür, dass man zwei Richtige beim Lotto (6 aus 49) hat.
Zeichne ein vereinfachtes Baumdiagramm.
Kannst du ermitteln, mit welcher Wahrscheinlichkeit man 6 Richtige im Lotto hat? Beachte, dass das ein sechsstufiges Zufallsexperiment ist.

29 Ein Test besteht aus drei Fragen, zu denen jeweils vier Antwortmöglichkeiten gegeben sind. Genau eine der Antworten ist richtig.
Jemand kreuzt zufällig bei jeder Aufgabe eine Antwort an.

a) Wie groß ist die Wahrscheinlichkeit, alle Fragen richtig zu beantworten?
b) Mit welcher Wahrscheinlichkeit werden alle Fragen falsch beantwortet?
c) Wie hoch ist die Wahrscheinlichkeit, dass mehr richtige als falsche Antworten angekreuzt wurden.
d) Wie ändert sich die Wahrscheinlichkeit, wenn statt vier nur drei Antwortmöglichkeiten pro Aufgabe angeboten werden?
e) Die Wahrscheinlichkeit, drei Antworten richtig zu raten, soll bei maximal 1 Promille liegen. Wie viele Antwortmöglichkeiten pro Frage werden benötigt?

HINWEIS
Promille kommt von „pro mille“ (lat.) und bedeutet „von tausend“.

30 In einem Kreuzworträtselspiel werden die 26 Großbuchstaben des Alphabets (kein Ä, Ö, Ü) verwendet.
Die Buchstabenplättchen sind wie folgt vorhanden: A – 15-mal, E – 18-mal, I – 9-mal, jeder weitere Buchstabe des Alphabets 6-mal.

a) Zeige, dass es insgesamt 180 Buchstabenplättchen sind.
b) Wie groß ist die Wahrscheinlichkeit, bei einmaligem Ziehen aus allen Buchstabenplättchen ein A (ein E, ein I, ein K) zu ziehen?
c) Mit welcher Wahrscheinlichkeit bekommt man bei einmaligem Ziehen aus allen Buchstabenplättchen einen Vokal (einen Konsonanten)?
d) Ist es wahrscheinlicher, einen der ersten 13 Buchstaben des Alphabets oder einen der letzten 13 Buchstaben des Alphabets zu ziehen? Begründe deine Meinung.
e) Berechne die Wahrscheinlichkeit dafür, dass bei zweimaligem Ziehen eines Buchstabenplättchens ohne Zurücklegen
   – zwei Vokale,
   – zwei Konsonanten,
   – das Wort „DU“
   gezogen wird.

HINWEIS
Die Buchstaben A, E, I, O und U sind Vokale (Selbstlaute), alle anderen Buchstaben Konsonanten (Mitlaute).

31 Zeichne ein Glücksrad in dein Heft, bei dem die Wahrscheinlichkeit für „Rot“ ein Viertel, für „Blau“ ein Sechstel und für „Grün“ ein Drittel beträgt.

a) Erkläre dein Vorgehen.
b) Die vierte und letzte Farbe auf dem Glücksrad soll „Gelb“ sein. Wie groß ist die Wahrscheinlichkeit für dieses Ereignis?
c) Das Glücksrad wird zweimal gedreht. Wie groß ist die Wahrscheinlichkeit, dass es beide Male auf der gleichen Farbe stehen bleibt?

32 Erfinde eine Aufgabe, die zu dem folgenden Baumdiagramm passt.

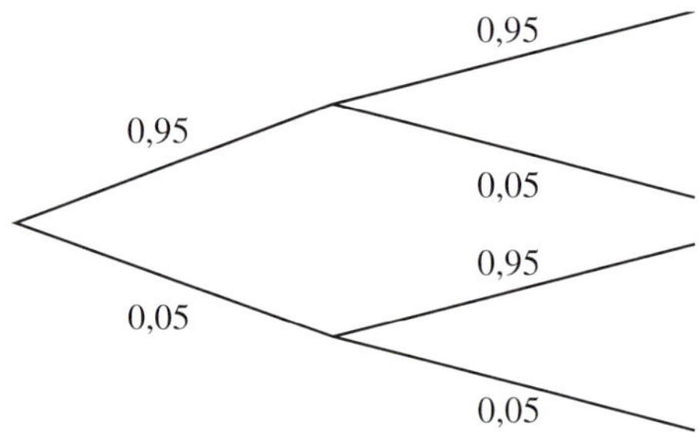

33 Erfinde ein eigenes zweistufiges Zufallsexperiment. Stelle es in der Klasse vor.

34 Führt eine Verkehrszählung durch.
Durchführung:
Beobachtet an einer Straße die vorbeikommenden PKW. Notiert in einer Strichliste die Anzahl der Personen im Wagen.
Auswertung:
Fasst eure Beobachtungsergebnisse an der Tafel zusammen.

a) Wie groß ist die Wahrscheinlichkeit, dass in einem zufällig ausgewählten Wagen nur der Fahrer sitzt?
b) Zwei zufällig ausgewählte Wagen werden angehalten. Wie groß ist die Wahrscheinlichkeit, dass in beiden Wagen nur der Fahrer sitzt?
c) Wie groß ist die Wahrscheinlichkeit, dass sich in beiden angehaltenen Wagen mehr als zwei Personen befinden?
d) Stelle weitere Fragen und beantworte sie mit Hilfe eines Baumdiagramms.

Teste dich!

a

1 Entscheide und begründe, ob es sich bei den folgenden Experimenten um ein Laplace-Experiment handelt oder nicht.
a) „Flaschendrehen“
b) ein Marmeladenbrot fällt vom Tisch
c) Werfen eines Korkens

b

1 Giulia möchte die Wahrscheinlichkeit für das Würfeln mit einem Legostein ermitteln. Welche Ergebnisse können auftreten und wie lassen sich die Wahrscheinlichkeiten für diese Ergebnisse näherungsweise bestimmen?

2 Bestimme die Wahrscheinlichkeit dafür, dass das Glücksrad …
a) auf dem grünen Feld stehen bleibt.
b) auf einem gelben Feld stehen bleibt.
c) auf einem roten oder auf einem blauen Feld stehen bleibt.
d) weder auf dem grünen noch auf einem blauen Feld stehen bleibt.

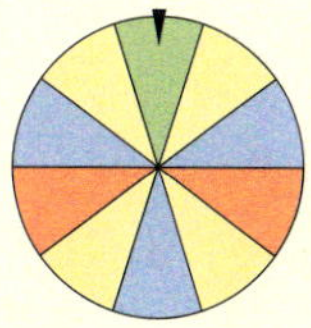

a 3 Zeichne ein Glücksrad mit mindestens acht gleich großen Feldern, bei dem die Wahrscheinlichkeit für „blau“ 50 % und für „gelb“ und „rot“ jeweils 25 % beträgt. Dabei sollen benachbarte Felder nicht die gleiche Farbe erhalten.

b 3 Ein Glücksrad besteht aus Segmenten in den Farben blau, rot, grün und gelb. Zeichne das Glücksrad so, dass die Wahrscheinlichkeit für „blau“ $\frac{1}{6}$, für „rot“ $\frac{3}{8}$ und für „grün“ $\frac{1}{3}$ betragen soll. Bestimme die Wahrscheinlichkeit dafür, dass „gelb“ gedreht wird.

4 In einem nicht einsehbaren Behälter befinden sich 100 Kugeln. Leni zieht zehn Kugeln, sieben rote und drei blaue. Nimm Stellung zu den folgenden Aussagen:
a) Es sind noch 90 Kugeln im Behälter.
b) Ursprünglich waren 70 rote und 30 blaue Kugeln im Behälter.
c) Es können sich keine gelben Kugeln im Behälter befinden.
d) Die meisten Kugeln im Behälter sind rot.

a 5 Ein Imbiss verkauft Würstchen, Schnitzel und Frikadellen. Als Beilage können die Kunden Kartoffelsalat oder Pommes wählen. Zwischen wie vielen Kombinationen können die Kunden sich entscheiden?

b 5 Der Lehrer sucht unter 30 Schülerinnen und Schülern nach dem Zufallsprinzip zwei aus, die eine Wandkarte holen sollen. Wie viele unterschiedliche Kombinationsmöglichkeiten gibt es?

6 In einer Lostrommel befinden sich 80 % Nieten, 15 % Kleingewinne und 5 % Hauptgewinne. Emma kauft zwei Lose.
a) Zeichne ein Baumdiagramm.
b) Wie groß ist die Wahrscheinlichkeit, dass Emma zwei Nieten gezogen hat?
c) Wie groß ist die Wahrscheinlichkeit, dass Emma mindestens einen Hauptpreis gewonnen hat?

Gold: 29 – 27 Punkte, Silber: 26 – 23 Punkte, Bronze: 22 – 19 Punkte

Punkteverteilung

Aufgabe	a	b
1	3	6
2	4	
3	3	6
4	4	
5	4	6
6	3	

HINWEIS
Brauchst du noch Hilfe, so findest du auf den angegebenen Seiten ein Beispiel oder eine Anregung zum Lösen der Aufgaben. Überprüfe deine Ergebnisse mit den Lösungen auf Seite 172.

Aufgabe	Seite
1	88
2	88, 92
3	88
4	88, 96
5	100
6	104

Zusammenfassung

→ Seite 88

Wahrscheinlichkeiten

Zufallsexperimente, bei denen alle Ergebnisse gleich wahrscheinlich sind, nennt man **Laplace-Experimente**.

$P(e) = \frac{1}{\text{Anzahl aller möglichen Ergebnisse}}$

Handelt es sich um kein Laplace-Experiment, so wird die **statistische Wahrscheinlichkeit** eines Ergebnisses bestimmt.

Beim Münzwurf sind die Ergebnisse „Kopf" (K) und „Zahl" (Z) gleich wahrscheinlich.

$P(K) = \frac{1}{2} = \frac{50}{100} = 50\,\%$

$P(Z) = \frac{1}{2} = \frac{50}{100} = 50\,\%$

Das 100-malige Würfeln mit einem Filmdöschen ergab 4-mal Position 1, 90-mal Position 2 und 6-mal Position 3, d. h. $P(1) = 4\,\%$, $P(2) = 90\,\%$ und $P(3) = 6\,\%$.

→ Seite 92

Summenregel

Bei Zufallsexperimenten gilt die **Summenregel** zur Berechnung von Wahrscheinlichkeiten. Die Wahrscheinlichkeit eines Ereignisses E berechnet man, indem man die Wahrscheinlichkeiten der einzelnen Ergebnisse, die zu diesem Ereignis gehören, addiert. Bei Laplace-Experimenten gilt:

$P(E) = \frac{\text{Anzahl der günstigen Ergebnisse}}{\text{Anzahl der möglichen Ergebnisse}}$

Man gewinnt beim Drehen des Glücksrades, wenn eine ungerade Zahl „gedreht" wird.

$P(\text{„ungerade"}) = P(1) + P(3) + P(5) + P(7)$
$= \frac{1}{8} + \frac{1}{8} + \frac{1}{8} + \frac{1}{8} = \frac{4}{8} = \frac{1}{2}$

oder

Anzahl der günstigen Ergebnisse: 4
Anzahl der möglichen Ergebnisse: 8

$P(\text{„ungerade"}) = \frac{4}{8} = \frac{1}{2}$

→ Seite 96

Wahrscheinlichkeiten nutzen und deuten

Wahrscheinlichkeitsaussagen lassen sich nur auf eine große Anzahl von Versuchen anwenden und sind für die Vorhersage von Einzelergebnissen nicht geeignet.

Die Regenwahrscheinlichkeit im Tyrrhenischen Meer beträgt im Sommer 7 %. Bei drei Wochen muss man mit 1–2 Regentagen rechnen. Es kann aber auch gar nicht oder an mehr als zwei Tagen regnen.

→ Seite 100, 104

Mehrstufige Zufallsexperimente, Pfadregel

Setzt sich ein Zufallsexperiment aus zwei (drei, …) Teilexperimenten zusammen, so nennt man es zweistufiges (dreistufiges, …) Zufallsexperiment. Zur Veranschaulichung verwendet man Baumdiagramme.

Bei mehrstufigen Zufallsexperimenten ergibt sich die Wahrscheinlichkeit eines Ergebnisses aus dem Produkt der Wahrscheinlichkeiten der einzelnen Teilergebnisse.

Zehn Jungen werden zufällig auf zwei 5-Bett-Zimmer aufgeteilt. Mit welcher Wahrscheinlichkeit schläft Lukas mit genau einem seiner Freunde in einem Zimmer?

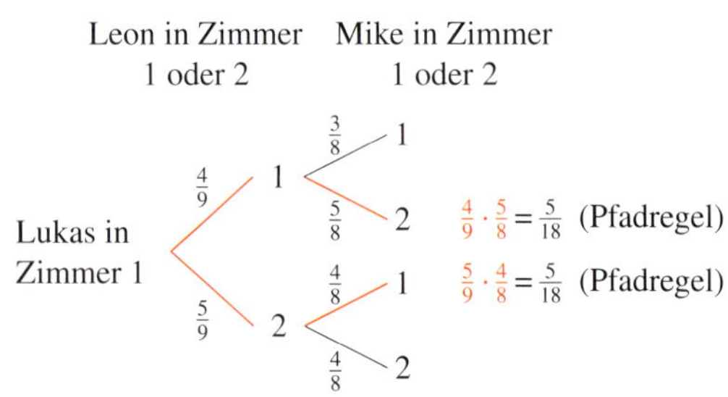

Summenregel: $\frac{5}{18} + \frac{5}{18} = \frac{5}{9} = 55{,}6\,\%$

Kreiskegel und Kugel

In deiner Umwelt findest du viele Gegenstände, die die Form eines geometrischen Körpers haben. Die drei Lichttürme befinden sich auf dem Dach der Bundeskunsthalle in Bonn. Sie haben die Form eines Kreiskegels.

Noch fit?

1 Zeichne die folgenden Schrägbilder.
a) Zylinder mit $r = 3\,cm$ und $h = 5\,cm$
b) quadratische Pyramide mit $a = 6\,cm$ und $h = 8\,cm$
c) Pyramide mit $a = 2\,cm$, $b = 5\,cm$ und $h = 12\,cm$

2 Berechne den Oberflächeninhalt, den Mantelflächeninhalt und das Volumen der quadratischen Pyramiden.
a) $a = 8\,cm$ und $h = 10\,cm$
b) $a = 9\,dm$ und $s = 12\,dm$
c) $s = 20\,cm$ und $h_a = 15\,cm$
d) $a = 5\,m$ und $h_a = 4\,m$

3 Berechne den Umfang und den Flächeninhalt der Kreise.

a)
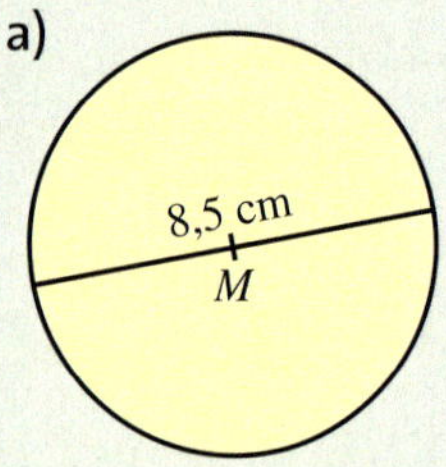

b)
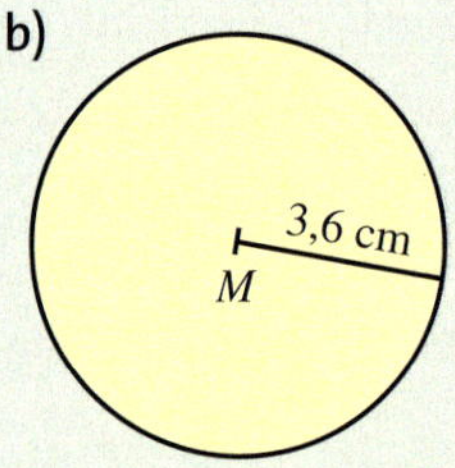

c)
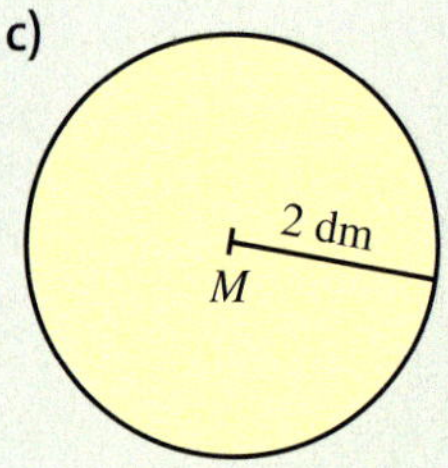

4 Berechne die fehlenden Werte in deinem Heft.

	a)	b)	c)	d)	e)	f)	g)
G	55		8	3250		420	5,7
p%	63 %	78,5 %		0,4 %	21,3 %	36,3 %	
W		23,55	12,4		750		1,14

5 Gib die Anteile in Prozent an. Runde gegebenenfalls auf zwei Stellen nach dem Komma.
a) $\frac{1}{100}$; $\frac{30}{100}$; $\frac{96}{100}$
b) $\frac{9}{25}$; $\frac{14}{25}$; $\frac{63}{25}$
c) $\frac{1}{2}$; $\frac{3}{4}$; $\frac{3}{6}$
d) $\frac{15}{60}$; $\frac{3}{20}$; $\frac{3}{75}$
e) $\frac{1}{7}$; $\frac{3}{7}$; $\frac{5}{7}$
f) $\frac{37}{50}$; $\frac{50}{50}$; $\frac{75}{50}$
g) $\frac{2}{15}$; $\frac{3}{15}$; $\frac{14}{15}$
h) $\frac{2}{9}$; $\frac{5}{9}$; $\frac{7}{9}$

6 Vor einer Theatervorstellung wurden 420 Eintrittskarten verkauft. Es wurden dreimal so viele Tickets der Preiskategorie A wie Tickets der Preiskategorie B verkauft. Aus der Preiskategorie C wurden 70 Tickets mehr verkauft als aus der Preiskategorie A.
Wie viele Tickets wurden für die einzelnen Preiskategorien verkauft?

ERINNERE DICH
$1\,l = 1\,dm^3$

7 Rechne in die in Klammern angegebene Einheit um.
a) $60{,}3\,cm^3$ (mm^3)
b) $3{,}25\,km^3$ (cm^3)
c) $950\,cm^3$ (km^3)
d) $3\,km^3$ (dm^3)
e) $153\,dm^3$ (ml)
f) $55\,000\,mm^3$ (dm^3)
g) $62\,000\,dm^3$ (m)
h) $25\,m^3$ (cm^3)
i) 250 ml (dm^3)

Kurz und knapp

1. Welche Eigenschaften haben Prismen?
2. Wie berechnet man den Mantelflächeninhalt, den Oberflächeninhalt und das Volumen eines Prismas?
3. Erkläre die Begriffe Tangente, Sekante und Passante.
4. Formuliere den Satz des Thales.

Kreiskegel erkennen und zeichnen

Erforschen und entdecken

1 Zeichne auf einem Stück Pappe ein rechtwinkliges Dreieck, das nicht gleichschenklig ist. Schneide es aus und befestige es mit Klebeband an einem Trinkröhrchen.
Beschreibe, was für ein Körper entsteht, wenn du das Trinkröhrchen drehst.
Welche Grund- und Mantelfläche hat der Körper?

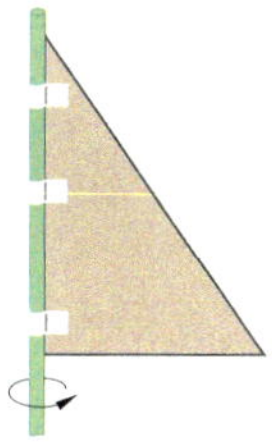

2 Welche Gemeinsamkeiten haben die abgebildeten Körper? Ordne sie in Gruppen ein. Gib jeder Gruppe einen Namen.
Welche Gegenstände aus deiner Umwelt kannst du den Gruppen zuordnen?

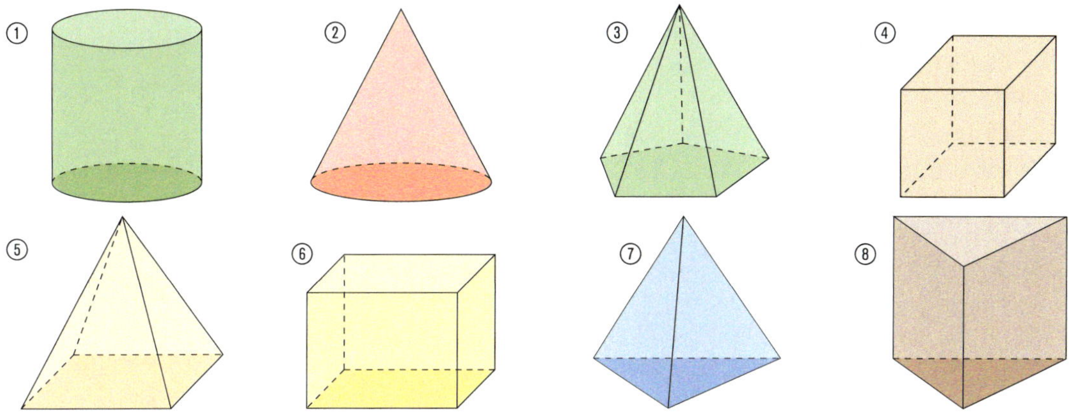

3 Sonja möchte ein Schrägbild eines Kreiskegels zeichnen. Dazu hat sie die folgende Anleitung gefunden.

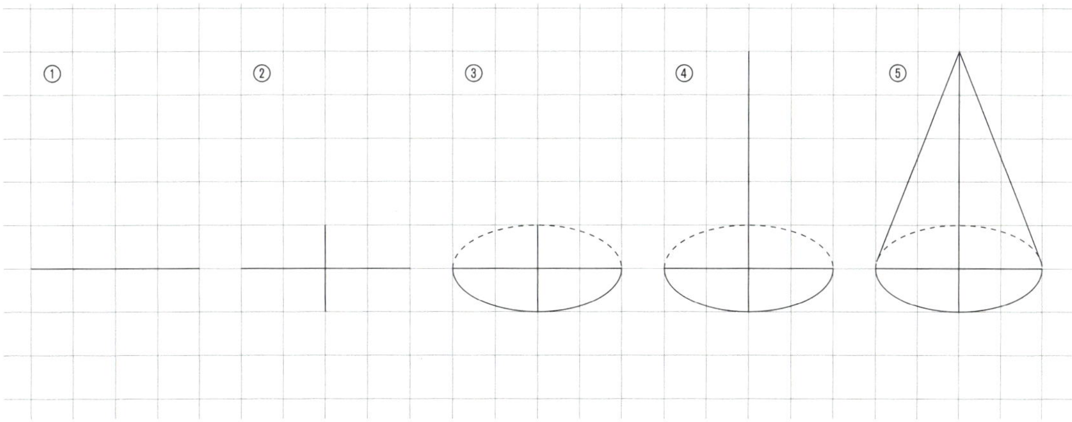

a) Erkläre mit eigenen Worten, was in den einzelnen Arbeitsschritten gemacht wird.
b) Zeichne das Schrägbild eines Kegels mit dem Radius $r = 3\,\text{cm}$ und der Höhe $h = 5\,\text{cm}$ in dein Heft.

4 Zeichne eine Vierecks-, eine Achtecks- und eine Zwölfeckspyramide, deren Grundfläche von einem Kreis umrandet wird.
Was fällt dir auf?

ERINNERE DICH
Eine Pyramide wird nach der Form ihrer Grundfläche benannt.

Lesen und Verstehen

Die Häuser der süditalienischen Stadt Alberobello sind bekannt für ihre Kegeldächer. Die Dächer dieser Bauten bestehen aus Kalksteinplatten und wurden ohne Mörtel geschichtet.

Aufgrund dieser Bauweise gehört die Stadt heutzutage zum UNESCO-Weltkulturerbe.

BEACHTE
Wenn im Folgenden von einem Kegel die Rede ist, handelt es sich um einen geraden Kreiskegel.

> Ein **Kreiskegel** ist ein Körper, der durch einen Kreis und einen Punkt außerhalb der Ebene des Kreises (Spitze des Kreiskegels) festgelegt wird.

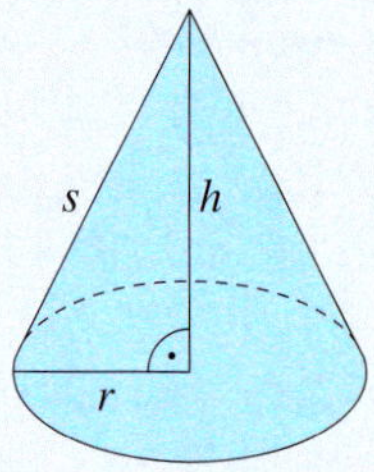

gerader Kreiskegel

Verläuft die Höhe des Kreiskegels von der Spitze zum Kreismittelpunkt, so handelt es sich um einen geraden Kreiskegel. Andernfalls spricht man von einem schiefen Kreiskegel.

HINWEIS
Vereinfacht wird die Grundfläche des Kegels gezeichnet, indem man auf die Schrägstellung der Grundfläche verzichtet und die nach hinten laufenden Linien um die Hälfte verkürzt.

Schrägbilder von geraden Kreiskegeln zeichnen

Beachte: nicht sichtbare Linien werden gestrichelt eingezeichnet.

1. Zeichne die Grundfläche des Kegels mit dem Verzerrungswinkel $\alpha = 90°$.
2. Bestimme den Mittelpunkt der Grundfläche.
3. Zeichne – beim Mittelpunkt der Grundfläche beginnend – die Höhe ein.
4. Verbinde die Spitze mit den äußersten Punkten der Grundfläche.

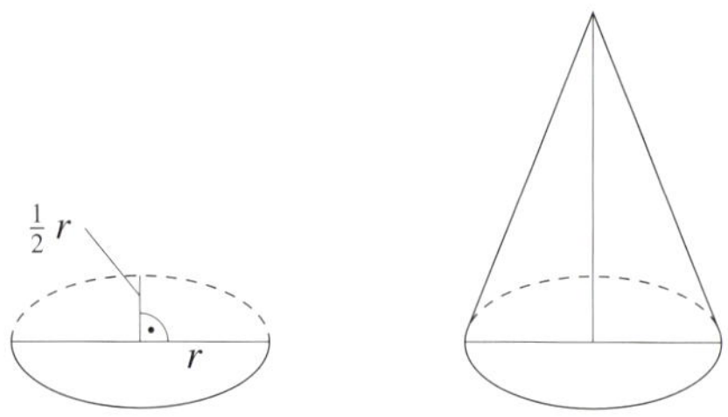

Üben und Anwenden

1 Welche der folgenden Körper sind Kegel? Wie heißen die anderen Körper? Gib jeweils an, ob es sich um einen geraden Körper handelt.

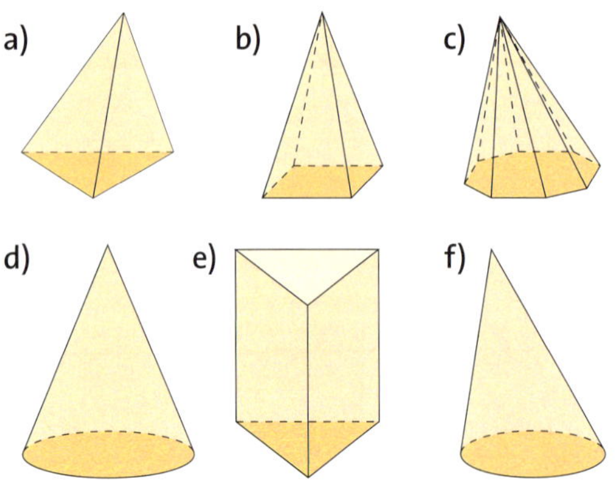

2 Nenne Gegenstände oder Gebäude, die die Form eines Kegels besitzen.

3 Zeichne das Schrägbild eines Kegels mit der Höhe $h = 5$ cm und dem Radius $r = 2$ cm.

4 Zeichne das Schrägbild eines Kegels mit der Höhe $h = 7$ cm und dem Durchmesser $d = 6$ cm.

5 Gegeben ist ein Zylinder mit folgenden Maßen: $r = 2$ cm, $h = 4$ cm.
Auf dem Zylinder steht ein Kegel mit $r = 2$ cm und $h = 5$ cm.
Zeichne ein Schrägbild dieses Körpers.

Mantel und Oberfläche eines Kreiskegels

Erforschen und Entdecken

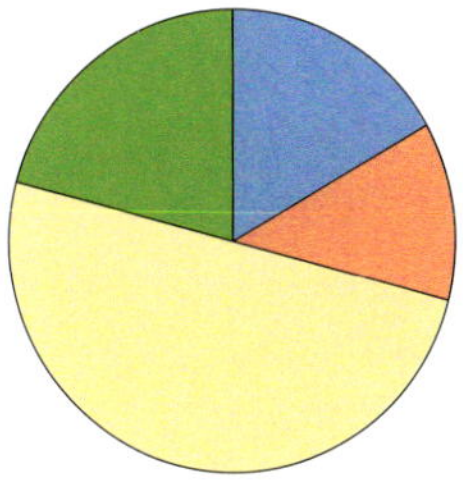

1 Ein Kreis (siehe Skizze rechts) hat einen Radius von $r = 5\,\text{cm}$.

a) Bestimme den Flächeninhalt des gesamten Kreises.

b) Wie groß ist das gelb gefärbte Kreissegment?

c) Wie groß ist das blau gefärbte Kreissegment? Begründe. Vergleiche deine Lösung mit der deines Nachbarn.

d) Bestimme den Flächeninhalt des grünen und des roten Kreissegments.

e) Gib eine Formel an, mit der sich der Flächeninhalt eines Kreissegments in Abhängigkeit vom Radius und der Winkelgröße berechnen lässt. Vergleicht eure Formeln in der Klasse.

2 Zeichne je einen Kreis mit dem Radius $r = 3\,\text{cm}$, $r = 4\,\text{cm}$ und $r = 5\,\text{cm}$ und schneide sie aus. Übertrage dann die folgenden Kreissektoren auf ein Blatt Papier, schneide sie aus und klebe sie mit Tesafilm jeweils zum Mantel eines Kegels zusammen.

121-1

HINWEIS

Unter dem Webcode können die Kreise und Kreissektoren zum Ausschneiden ausgedruckt werden.

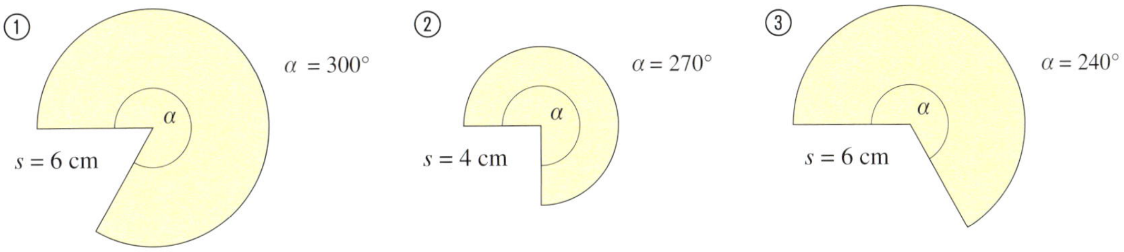

a) Welcher Kreissektor passt zu welchem Kreis und bildet mit ihm zusammen die Oberfläche eines Kegels?

b) Berechne die Flächeninhalte der Kreise und der Kreissektoren.

c) Beschreibe allgemein: Welche Eigenschaften müssen Kreissektor und Kreis haben, damit sie die Oberfläche eines Kegels bilden können?

d) Zu einem Kreis mit $r = 3{,}5\,\text{cm}$ soll ein Kreissektor gefunden werden, der mit dem Kreis die Oberfläche eines Kegels bildet. Bestimme den Radius und den Innenwinkel passender Kreissektoren. Vergleicht die Lösungen im Klassenverband. Worin unterscheiden sich eure Lösungen und welchen Einfluss hat der Sektor auf die Eigenschaften des Kegels?

3 Puzzle die folgenden „Schnipsel" sinnvoll zu einem Beweis für die Mantelfläche eines Kegels zusammen und notiere diesen im Heft.

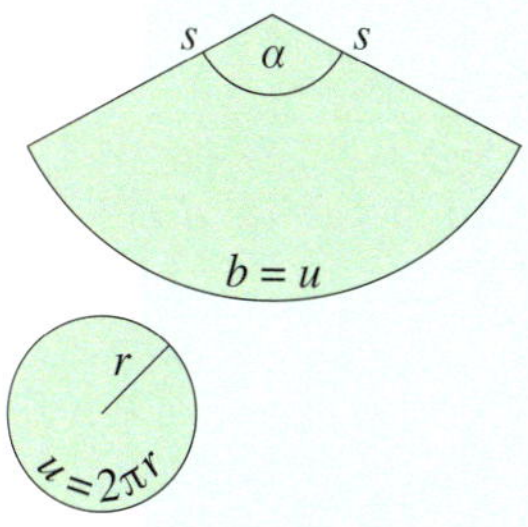

aus den beiden Gleichungen folgt, dass $\frac{A_M}{\pi \cdot s^2} = \frac{b}{2 \cdot \pi \cdot s}$

weil $b = 2 \cdot \pi \cdot r$ ist, folgt $A_M = \frac{2 \cdot \pi \cdot r \cdot s}{2}$

also ist $A_M = \frac{b \cdot \pi \cdot s^2}{2 \cdot \pi \cdot s}$

(1) $A_M = \frac{\alpha}{360°} \cdot \pi \cdot s^2$

kürzt man den Bruch, so erhält man $A_M = \frac{b \cdot s}{2}$

aus (2) folgt, dass $\frac{\alpha}{360} = \frac{b}{2 \cdot \pi \cdot s}$

Für die Mantelfläche eines Kegels, den Kreisektor, gilt:

somit folgt für die Mantelfläche des Kegels $A_M = \pi \cdot r \cdot s$

und (2) $b = \frac{\alpha}{360°} \cdot 2 \cdot \pi \cdot s$

aus (1) folgt $\frac{\alpha}{360°} = \frac{A_M}{\pi \cdot s^2}$

121-2

HINWEIS

Unter dem Webcode kannst du dir die Kärtchen ausdrucken und ausschneiden.

Lesen und Verstehen

Zum Schulanfang möchte Sophie ihrem kleinen Bruder eine Schultüte basteln. Dazu kauft sie eine kegelförmige Tüte aus Pappe. Diese möchte sie bekleben. Wie groß ist die zu beklebende Fläche?
Die zu beklebende Fläche der Schultüte bildet die **Mantelfläche** des Kegels. Jede Strecke von der Spitze des Kegels zu einem Punkt seiner Grundkante heißt **Mantellinie** s.
Schneidet man die Mantelfläche entlang einer Mantellinie auf, so erhält man einen Kreisausschnitt. Der Bogen b dieses Kreisausschnitts ist der Umfang u des Grundkreises vom Kegel.
Der Radius des Kreisausschnitts ist die Mantellinie s des Kegels.

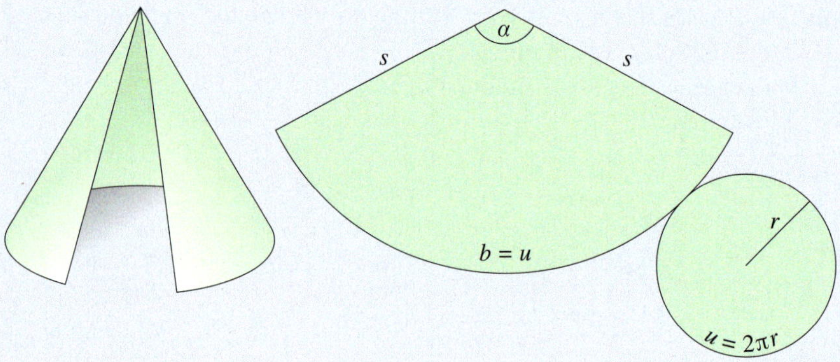

HINWEIS
Für die Länge b eines Kreisbogens gilt:
$b = \frac{\alpha}{360°} \cdot 2 \cdot \pi \cdot s$

Nimmt man zur Mantelfläche die Grundfläche hinzu, erhält man die **Oberfläche** des Kegels.

Für den **Mantelflächeninhalt A_M eines Kegels** gilt:
$A_M = \frac{\alpha}{360°} \cdot \pi s^2$
$A_M = \frac{r}{s} \cdot \pi s^2$ (Begründung siehe rechts)
$A_M = \pi r s$

Für den **Oberflächeninhalt A_O eines Kegels** gilt:
$A_O = A_G + A_M$
$A_O = \pi r^2 + \pi r s = \pi r (r + s)$

Der Mittelpunktswinkel α ist beim Kegel oft nicht bekannt. Diesen kann man jedoch in der Formel für den Flächeninhalt ersetzen.
Mit $b = \frac{\alpha}{360°} \cdot 2\pi s$ und $u = 2\pi r$ folgt aus $b = u$
$\frac{\alpha}{360°} \cdot 2\pi s = 2\pi r \quad | : 2\pi$
$\frac{\alpha}{360°} \cdot s = r$
$\frac{\alpha}{360°} = \frac{r}{s}$

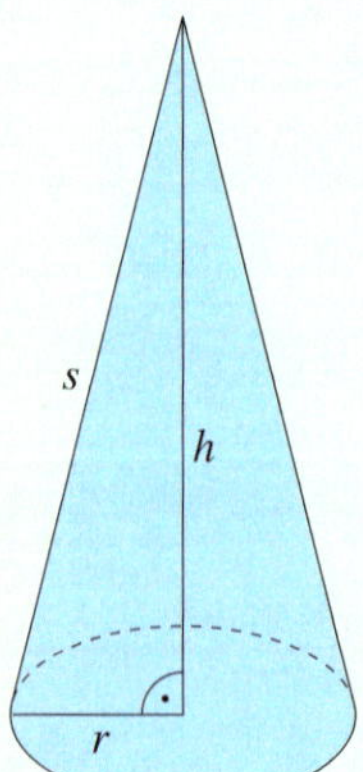

BEISPIEL
Welchen Flächeninhalt hat die zu beklebende Fläche einer Schultüte, die 70 cm hoch ist und einen Radius von 9 cm hat?
Um den Flächeninhalt der zu beklebende Fläche zu berechnen, benötigt man zunächst die Länge der Mantellinie s. Nach dem Satz des Pythagoras gilt:
$s^2 = r^2 + h^2$
$s^2 = (9\,\text{cm})^2 + (70\,\text{cm})^2$
$s \approx 70{,}6\,\text{cm}$

$A_M = \pi \cdot r \cdot s$
$A_M \approx \pi \cdot 9\,\text{cm} \cdot 70{,}6\,\text{cm}$
$\approx 1996{,}2\,\text{cm}^2$

Die zu beklebende Fläche der Schultüte hat also einen Flächeninhalt von ca. $1996{,}2\,\text{cm}^2$.

Üben und Anwenden

1 Berechne den Mantelflächeninhalt des Kegels.

a)
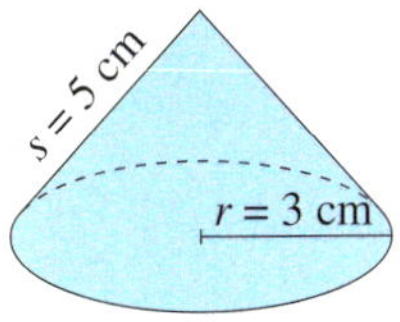

b)
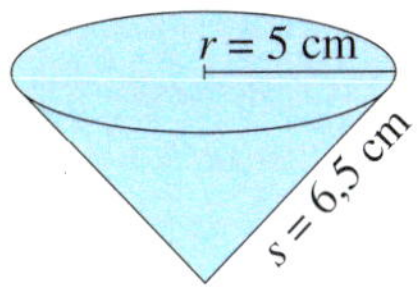

c)
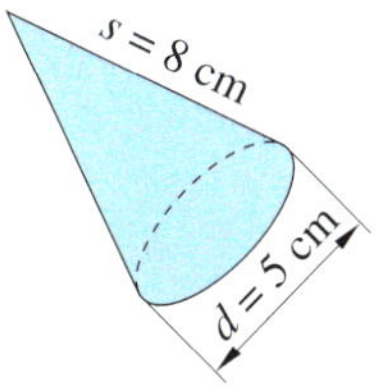

d)
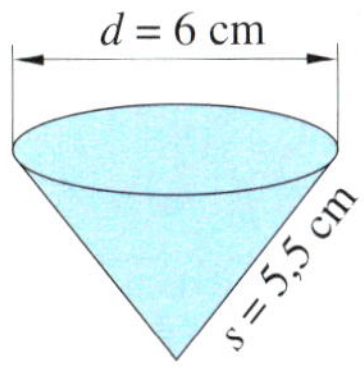

2 Berechne den Mantelflächeninhalt des Kegels.

a) $r = 4\,cm$; $s = 9\,cm$
b) $r = 15\,mm$; $s = 3\,cm$
c) $r = 0{,}8\,m$; $s = 250\,cm$
d) $r = 4\,cm$; $h = 5\,cm$

3 Berechne den Oberflächeninhalt des Kegels.

	Radius r	Mantellinie s
a)	5 cm	13 cm
b)	3,4 cm	6,2 cm
c)	7,1 dm	9,4 dm
d)	3 m	5,3 m

4 Berechne den Oberflächenflächeninhalt des Kegels.

a) $d = 50\,cm$; $s = 40\,cm$
b) $d = 46\,dm$; $s = 47{,}5\,dm$
c) $d = 12\,cm$; $s = 8\,cm$

5 Welchen Oberflächeninhalt hat der Kegel?

a) $r = 0{,}35\,m$; $s = 0{,}2\,m$
b) $r = 5{,}4\,cm$; $h = 7{,}2\,cm$
c) $r = 3{,}4\,m$; $h = 8{,}4\,m$
d) $h = 4{,}7\,cm$; $s = 5{,}9\,cm$

6 Berechne den Mantel- und Oberflächeninhalt des Kegels.

a) $r = 4\,cm$; $h = 8\,cm$
b) $r = 6\,cm$; $h = 15\,cm$
c) $d = 1{,}2\,dm$; $h = 2{,}4\,dm$
d) $s = 30\,cm$; $h = 21\,cm$

7 Berechne die fehlenden Größen des Kegels. Der Winkel α ist der Mittelpunktswinkel des abgerollten Kegelmantels. (Längen in m; Flächen in m^2)

	r	s	h	A_M	A_G	A_O	α
a)		7		66			
b)	9			580			
c)	11					924	
d)	3,6			105			
e)	11	20					
f)		0,8	0,4				

8 Ein Kegel ist durch die Höhe $h = 4\,cm$ und den Radius $r = 3\,cm$ gegeben.

a) Berechne den Mantel- und Oberflächeninhalt des Kegels.
b) Wie ändert sich der Mantel- und Oberflächeninhalt, wenn der Radius des Kegels verdoppelt wird?
c) Welche Höhe und welchen Radius könnte ein Kegel mit einem doppelt so großen Oberflächeninhalt haben? Vergleicht eure Ergebnisse.

9 Ein Kegel ist gegeben durch die Mantellinie $s = 5\,cm$ und den Radius $r = 7\,cm$.
Wie ändert sich der Mantelflächeninhalt, wenn folgende Änderungen vorgenommen werden?

a) r wird halbiert
b) r wird verdoppelt
c) r wird verdreifacht
d) s wird halbiert
e) r und s werden jeweils halbiert
f) r wird halbiert und s wird verdoppelt
g) r und s werden verdoppelt

10 Ein Kreisausschnitt hat den Radius s und den Bogen b. Berechne den Mantelflächeninhalt des Kegels, der aus diesem Kreisausschnitt hergestellt werden kann.

a) $s = 4{,}2\,cm$; $b = 20\,cm$
b) $s = 8{,}3\,cm$; $b = 15\,cm$
c) $s = 6{,}4\,cm$; $b = 23{,}6\,cm$
d) $s = 9{,}3\,cm$; $b = 35{,}2\,cm$
e) $s = 7{,}7\,cm$; $b = 7{,}7\,cm$

ZUM WEITERARBEITEN
Wie viel m^2 Rasenfläche muss gemäht werden?

11 Aus einem Blatt im DIN-A4-Format (297 mm × 210 mm) soll ein Kegel gebastelt werden. Dabei soll der Oberflächeninhalt (also der Materialverbrauch) möglichst groß werden.

a) Zeichne auf das Blatt einen Kreis und eine passende Mantelfläche. Worauf musst du achten?

b) Vergleicht eure Kegel im Klassenverband. Wer hat die größte Kegeloberfläche?

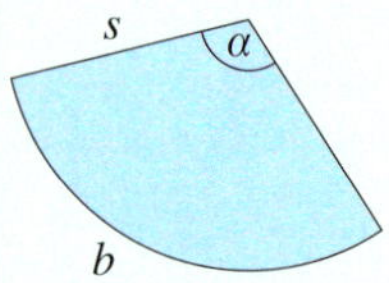

$\alpha = 110°$; $s = 65$ cm

12 Zur Herstellung einer Schultüte wurde ein Karton geschnitten (siehe Skizze).

a) Berechne den Umfang der daraus gefertigten Schultüte an der Öffnung.

b) Welche Maße hat ein kleinstmögliches Rechteck, aus dem der Karton für die Schultüte geschnitten werden kann?

c) Wie viel Prozent Abfall würden nach der Frage b) dabei entstehen?

13 Die Maße eines Kegels betragen $r = 11$ cm und $h = 60$ cm. Der Mantel des Kegels wird abgewickelt. Der entstandene Kreisausschnitt hat einen Flächeninhalt von 27,6 dm². Wie groß ist der Winkel α, der in der Mantelfläche von den Mantellinien eingeschlossen wird?

14 In Einzelhandelsgeschäften werden immer häufiger Wasserspender aufgestellt.

Damit die Becher nicht abgestellt werden können, verwendet man Kegelbecher aus Papier. Ein Becher hat einen Radius von 35 mm und eine Höhe von 78 mm.

a) Ermittle die Größe der Papierfläche für die Herstellung eines Kegelbechers, wenn für die Klebelaschen bei jedem Becher 15 % Papier zusätzlich berücksichtigt werden müssen.

b) Wie viele Becher könnten maximal aus einem Quadratmeter Papier hergestellt werden? Warum ist dies in der Realität nicht möglich?

15 Wird eine rechtwinklige Dreiecksfläche mit der Hypotenusenlänge $c = 13$ cm und der Kathetenlänge $a = 7$ cm um a gedreht, wird ein Körper beschrieben.

a) Welcher Körper wird durch diese Drehung erzeugt?

b) Berechne den Oberflächeninhalt dieses Körpers.

16 Wenn man das Dreieck SMP um die Seite $\overline{MS}$ dreht, entsteht ein Kegel. Berechne die Grundfläche, die Mantelfläche und die Oberfläche dieses Kegels.

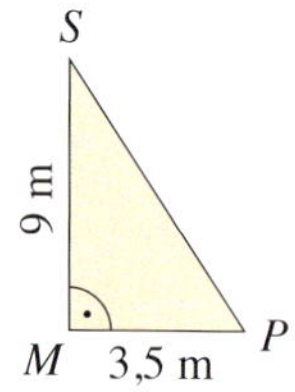

17 Betrachte den abgebildeten Körper.

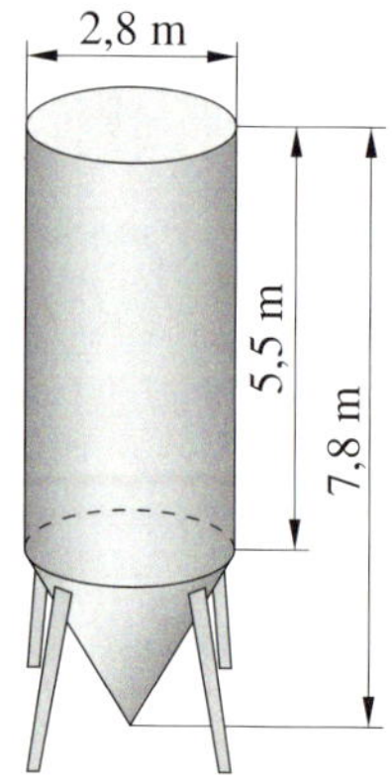

a) Aus welchen Körpern besteht das Silo?

b) Berechne den Oberflächeninhalt des Silos.

c) Das Silo soll gestrichen werden. Berechne die benötigte Farbmenge, wenn mit einem Liter Farbe 5 m² gestrichen werden können.

d) 750 ml Farbe kosten 21,95 €. Wie viel kostet die benötigte Farbmenge?

18 Betrachte das gleichschenklige Trapez $ABCD$.

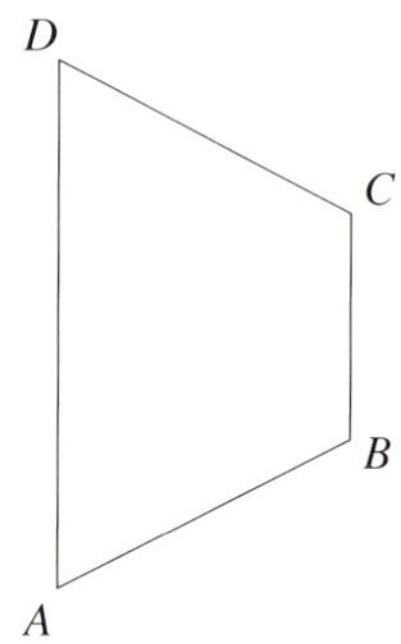

a) Welcher Körper entsteht, wenn das Trapez um die Achse $\overline{AD}$ gedreht wird?

b) Berechne den Oberflächeninhalt des Körpers, wenn $\overline{AD} = 10$ cm, $\overline{AB} = \overline{CD} = 5$ cm und $\overline{BC} = 6$ cm.

Volumen eines Kreiskegels

Erforschen und Entdecken

1 Die abgebildeten Körper sind gleich hoch. Sie haben eine Höhe von 20 cm.

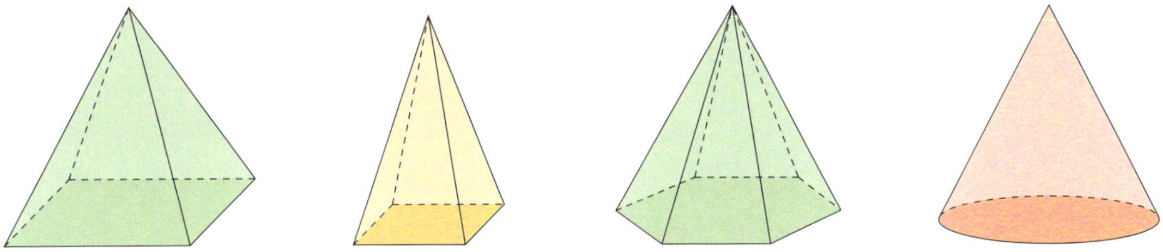

$a = 10\,\text{cm}$ $a = 7\,\text{cm}$ $a = 5\,\text{cm}$ $r = 5\,\text{cm}$

a) Berechne die Volumina der Pyramiden und vergleiche sie miteinander.
b) Berechne den Mantel- und den Oberflächeninhalt der Pyramiden und des Kegels.
c) Versuche das Volumen des Kegels abzuschätzen. Erläutere, wie du auf dein Ergebnis gekommen bist.

ERINNERE DICH
Das Volumen von Pyramiden berechnet man mit der Formel $V = \frac{1}{3} \cdot A_G \cdot h$.

2 Sophie und Oliver wollen das Volumen eines Kegels mit $r = 2\,\text{cm}$ und $h = 8\,\text{cm}$ berechnen.

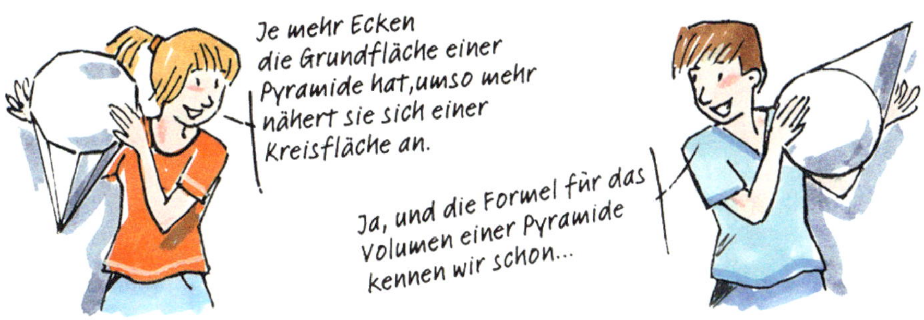

a) Führe den Dialog von Sophie und Oliver fort und leite die Formel für das Volumen eines Kreiskegels her.
Berechne mit dieser Formel das Volumen eines Kegels mit den oben angegebenen Maßen.
b) Welches Volumen hat ein Kreiskegel mit $r = 3\,\text{cm}$ und $h = 5\,\text{cm}$?

3 In den Sommerferien war Isolde mit ihrer Familie in Portugal. Zuhause zeigt sie ihrem Freund Thomas Urlaubsfotos. Das Foto rechts zeigt Isolde vor einem Salzkegel.
Beide fragen sich, wie viel Salz auf dem Salzkegel aufgeschüttet ist. Sie schätzen, dass der Salzkegel einen Radius von 3,4 m und eine Höhe von 2,2 m hat. Gemeinsam überlegen sie, wie sie das Volumen des Kegels berechnen können.
Führe ihre Überlegungen fort. Berechne anschließend das Volumen des Kegels. Präsentiere deine Überlegungen deiner Klasse.

ZUR INFORMATION
Eine Saline ist eine Anlage zur Gewinnung von Salz. In ihr wird Salz durch Verdunstung von Meerwasser gewonnen. Die so entstandenen Salzkristalle werden zu Haufen zusammen geschoben.

Lesen und Verstehen

Die Bundeskunsthalle in Bonn ist eines der meist besuchten Museen in Deutschland. Das Wahrzeichen der Kunsthalle sind drei Lichttürme auf dem Dachgarten. Die kegelförmigen Lichttürme sollen Tageslicht in die Ausstellungsräume leiten.
Um den Rauminhalt der Kegel zu berechnen, nutzt man die Kenntnisse der Volumenberechnung eines Zylinders.

Ein einfaches Experiment zeigt den Zusammenhang zwischen dem Volumen eines Zylinders und dem Volumen eines Kegels.
Für das Experiment benötigt man ein Kegel- und ein Zylindermodell, die mit Wasser befüllbar sind. Die Modelle müssen die gleiche Grundfläche sowie die gleiche Höhe haben. Durch Umfüllen von Wasser aus dem Kegelmodell in das Zylindermodell wird gemessen, wie oft das Volumen des Kegels in das Volumen des Zylinders passt.

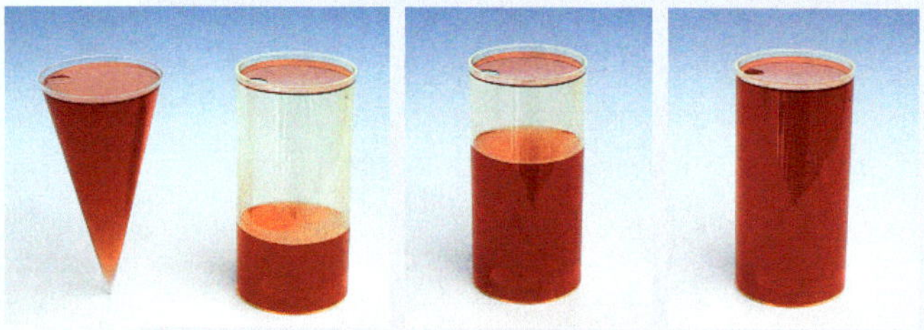

Dreimal kann die Flüssigkeit aus dem Kegel in einen Zylinder mit gleicher Grundfläche A_G und gleicher Höhe h gefüllt werden.

$$3 \cdot V_{\text{Kegel}} = V_{\text{Zylinder}}$$
$$V_{\text{Kegel}} = \tfrac{1}{3} \cdot V_{\text{Zylinder}}$$
$$V_{\text{Kegel}} = \tfrac{1}{3} \cdot \pi \cdot r^2 \cdot h$$

ERINNERE DICH
Für das Volumen eines Zylinders gilt:
$V = \pi \cdot r^2 \cdot h$

Das **Volumen V eines Kegels** wird bestimmt, indem der Flächeninhalt der Grundfläche A_G mit der Höhe h des Kegels und dem Faktor $\frac{1}{3}$ multipliziert wird:

$$V = \tfrac{1}{3} \cdot A_G \cdot h = \tfrac{1}{3} \cdot \pi \cdot r^2 \cdot h$$

BEISPIEL
Welches Volumen hat der größte Lichtturm der Bundeskunsthalle, wenn er 24,72 m hoch ist und einen Radius von 5,71 m hat?
$V = \frac{1}{3} \cdot \pi \cdot (5{,}71\,\text{m})^2 \cdot 24{,}72\,\text{m}$
$V \approx 844{,}01\,\text{m}^3$
Der größte Lichtturm hat ein Volumen von ca. $844{,}01\,\text{m}^3$.

Üben und Anwenden

1 Berechne das Volumen des Kegels.
a) $r = 14\,\text{cm}$; $h = 25\,\text{cm}$
b) $r = 5{,}4\,\text{dm}$; $h = 8\,\text{dm}$
c) $r = 5{,}2\,\text{cm}$; $h = 15\,\text{cm}$
d) $r = 3{,}8\,\text{cm}$; $h = 10\,\text{cm}$

2 Der Grundkreis eines Kegels hat einen Durchmesser von 58 cm. Der Kegel ist 80 cm hoch.
Welches Volumen hat der Kegel?

3 Berechne den fehlenden Wert des Kegels.

	r	h	V
a)	5 cm	12 cm	
b)		9,5 dm	$34{,}5\,\text{dm}^3$
c)	4,5 cm		$70{,}4\,\text{cm}^3$
d)	27 mm	4,3 cm	
e)	1,5 dm		$1767\,\text{cm}^3$
f)	0,3 dm		$56{,}55\,\text{cm}^3$
g)		1,4 m	$718{,}38\,\text{dm}^3$

4 Ein kegelförmiges Zelt hat eine Grundfläche von $21\,m^2$ und bietet $24{,}5\,m^3$ Platz. Welche Höhe hat das Zelt?

5 Wenn trockener Sand mit Hilfe eines Förderbands aufgeschüttet wird, entsteht ein annähernd kegelförmiger Schütthaufen. Welche Bodenfläche bedeckt der Sand, wenn $4000\,m^3$ bis auf 8 m Höhe aufgeschüttet werden?

6 Ein Kegel soll ein Volumen von einem Liter besitzen. Welche Abmessungen sollten der Radius des Kreises und die Höhe des Kegels besitzen, damit der Oberflächeninhalt minimal wird?

7 Ein kegelförmig aufgeschütteter Sandhaufen hat einen Umfang von 13,8 m. Er ist 2,1 m hoch. Wie groß ist sein Volumen?

8 Wie verändert sich das Volumen eines Kegels, wenn …
a) die Höhe halbiert wird?
b) die Höhe verdoppelt wird?

9 Der mittlere Lichtturm der Bundeskunsthalle ist 20,48 m hoch und hat einen Radius von 4,73 m. Der kleinste Lichtturm ist 17,01 m hoch und hat einen Radius von 3,93. Welches Volumen haben die zwei Lichttürme?

10 In einer Kerzenzieherei werden zwei verschieden hohe Kegelkerzen hergestellt. Eine ist 14 cm hoch und hat einen Radius von 6 cm und eine ist 10 cm hoch und hat einen Radius von 7 cm.
Für die Herstellung welcher Kerze wird mehr Kerzenwachs benötigt?

11 Berechne das Volumen der abgebildeten Kegel.

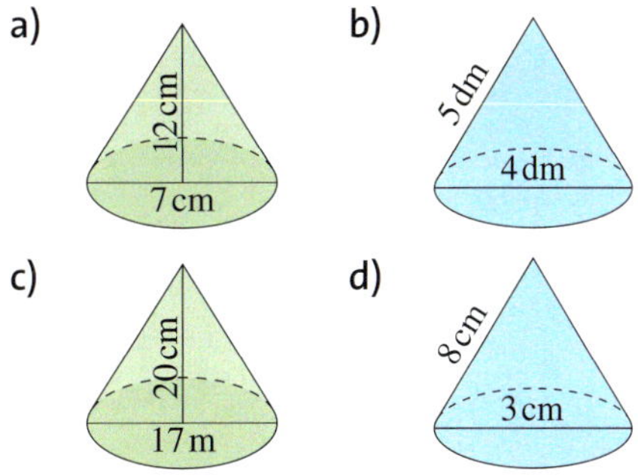

12 Ein Versandunternehmen verkauft Briefbeschwerer aus Glas in Kegelform.
Ein Briefbeschwerer ist 6 cm hoch und hat einen Radius von 9 cm.
a) Welches Volumen hat ein Briefbeschwerer?
b) Jeder Briefbeschwerer wird in einem kleinstmöglichen quaderförmigen Pappkarton verpackt. Wie viel Prozent des verpackten Raumes sind leer?

13 Ergänze die bisher in diesem Kapitel erlernten Formeln zu Kegeln in deiner dynamischen Formelsammlung.

14 Ein Kegel hat ein Volumen von $75{,}4\,cm^3$.
a) Bestimme seine Höhe, wenn der Radius $r = 3\,cm$ ist.
b) Bestimme seinen Radius, wenn die Höhe $h = 3\,cm$ ist.

15 Die Skizze zeigt ein Werkstück. Es hat die Form einer quadratischen Pyramide, aus der eine kegelförmige Vertiefung herausgearbeitet wurde. Die Höhe dieses Kegels beträgt $\frac{3}{7}$ der Höhe der Pyramide.

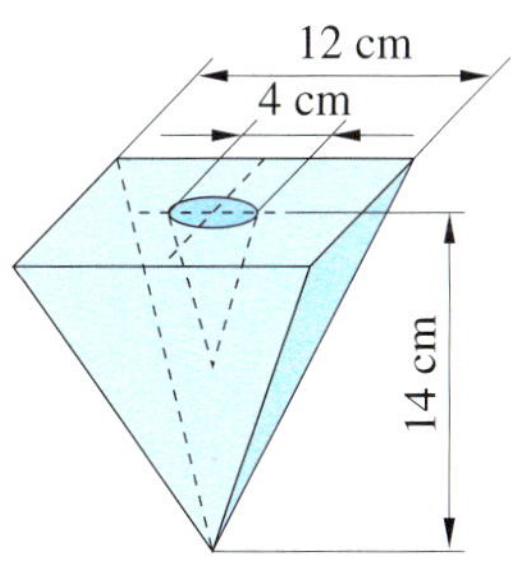

a) Berechne das Volumen des Werkstücks.
b) Das Werkstück ist aus Aluminium gefertigt, $1\,cm^3$ Aluminium wiegt 2,7 g. Wie schwer ist das Werkstück?

Methode: Der Satz des Cavalieri

Stapelt man Papierbogen übereinander, so erhält man ein gerades Prisma. Wird dieser Stapel verschoben, ergibt sich ein schiefes Prisma.
Die Rechtecke in beliebiger Höhe sind kongruent zur Grundfläche. Daher haben beide Prismen das gleiche Volumen. Cavalieri hat diese Aussage verallgemeinert.

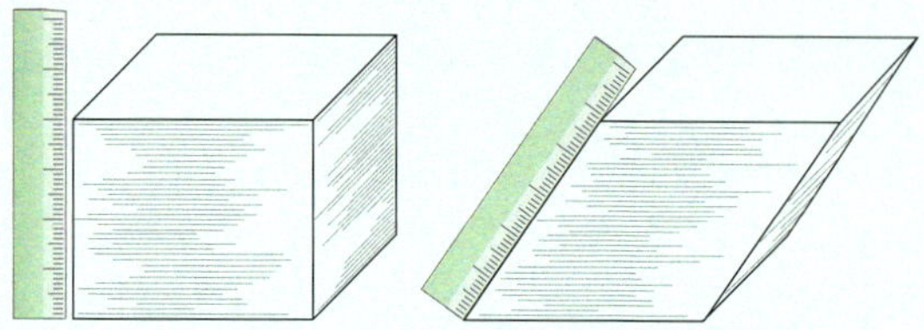

HINWEIS
Bonaventura Cavalieri lebte 1598 bis 1647. Er war italienischer Mönch, Mathematiker und Astronom. Hauptsächlich forschte er auf dem Gebiet der Geometrie. Er war an mehreren Universitäten als Professor für Mathematik angestellt.

Satz des Cavalieri
Haben zwei Körper gleich große Höhen und in gleicher Höhe gleiche Querschnittsflächeninhalte, so haben die beiden Körper das gleiche Volumen.

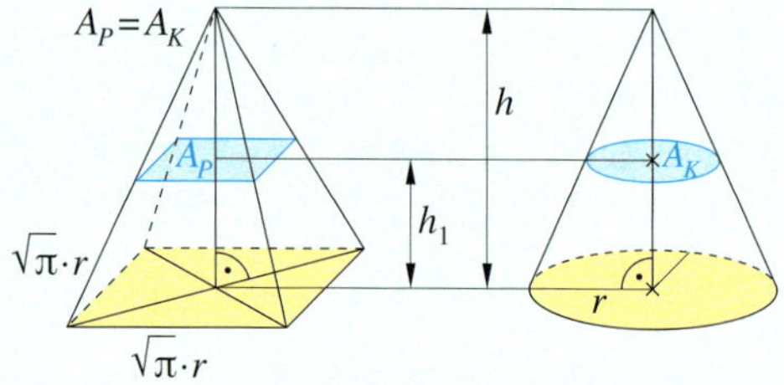

1 Berechne das Volumen der abgebildeten Körper.

a)
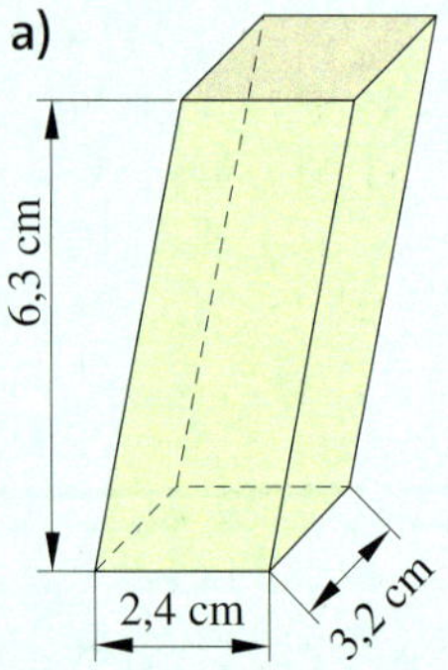

b)
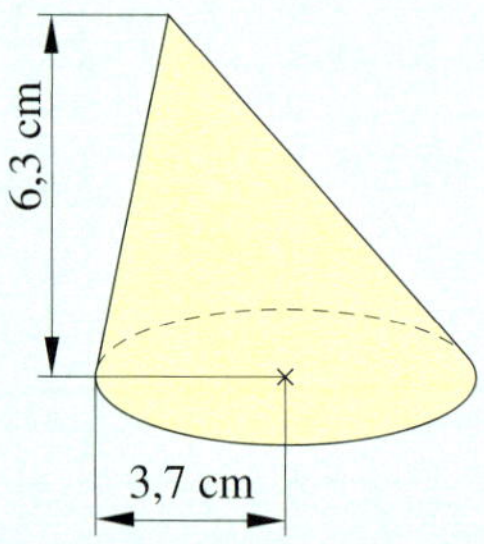

c)
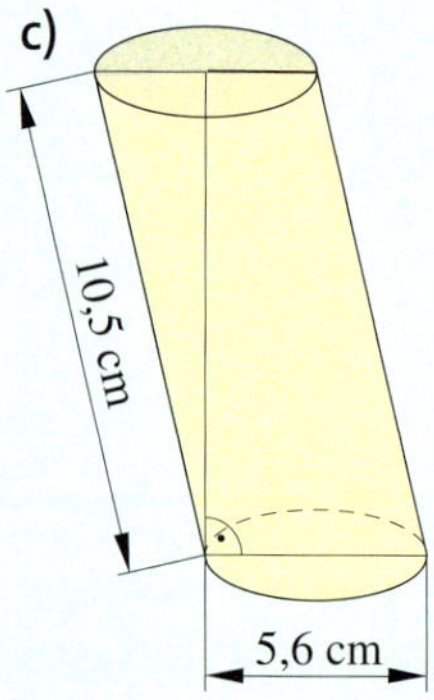

d)
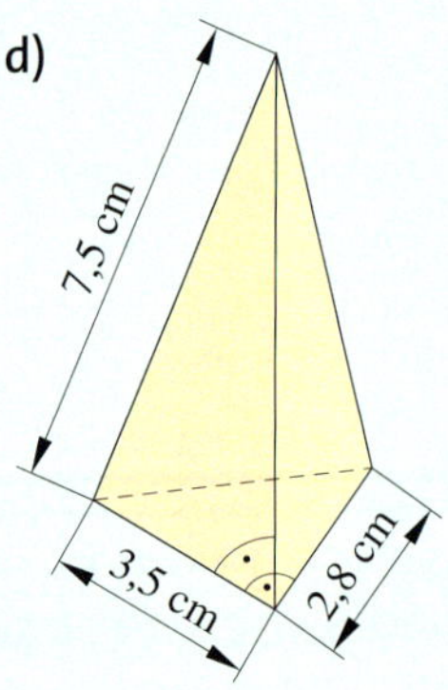

2 Ein schiefes Prisma mit rechteckiger Grundfläche hat ein Volumen von $122{,}5\,dm^3$.
Eine Seite der Grundfläche ist 3,5 dm lang. Das Prisma ist 7 dm hoch.
Welchen Flächeninhalt hat die Schnittfläche, die in 4 dm Höhe parallel zur Grundfläche liegt?

3 Aus einem Würfel mit $a = 6\,cm$ entsteht eine Pyramide. Welches Volumen hat die Pyramide?

a)
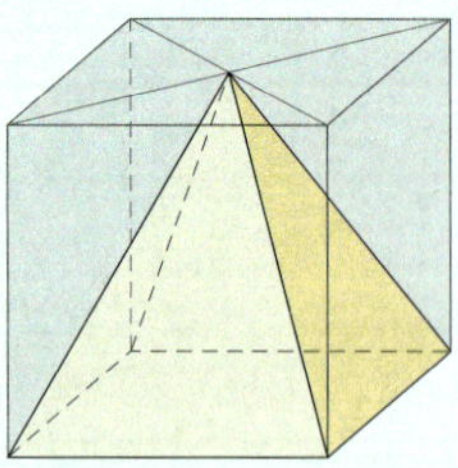

b)
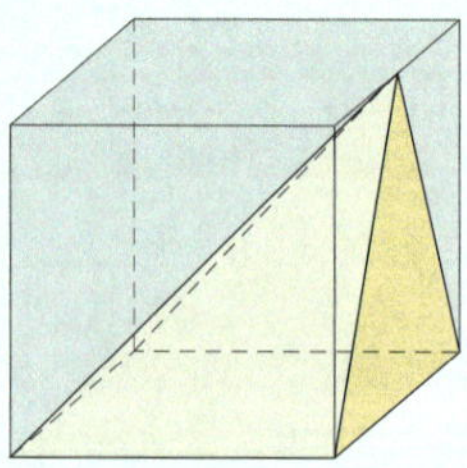

c)
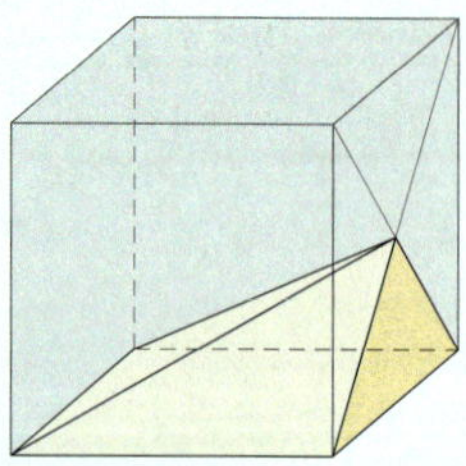

4 Berechne das Volumen eines schiefen Kegels mit

a) $d = 3\,cm$, $h = 9\,cm$
b) $d = 5{,}6\,cm$, $h = 12\,cm$
c) $r = 4{,}3\,cm$, $h = 8\,cm$
d) $r = 5{,}2\,cm$, $h = 15\,cm$

Volumen und Oberfläche einer Kugel

Erforschen und Entdecken

1 Betrachte die folgenden Körper.

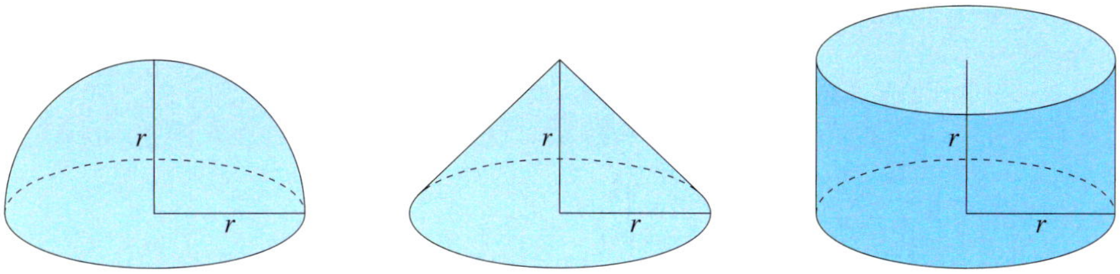

a) Um welche Körper handelt es sich?

b) Die Körper haben den gleichen Radius, der gleichzeitig auch die Körperhöhe ist. Ordne die Körper nach der Größe ihres Volumens und skizziere die Schrägbilder in deinem Heft. Beginne mit dem kleinsten Körper.

c) Schreibe das Volumen der Körper (in Abhängigkeit vom Radius r) unter deine Schrägbildskizzen, sofern dir die Formel für das Volumen bekannt ist.

d) Stelle eine Vermutung für das Volumen einer Kugel auf.

2 Für den folgenden Versuch benötigt ihr:
- einen Messbehälter mit Überlauf (z. B. aus der Chemie-Sammlung) oder ein großes Gefäß (z. B. einen Eimer, ein Aquarium, eine Babybadewanne)
- verschieden große Kugeln (z. B. Murmeln oder schwere Bälle, die nicht schwimmen)
- einen Messbecher, ein Maßband und viel Wasser

Versuchsvorbereitung:
Messt mit dem Maßband den Umfang der Kugeln und berechnet ihren Radius.
Übertragt die Tabelle in euer Heft und ergänzt die Werte.

Kugel	Umfang	Radius	verdrängte Wassermenge
z. B. Golfball	$u =$	$r =$	$V =$
...			

Versuchsdurchführung:
① Stellt das Gefäß an einer Stelle auf, die nass werden darf, etwa auf dem Schulhof, und füllt es randvoll mit Wasser.
② Legt eine Kugel vorsichtig auf das Wasser und lasst sie versinken. Es wird Wasser über die Kante des Gefäßes in das Überlaufgefäß oder auf den Boden laufen.
③ Stellt fest, wie viel Wasser durch die Kugel verdrängt wurde. Ihr könnt die Überlaufmenge entweder einfach ablesen oder die Kugel vorsichtig aus dem Becken entfernen und das Becken mit Hilfe des Messbechers wieder auffüllen.
④ Führt den Versuch mit allen Kugeln/Bällen durch und tragt die Werte in die Tabelle ein.
⑤ Überprüft mit Hilfe eurer Messwerte in der Tabelle die Formel aus Aufgabenteil 1 d).

3 Erkundige dich im Internet oder in Büchern über die Technik der „Handkaschierung" beim Bau von Globen. Über den Webcode gelangst du zu passenden Seiten im Internet.

a) Welche Form haben die Flächen, die beim Bekleben eines Globus eingesetzt werden?

b) Wie viele dieser Flächen benötigt man beim Bau und wie groß ist eine dieser Flächen ungefähr? Beachte, dass die Flächengröße abhängig vom Durchmesser des Globus ist.

www 129-1

Lesen und Verstehen

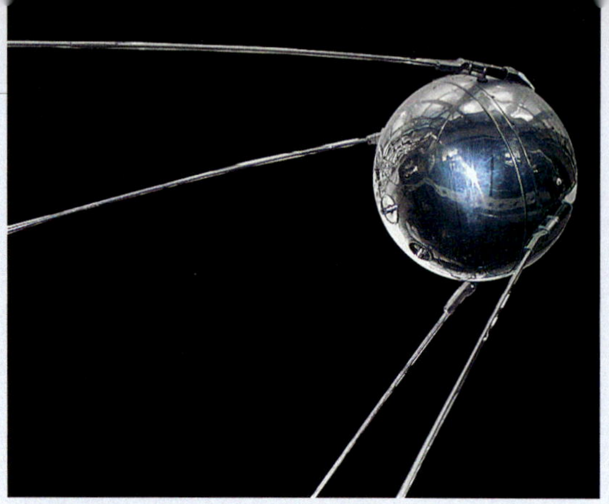

Erstmals im Oktober 1957 gelang es sowjetischen Forschern, einen künstlichen Satelliten in eine Umlaufbahn um die Erde zu entsenden. Dieser Satellit mit dem Namen Sputnik 1 war eine hochglanzpolierte Aluminiumkugel und hatte einen Außendurchmesser von 58 cm. Wie groß war das Volumen von Sputnik 1?

ERINNERE DICH
$1000\,cm^3 = 1\,dm^3$

Das **Volumen V einer Kugel** mit dem Radius r lässt sich wie folgt berechnen:

$V = \frac{4}{3} \cdot \pi \cdot r^3$

BEISPIEL 1
Sputnik 1 hatte einen Radius von 29 cm.
Also gilt für sein Volumen:
$V = \frac{4}{3} \cdot \pi \cdot (29\,cm)^3 = 102\,160{,}4\,cm^3$
Sputnik 1 hat ein Volumen von ca. $102\,dm^3$.

Der Oberflächeninhalt von Sputnik 1 soll lediglich einen Quadratmeter betragen haben. Kann das sein?

ERINNERE DICH
$10\,000\,cm^2$
$= 100\,dm^2$
$= 1\,m^2$

Für den **Oberflächeninhalt A_O einer Kugel** mit dem Radius r gilt:

$A_O = 4\pi \cdot r^2$

BEISPIEL 2
$A_O = 4\pi \cdot r^2 = 4\pi \cdot (29\,cm)^2 = 10\,568{,}3\,cm^2$
Der Oberflächeninhalt von Sputnik 1 war mit $1{,}06\,m^2$ etwas größer als $1\,m^2$.

Sputnik 1 war aus 2 mm starkem Aluminiumblech gefertigt. In seinem Innern transportierte er unter anderem zwei Funksender, Akkus und ein Wärmeregulationssystem.
Wie viel Aluminiumblech war zur Herstellung des Satelliten mindestens notwendig?

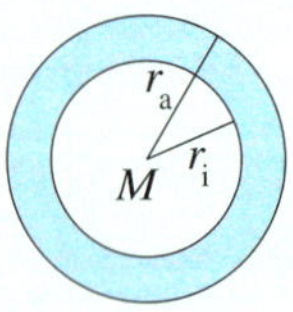

Bei einer **Hohlkugel** mit dem Innenradius r_i und Außenradius r_a berechnet sich das Volumen V wie folgt:

$V = \frac{4}{3} \cdot \pi \cdot r_a^3 - \frac{4}{3} \cdot \pi \cdot r_i^3$
$\quad = \frac{4}{3} \cdot \pi \cdot \left(r_a^3 - r_i^3\right)$

BEISPIEL 3
$V = \frac{4}{3} \cdot \pi \cdot \left(r_a^3 - r_i^3\right)$
$\quad = \frac{4}{3} \cdot \pi \cdot ((290\,mm)^3 - (288\,mm)^3)$
$\quad = 2\,099\,120{,}1\,mm^3$

Das Aluminiumblech hatte ein Volumen von ca. $2{,}1\,dm^3$.

Aluminium besitzt eine Dichte von $2700\,\frac{kg}{m^3}$. Wie schwer war die Aluminiumhülle von Sputnik 1?

Die **Masse m einer Kugel** wird aus dem Produkt seines Volumens V und seiner Dichte ϱ (sprich: rho) berechnet.
Es gilt:

$m = V \cdot \varrho = \frac{4}{3} \cdot \pi \cdot r^3 \cdot \varrho$

BEISPIEL 4
Sputnik 1 bestand aus $2{,}1\,dm^3 = 0{,}0021\,m^3$ Aluminiumblech.
$m = 0{,}0021\,m^3 \cdot 2\,700\,\frac{kg}{m^3} = 5{,}67\,kg$
Die Hülle aus Aluminiumblech wog ca. 5,7 kg.

Üben und Anwenden

1 Berechne das Volumen der Kugel. Gib in der in Klammern stehenden Maßeinheit an.

a) $r = 2{,}4\,\text{cm}$ (mm^3) b) $r = 1{,}57\,\text{m}$ (dm^3)
c) $r = 6{,}89\,\text{dm}$ (m^3) d) $r = 20{,}5\,\text{cm}$ (m^3)
e) $d = 16\,\text{cm}$ (mm^3) f) $d = 3{,}8\,\text{dm}$ (cm^3)
g) $d = 7{,}45\,\text{m}$ (dm^3) h) $d = 25{,}56\,\text{cm}$ (m^3)

2 Stelle die Volumen- und die Oberflächenformel der Kugel nach r um. Erkläre deine Umformungen deinem Nachbarn.

3 Berechne den Radius der Kugel. Gib auf zwei Nachkommastellen gerundet an.

a) $V = 13{,}45\,\text{m}^3$ b) $V = 102{,}5\,\text{dm}^3$
c) $V = 345{,}046\,\text{cm}^3$ d) $V = 4200\,\text{mm}^3$
e) $V = 657{,}4\,\text{m}^3$ f) $V = 800{,}04\,\text{cm}^3$

4 Berechne den Durchmesser der Kugel. Gib in der in Klammern angegebenen Maßeinheit an. Runde dabei auf zwei Stellen nach dem Komma.

a) $V = 12{,}67\,\text{m}^3$ (dm)
b) $V = 3700\,\text{mm}^3$ (cm)
c) $V = 305{,}4\,\text{dm}^3$ (cm)
d) $V = 451{,}7\,\text{dm}^3$ (m)
e) $V = 157{,}905\,\text{cm}^3$ (mm)

5 Annika meint, dass sich das Volumen einer Kugel verdoppelt, wenn der Kugelradius verdoppelt wird. Überprüfe Annikas Behauptung an einem Beispiel und korrigiere – falls notwendig – ihre Aussage.

6 Nach internationalem Regelwerk muss ein Fußball einen Umfang zwischen 68 cm und 70 cm besitzen, ein Volleyball einen Umfang zwischen 65 cm und 67 cm und ein Basketball einen Umfang zwischen 75 cm und 78 cm. Bestimme das maximale und das minimale Volumen aller drei Bälle.

7 Eine Kugel hat den Radius $r = 5\,\text{cm}$.

a) Berechne das Volumen der Kugel.
b) Welchen Radius hat die Kugel mit dem doppelten (dreifachen, vierfachen, fünffachen) Volumen (siehe Randspalte)?

8 Wie schwer ist ein Golfball, wenn $1\,\text{cm}^3$ Material 1,15 g wiegt?

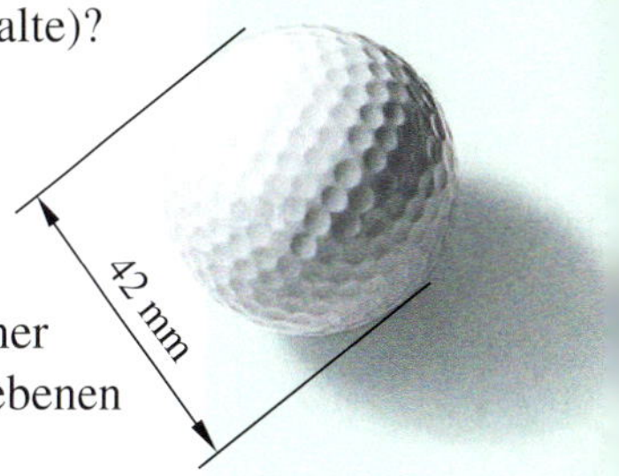

9 Berechne den Oberflächeninhalt einer Kugel. Gib in der in Klammern angegebenen Maßeinheit an.

a) $r = 4{,}3\,\text{cm}$ (mm^2) b) $r = 1{,}85\,\text{m}$ (dm^2)
c) $r = 7{,}83\,\text{dm}$ (m^2) d) $r = 10{,}7\,\text{cm}$ (m^2)
e) $d = 46\,\text{cm}$ (mm^2) f) $d = 2{,}4\,\text{dm}$ (cm^2)
g) $d = 7{,}19\,\text{m}$ (dm^2) h) $d = 23{,}45\,\text{cm}$ (m^2)

10 Berechne den Radius der Kugel. Gib auf zwei Nachkommastellen gerundet an.

a) $A_O = 14{,}32\,\text{m}^2$ b) $A_O = 105{,}6\,\text{dm}^2$
c) $A_O = 244{,}075\,\text{cm}^2$ d) $A_O = 3400\,\text{mm}^2$
e) $A_O = 552{,}1\,\text{m}^2$ f) $A_O = 700{,}08\,\text{cm}^2$

11 Berechne den Durchmesser der Kugel. Gib in der in Klammern angegebenen Maßeinheit an. Runde dabei auf eine Nachkommastelle.

a) $A_O = 22{,}58\,\text{m}^2$ (dm)
b) $A_O = 2800\,\text{mm}^2$ (cm)
c) $A_O = 105{,}9\,\text{dm}^2$ (cm)
d) $A_O = 321{,}67\,\text{dm}^2$ (m)
e) $A_O = 257{,}604\,\text{cm}^2$ (mm)
f) $A_O = 1300{,}58\,\text{cm}^2$ (dm)

12 Von einer Kugel sind die folgenden Angaben bekannt. Ergänze die Tabelle in deinem Heft.

	r	d	u	V	A_O
a)	3 cm				
b)		22 m			
c)			56,55 m		
d)				$7238{,}23\,\text{mm}^3$	
e)					$66{,}48\,\text{dm}^2$
f)		1 m			
g)					$1\,\text{m}^2$
h)			1 m		

BEACHTE
Ist r^3 gegeben und es soll r bestimmt werden, so muss die dritte Wurzel gezogen werden: $\sqrt[3]{r^3} = r$.
Die dritte Wurzel aus 8, also $\sqrt[3]{8}$, lässt sich mit dem Taschenrechner z. B. mit folgenden Tippfolgen bestimmen:
8 2nd y^x 3 =
oder
8 SHIFT x^3 =
Lies gegebenenfalls in der Anleitung deines Taschenrechners nach.

HINWEIS
Ergänze die in diesem Kapitel erlernten Formeln zur Kugel in deiner dynamischen Formelsammlung.

13 Berit meint, dass sich der Oberflächeninhalt einer Kugel verdoppelt, wenn der Kugelradius verdoppelt wird. Überprüfe Berits Behauptung an einem Beispiel und korrigiere – falls notwendig – ihre Aussage.

14 Wie verändert sich der Oberflächeninhalt einer Kugel, wenn sich der Durchmesser …
a) halbiert?
b) verdreifacht?
c) verzehnfacht?

15 Arbeitet zu zweit. Eine Kugel besitzt einen Oberflächeninhalt von $10\,cm^2$.
a) Berechne den Radius der Kugel.
b) Wie verändert sich der Radius, wenn sich der Oberflächeninhalt verdoppelt (halbiert)?

16 In der Eisdiele von Luigi hat eine Eiskugel einen Durchmesser von 5 cm und wird für 0,60 € verkauft. Die Eiskugel in Paolos Eisdiele hat einen Radius von 3 cm. Paolo verkauft sie für 80 Cent. Welche Eisdiele verkauft ihr Eis günstiger?

17 Das Pantheon in Rom ist der größte und vollkommenste Rundbau der antiken römischen Baukunst. Ein architektonisches Meisterwerk ist bei diesem Bauwerk die Halbkugelkuppel, deren Durchmesser 43,3 m beträgt.

Wie groß ist die Oberfläche einer solchen Halbkugel?

18 Die Erde hat annähernd die Form einer Kugel.

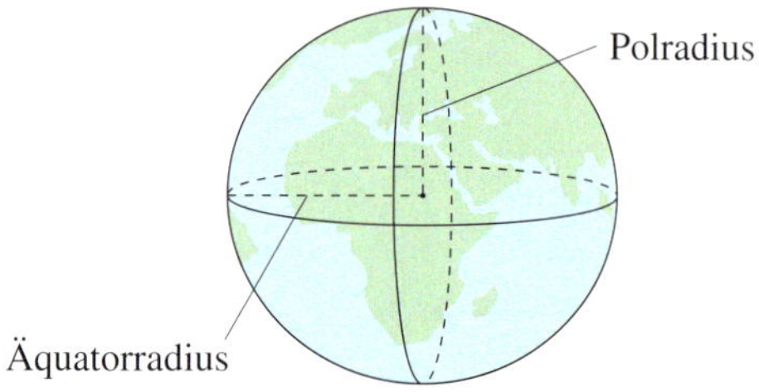

a) Berechne das Volumen einer Kugel aus dem Äquatorradius $r_{\ddot{A}} = 6\,378\,388$ m und dem Polradius $r_P = 6\,356\,912$ m.
b) In einem Lexikon wird die Oberfläche der Erde mit $510\,100\,933{,}5\ km^2$ angegeben. Ist das möglich?
c) Mit 6 371 229 m wird der mittlere Radius der Erde angegeben. Durchschnittlich wiegt $1\,m^3$ der Erde 5,517 t. Wie schwer ist die Erde nach diesen Angaben?

19 Ein Marmorwürfel hat eine Seitenlänge von 15 cm. Aus ihm soll eine möglichst große Kugel herausgearbeitet werden.
a) Berechne jeweils das Volumen von Würfel und Kugel.
b) Um wie viel Prozent weicht das Volumen der Kugel von dem des Würfels ab?
c) Berechne jeweils die Oberfläche von Würfel und Kugel.
d) Um wie viel Prozent weicht die Oberfläche der Kugel von der des Würfels ab?

20 Bei Leichtathletikwettkämpfen werden beim Kugelstoßen genormte Stahlkugeln benutzt.
Die Kugeln haben unterschiedliche Massen. $1\,cm^3$ Stahl wiegt 7,86 g.

Altersklasse	Kugelmasse
Frauen	4 kg
männliche Jugend B	5 kg
männliche Jugend A	6,25 kg
Männer	7,26 kg

a) Berechne für jede angegebene Kugelart das Volumen.
b) Berechne für jede Kugel den Radius und den Durchmesser.

21 Die folgende Abbildung zeigt den Mond.

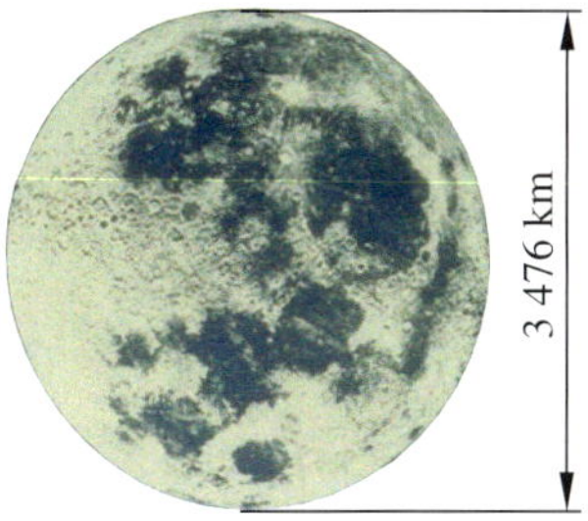

a) Berechne die Oberfläche des Mondes.
b) Bei Vollmond kann man 59 % der gesamten Mondoberfläche im Laufe einer Nacht sehen. Wie viel km^2 sind das?

22 Das „Atomium" ist ein Wahrzeichen von Brüssel. Das Bauwerk wurde zur Weltausstellung 1958 errichtet und besteht aus neun begehbaren Kugeln, die durch Rohre miteinander verbunden sind. Jede Kugel hat einen Durchmesser von 18 m.

a) Berechne das Fassungsvermögen einer begehbaren Kugel in m^3.
b) Berechne den Oberflächeninhalt einer Kugel in m^2.

23 Von einer Hohlkugel sind die folgenden Angaben bekannt. Ergänze die folgende Tabelle in deinem Heft.

	r_a	r_i	V
a)	7 cm	4 cm	
b)	12 cm	11,5 cm	
c)	38 dm	2,4 m	
d)	45 cm	3,5 dm	
e)	54 mm		70 606,2 mm^3
f)	18 mm		3 849,5 mm^3

24 Die Inuit können aus Eisblöcken Iglus bauen, die die Form einer Halbkugel haben.

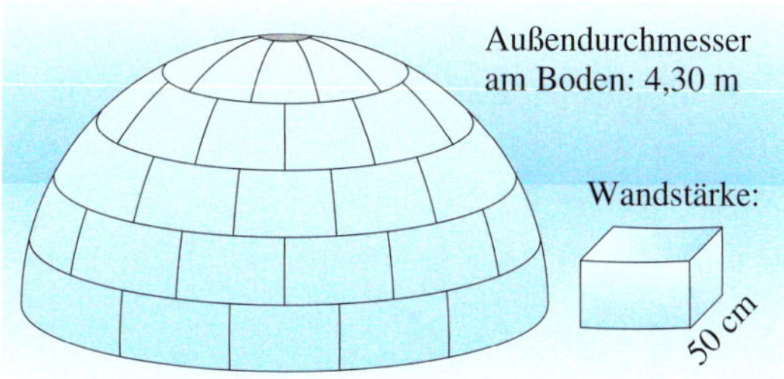

a) Wie groß ist das Volumen im Innenraum?
b) Gib an, wie viel m^3 Eis für ein solches Iglu verarbeitet werden.
c) Berechne die innere und die äußere Oberfläche des Iglus.

25 Die Lunge eines erwachsenen Menschen hat etwa 850 000 000 Lungenbläschen.
Ein fast kugelförmiges Lungenbläschen hat einen Durchmesser von 0,185 mm.

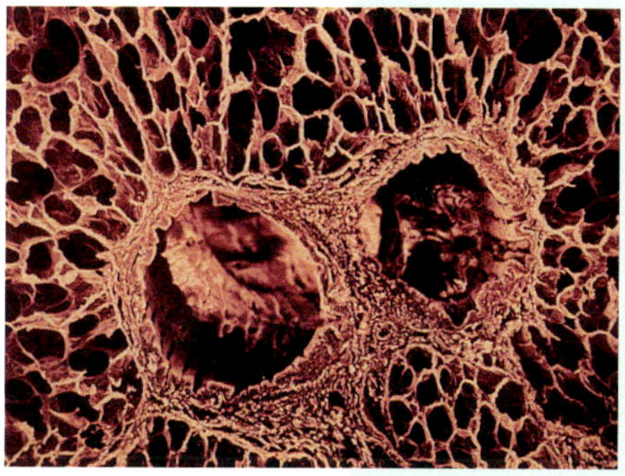

a) Berechne die gesamte Lungenoberfläche, an der Sauerstoff und Kohlenstoffdioxid ausgetauscht werden.
Gib das Ergebnis in m^2 an.
b) Berechne das Volumen, das insgesamt in den Lungenbläschen aufgenommen werden kann. Gib das Lungenvolumen in Litern an.

26 Aus 1 kg Blei sollen Kügelchen hergestellt werden. Blei hat die Dichte von $11{,}3\,\frac{g}{cm^3}$. Wie viele Kügelchen von 2 mm Durchmesser lassen sich optimal herstellen?

27 Im Bad tropft es alle zehn Sekunden von einem Wasserrohr. Frau Wehrhahn fängt die Tropfen mit einem zylindrischen Gefäß auf. Das Gefäß hat einen Durchmesser von 20 cm und eine Höhe von 9 cm. Arbeitet im Team.
a) Wann ist die Schale voll?
b) Wie viel Liter gehen an einem Tag verloren?

SCHON GEWUSST?
Inuit bedeutet „Mensch" und ist die Bezeichnung für arktische Volksgruppen.

BEACHTE
Wenn bei einer Hohlkugel vom Volumen die Rede ist, so ist das Materialvolumen gemeint.

Vermischte Übungen

1 Berechne den Mantelflächeninhalt A_M, den Oberflächeninhalt A_O und das Volumen V des Kegels.

a) $h = 25\,cm$; $r = 14\,cm$
b) $h = 80\,mm$; $r = 54\,mm$
c) $h = 15\,cm$; $s = 15{,}9\,cm$
d) $h = 42\,mm$; $d = 6\,cm$
e) $s = 8\,cm$; $d = 12\,cm$
f) $s = 3\,m$; $u = 6{,}28\,m$

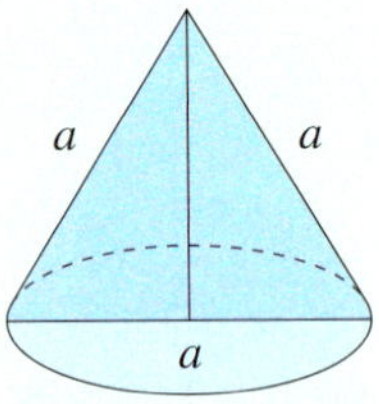

2 Der Achsenschnitt eines Kegels ist ein gleichseitiges Dreieck mit der Seitenlänge $a = 14\,cm$.

a) Berechne Volumen und Oberflächeninhalt des Kegels.
b) Stelle Terme auf, mit denen sich das Volumen und der Oberflächeninhalt in dem angegebenen Sonderfall bestimmen lassen.

ZUM WEITERARBEITEN
Der Künstler Albert Sous baute sein 9 m hohes Atelier mit 4,5 m Radius aus Edelstahlschrott und Flaschen. Aus wie vielen Flaschenböden (Durchmesser 7,6 cm) besteht die Kuppel?

3 Berechne das Volumen der zusammengesetzten Körper (Maße in cm).

a)
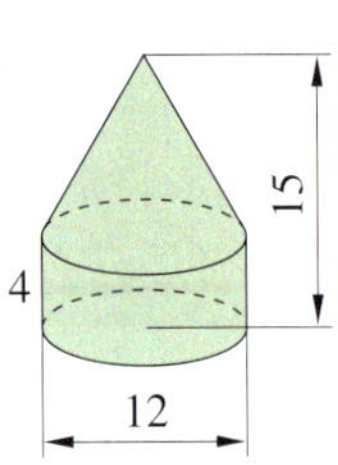

b)
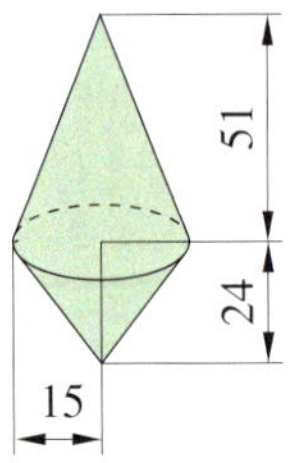

4 Aus einem Holzwürfel mit 15 cm Kantenlänge soll nach der Skizze ein möglichst großer Kegel gedreht werden.

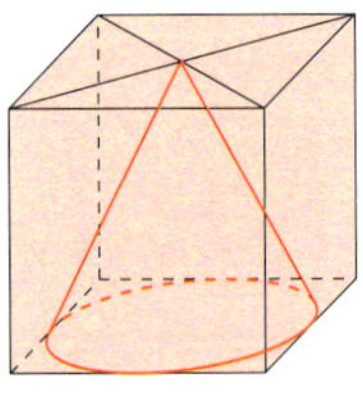

a) Welches Volumen hat der Kegel?
b) Wie schwer ist der Kegel, wenn $1\,dm^3$ Holz 0,65 kg wiegt?
c) Berechne den Holzabfall in Prozent.

5 Vergleiche das Volumen und die Oberfläche der folgenden Körper.

① Kugel mit Radius $r = 1\,cm$
② Kegel mit Radius $r = 1\,cm$ und Höhe $h = 2\,cm$

6 Betrachte den Körper.

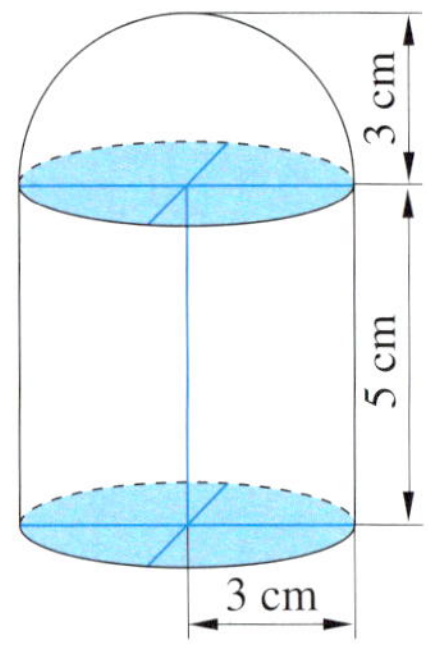

a) Aus welchen Grundkörpern besteht er?
b) Berechne das Volumen des zusammengesetzten Körpers.
c) Berechne den Oberflächeninhalt des zusammengesetzten Körpers.

7 Die abgebildete Keksverpackung besitzt eine kreisförmige Grundfläche mit $r = 5\,cm$ und ist insgesamt 20 cm hoch.
Das aufgesetzte Dach ist 8 cm hoch.

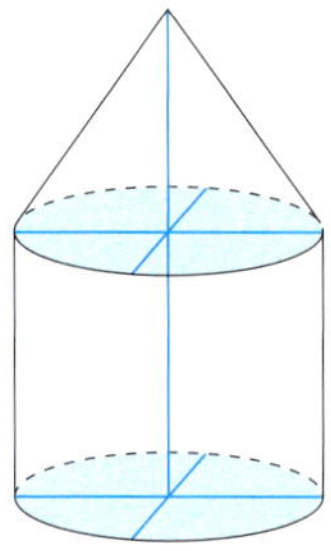

a) Aus welchen Grundkörpern besteht die Verpackung?
b) Berechne das Volumen der Verpackung.

8 In einer Glasfabrik werden Kelchgläser mit einem annähernd kegelförmigen Kelch hergestellt. Jedes Kelchglas hat die in der Zeichnung angegebenen Maße.
Überprüfe mit einer Rechnung, ob 0,2 l Flüssigkeit in ein Kelchglas passen.

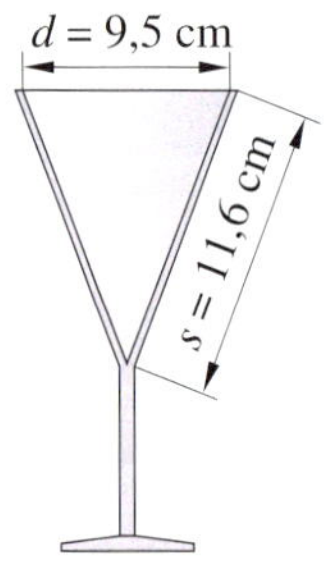

9 Ein kegelförmiges Glas hat einen oberen Durchmesser von 6 cm und eine Höhe von 10 cm. Das Glas wird bis zu einer Höhe von 2 cm unter der Oberkante mit Flüssigkeit gefüllt.
Wie viel Flüssigkeit befindet sich im Glas?
Wie viel Prozent des gesamten Glasvolumens sind das?

10 In einer Eisdiele werden Eistüten mit einem Durchmesser von 5 cm und einer Höhe von 11 cm verwendet.

a) Welches Volumen haben die Waffeln?
b) Berechne den Oberflächeninhalt der Waffeln.
c) Die Eiskugeln haben einen Radius von 4 cm. Wie viele Kugeln haben etwa das gleiche Volumen wie die Waffeln?

11 Die Tabelle zeigt die Maße eines Kegels. Übertrage sie in dein Heft und fülle sie aus (Maße in cm).

	r	h	A_M	A_O	V
a)	5				183
b)		18	647	961	
c)	14	25			
d)	7,5	10,5		480	

12 Eine Kugel hat einen Radius von $r = 14$ cm.
a) Berechne das Volumen der Kugel.
b) Welchen Radius hat eine Kugel mit einem Viertel des Volumens dieser Kugel?
c) Welchen Oberflächeninhalt haben die beiden Kugeln?

13 Dreht man das abgebildete Dreieck um die Höhe, so entsteht ein Kegel. Welches Volumen und welchen Oberflächeninhalt hat dieser?

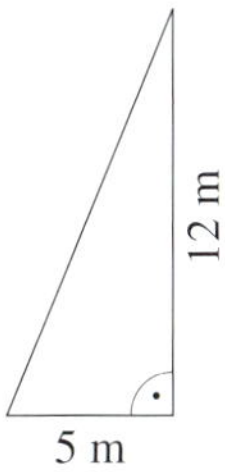

14 Berechne das Volumen und den Oberflächeninhalt …
a) eines Fußballs mit einem Durchmesser von 22 cm.
b) einer Seifenblase mit einem Radius von 4 cm.
c) einer Billardkugel mit einem Radius von 28,6 cm.
d) einer Perle mit einen Durchmesser von 1 cm.

15 Das Dach eines Kirchturms ist mit Kupferblech gedeckt. Der Turm hat einen Durchmesser von 10 m und das Dach ist kegelförmig. Wie viel m^2 Kupferblech wird benötigt, um das Dach neu zu decken?

16 Der Kelch eines kegelförmigen Eisbechers hat ein Volumen von $217{,}8\,cm^3$. Die Höhe des Kelches beträgt 13 cm. Berechne den Durchmesser des Eisbechers.

17 Das Volumen eines Kegels beträgt $30\,m^3$. Seine Höhe und sein Radius sind gleich groß. Welche Höhe hat der Kegel?

18 Ein gerader Kegel ist 18 cm hoch und hat einen Radius von 6 cm.

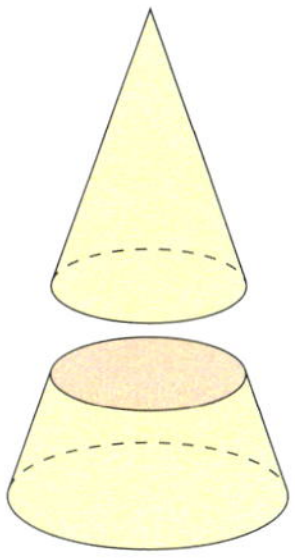

a) Berechne das Volumen und den Oberflächeninhalt des Kegels.
b) In einer Höhe von 9 cm wird die Spitze des Kegels abgeschnitten. Welches Volumen und welchen Oberflächeninhalt hat dieser Kegel, wenn er einen Radius von $r = 3$ cm hat?
c) Wie viel Prozent des Gesamtvolumens nimmt das Volumen des Ergänzungskegels ein?
d) Beschreibe, wie man das Volumen von Kegelstümpfen berechnen kann.

ZUR INFORMATION
Schneidet man einen Kegel parallel zur Grundfläche durch, so entstehen ein Kegelstumpf und ein Ergänzungskegel.

19 Das Volumen der Doppelkegel beträgt $1{,}6\,m^3$. Der Doppelkegel im Vordergrund erscheint auf dem Bild wie ein Quadrat mit einer Seitenlänge von 1,3 m. Wie hoch ist ein Kegel?

20 Auf den Internetseiten des Freizeitparks „Tropical Islands“ in Brandenburg findet man die folgenden Informationen.

Die Halle des Tropical Islands hat eine Grundfläche von 66 000 m^2. Mit einer Länge von 360 m, einer Breite von 210 m und einer Höhe von 107 m ist die Halle so groß, dass in ihr acht Fußballfelder Platz finden.

HINWEIS
Fußballfelder haben eine Länge zwischen 90 m und 120 m und eine Breite zwischen 45 m und 90 m.

a) Skizziere die Grundfläche des Tropical Islands möglichst genau und überprüfe, ob tatsächlich acht Fußballfelder in der Halle Platz finden.
b) Beschreibe die Oberfläche des Tropical Islands möglichst präzise. Verwende geeignete Fachbegriffe.
c) Bestimme den Oberflächeninhalt und das Volumen der Halle.

21 Der Hund Laika war 1957 das erste Lebewesen im Weltall. Er wurde mit der Sputnik 2 in eine Erdumlaufbahn gebracht.
Der kegelförmige Sputnik 2 hatte eine Masse von 508,3 kg und eine Größe von 1,2 m im Durchmesser. Seine Höhe betrug ungefähr 1,5 m. Berechne das Volumen und die Oberfläche von Sputnik 2.

22 Sammelt im Internet oder durch Befragungen Aussagen über die Wasservergeudung durch tropfende Wasserhähne.
a) Sortiert die Aussagen der Größe nach. Warum variieren die Informationen? Von welchen Aspekten ist die Wassermenge abhängig?
b) Schließt euch begründet einer Meinung an. Von welchen Annahmen seid ihr dabei ausgegangen?

ZUM WEITERARBEITEN
Wie oft passt das Volumen des Mondes rechnerisch in die Erde?

23 Betrachte den Heißluftballon.
a) Wie viel Liter Luft sind (ungefähr) in diesem Heißluftballon?
b) Wie viel m^2 Nylon sind für die Herstellung der Ballonhülle mindestens notwendig?

24 Nach: RP-Online vom 22.6.2004:

„Eis ist mein Leben“, sagt Gianni Mucignat, der seit 26 Jahren Eisverkäufer ist. Er hat es nicht nur zu zwei Eiscafés gebracht, sondern auch zum Weltrekord im Hochstapeln: 539 Kugeln à 16 ml setzte er auf ein normales Hörnchen. Die Pyramide war 60 Zentimeter hoch.
„Die Arme taten mir so weh, dass ich abbrechen musste“, erinnert sich Mucignat. Immerhin hatte er 1990 beim Weltrekordstapeln 17 Kilogramm Eis auf seiner Hand zu tragen. Nun will er seinen eigenen Rekord brechen und 600 Eiskugeln auf eine Waffel bekommen.

a) Bestimme den Durchmesser einer Eiskugel.
b) Angenommen, die Kugeln wurden zu einer quadratischen Pyramide verarbeitet. Bestimme die Seitenlänge einer Grundseite dieser Pyramide.
c) Die Dichte von Eis beträgt in etwa $1\,\frac{g}{cm^3}$. Überprüfe, ob das angegebene Gewicht richtig sein kann.
d) Welches Gewicht hätte ein Eis mit 600 Kugeln?
e) Steffen meint, dass eine Pyramide mit 600 Eiskugeln fast 67 cm hoch sein muss. Überlege, wie Steffen zu dieser Behauptung kommt. Bist du der gleichen Ansicht wie Steffen?

Teste dich!

a

1 Zeichne das Schrägbild eines Kegels mit der Höhe $h = 4\,\text{cm}$ und dem Radius $r = 3\,\text{cm}$.

2 Berechne den Oberflächeninhalt und das Volumen des Kegels.

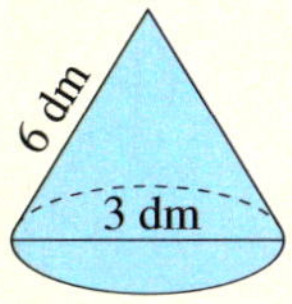

3 Der Radius einer Kugel beträgt 37 mm. Berechne den Oberflächeninhalt und das Volumen der Kugel.

4 Zeichne das Schrägbild eines Zylinders mit $r = 3\,\text{cm}$ und $h = 5\,\text{cm}$. Auf dem Zylinder steht ein auf der Grundfläche stehender Kegel mit gleichem Radius und gleicher Höhe.

5 Einem Zylinder mit einem Radius von 3 cm und einer Höhe von 5 cm wird ein 2 cm hohes kegelförmiges Dach aufgesetzt.

a) Berechne das Volumen des entstandenen Körpers.

b) Berechne die Mantelfläche des Kegels.

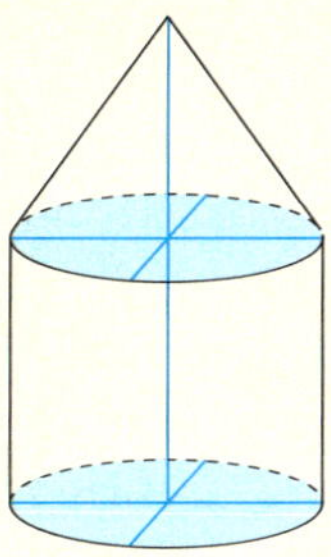

b

1 Zeichne das Schrägbild eines Kegels mit der Mantellinie $s = 5\,\text{cm}$ und dem Durchmesser $d = 4\,\text{cm}$.

2 Berechne den Oberflächeninhalt und das Volumen des Kegels.

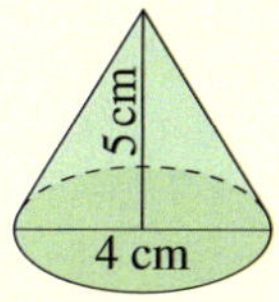

3 Eine Kugel hat ein Volumen von 300 ml. Berechne den Radius und den Oberflächeninhalt der Kugel.

4 Zeichne einen auf der Grundfläche stehenden Kegel mit $r = 3\,\text{cm}$ und $h = 5\,\text{cm}$, auf dessen Spitze ein auf der Spitze stehender Kegel mit $r = 2\,\text{cm}$ und $h = 3\,\text{cm}$ balanciert.

5 Berechne das Volumen und den Oberflächeninhalt des abgebildeten Körpers.

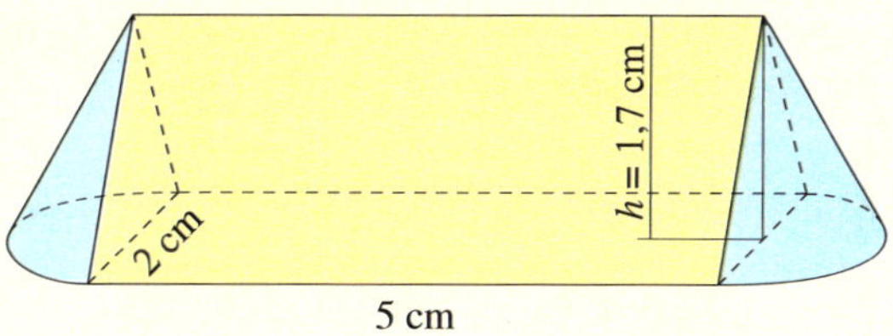

6 Die Dichte von Gold beträgt $19{,}3\,\frac{\text{g}}{\text{cm}^3}$. Ein Juwelier hat eine 1 kg schwere Goldkugel in seiner Hand.

a) Berechne den Radius, wenn die Kugel aus massivem Gold ist.

b) Welchen Radius hätte eine 500 g schwere Goldkugel?

7 Eine Aluminiumkugel $\left(\text{Dichte: } 2{,}7\,\frac{\text{g}}{\text{cm}^3}\right)$ hat einen Durchmesser von 25 cm. Berechne ihr Volumen und ihre Masse.

Gold: 28 – 27 Punkte, Silber: 26 – 23 Punkte, Bronze: 22 – 19 Punkte

Punkteverteilung

<table>
<tr><th>Aufgabe</th><th>a</th><th>b</th></tr>
<tr><td>1</td><td>2</td><td>4</td></tr>
<tr><td>2</td><td>3</td><td>3</td></tr>
<tr><td>3</td><td>2</td><td>3</td></tr>
<tr><td>4</td><td>4</td><td>4</td></tr>
<tr><td>5</td><td>4</td><td>6</td></tr>
<tr><td>6</td><td colspan="2">4</td></tr>
<tr><td>7</td><td colspan="2">4</td></tr>
</table>

HINWEIS

Brauchst du noch Hilfe, so findest du auf den angegebenen Seiten ein Beispiel oder eine Anregung zum Lösen der Aufgaben. Überprüfe deine Ergebnisse mit den Lösungen auf Seite 176.

Aufgabe	Seite
1	120
2	122, 124
3	130
4	120
5	120, 124, 126
6	130
7	130

Zusammenfassung

→ Seite 120

Kreiskegel erkennen und zeichnen

Ein **Kreiskegel** ist ein Körper, der durch einen Kreis und einen Punkt außerhalb der Ebene des Kreises festgelegt wird. Verläuft die Höhe des Kreiskegels von der Spitze zum Kreismittelpunkt, so heißt er gerader Kreiskegel. Andernfalls spricht man von einem schiefen Kreiskegel.

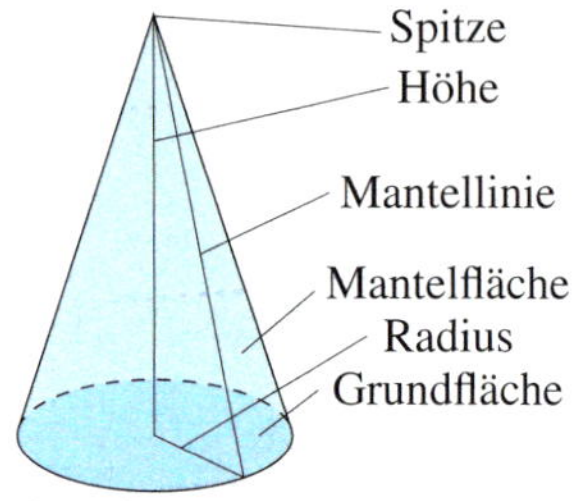

Gerader Kegel

Beachte: nicht sichtbare Linien werden gestrichelt eingezeichnet.

1. Zeichne die Grundfläche des Kegels mit einem Verzerrungswinkel von $\alpha = 90°$.
2. Bestimme den Mittelpunkt der Grundfläche.
3. Zeichne – beim Mittelpunkt der Grundfläche beginnend – die Höhe ein.
4. Verbinde die Spitze mit den äußeren Punkten der Grundfläche.

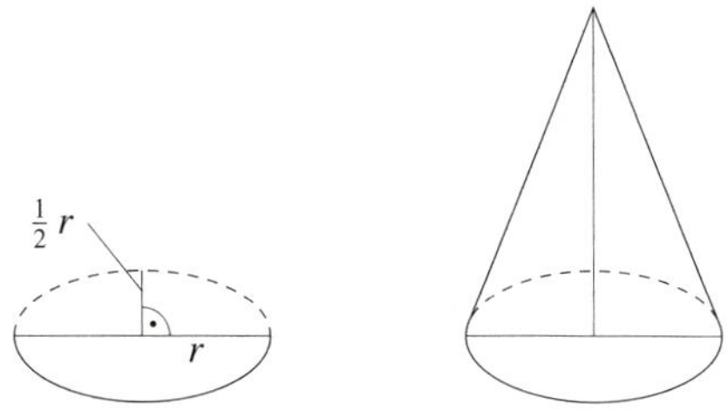

→ Seite 122, 130

Oberflächenberechnung bei Kreiskegel und Kugel

Für den **Mantelflächeninhalt A_M eines Kegels** mit dem Radius r und der Mantellinie s gilt:
$A_M = \pi \cdot r \cdot s$.
Nimmt man die Grundfläche A_G zur Mantelfläche A_M hinzu, ergibt sich der **Oberflächeninhalt A_O** des Kegels. Es gilt:
$A_O = \pi \cdot r \cdot (r + s)$.
Für den **Oberflächeninhalt A_O der Kugel** mit dem Radius r gilt: $A_O = 4\pi \cdot r^2$.

Berechne den Oberflächeninhalt eines Kegels mit $r = 3\,\text{cm}$ und $s = 4\,\text{cm}$.
$A_M = \pi \cdot 3\,\text{cm} \cdot 4\,\text{cm} \approx 37{,}7\,\text{cm}^2$
$A_O = \pi \cdot 3 \cdot (3 + 4) \approx 66\,\text{cm}^2$

Berechne den Oberflächeninhalt einer Kugel mit $r = 8\,\text{cm}$.
$A_O = 4\pi \cdot (8\,\text{cm})^2 \approx 804{,}2\,\text{cm}^2$.

→ Seite 126, 130

Volumenberechnung bei Kreiskegel und Kugel

Das **Volumen V eines Kegels** wird bestimmt, indem der Flächeninhalt der Grundfläche A_G mit der Höhe h des Kegels und dem Faktor $\frac{1}{3}$ multipliziert wird:
$V = \frac{1}{3} \cdot A_G \cdot h = \frac{1}{3} \cdot \pi \cdot r^2 \cdot h$.

Für das **Volumen V einer Kugel** mit Radius r gilt:
$V = \frac{4}{3} \cdot \pi \cdot r^3$.

Berechne das Volumen eines Kegels mit $h = 7\,\text{cm}$ und $r = 4\,\text{cm}$.
$V_{\text{Kegel}} = \frac{1}{3} \cdot \pi \cdot (4\,\text{cm})^2 \cdot 7\,\text{cm} \approx 117{,}29\,\text{cm}^3$

Berechne das Volumen einer Kugel mit $r = 5\,\text{cm}$.
$V_{\text{Kugel}} = \frac{4}{3} \cdot \pi \cdot (5\,\text{cm})^3 \approx 523{,}6\,\text{cm}^3$

Anwendungen

Geometrische Körper in Kunst und Technik

Sportfest

Glücksspiele

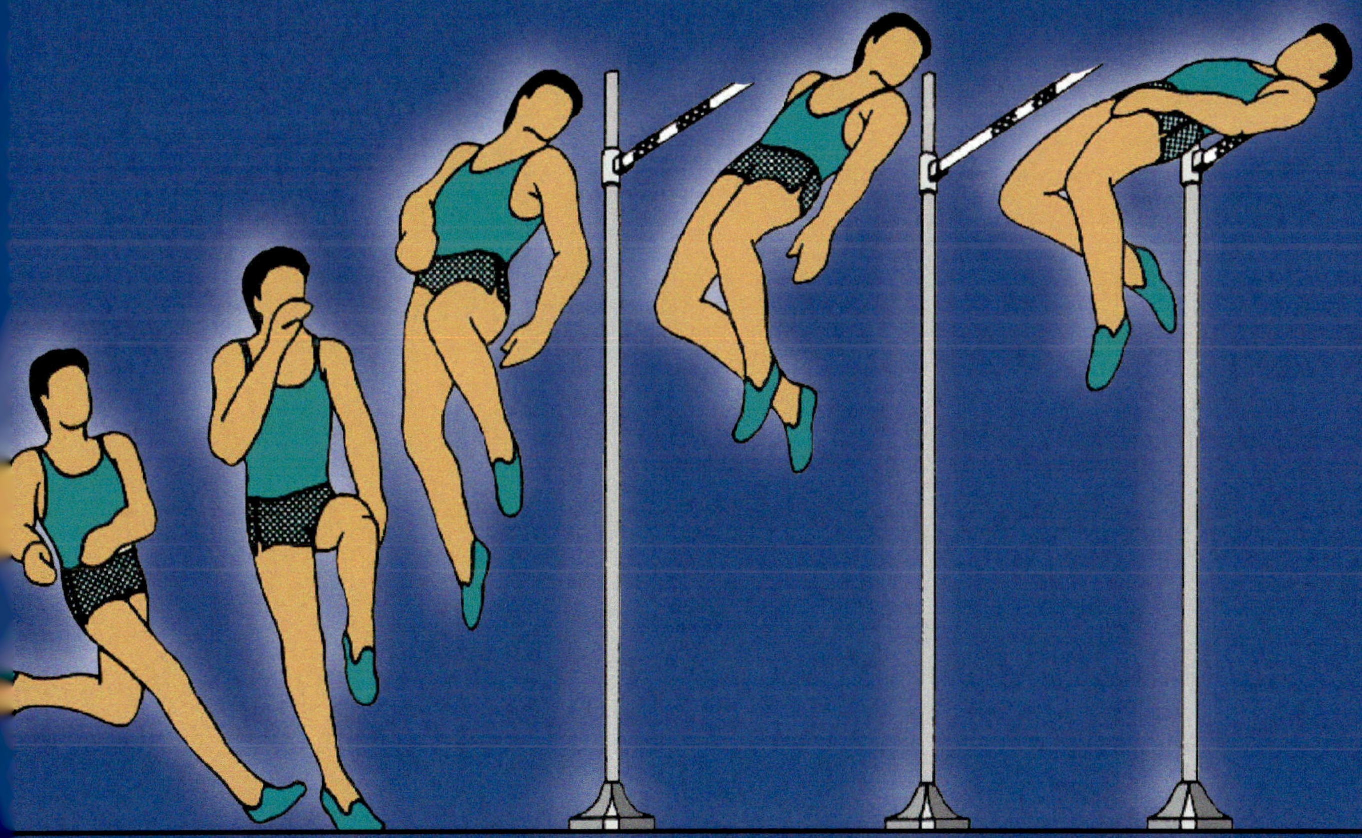

Geometrische Körper in Kunst und Technik

Viele Bauten haben als Grundlage bekannte geometrische Körper. Oftmals sind sie aus solchen zusammengesetzt oder sie lassen sich zu diesen ergänzen.

Djoser-Pyramide, Sakkara

Petersdom, Rom

Pantheon, Rom

Biosphere, Oracle

Mercedes-Benz-Center, Stuttgart

Louvre, Paris

Häufig nutzen Architekten zur Darstellung von Gebäuden Schrägbilder und zur Angabe von Maßen das Dreitafelbild. Dargestellt ist das Dreitafelbild von zwei Treppenstufen.

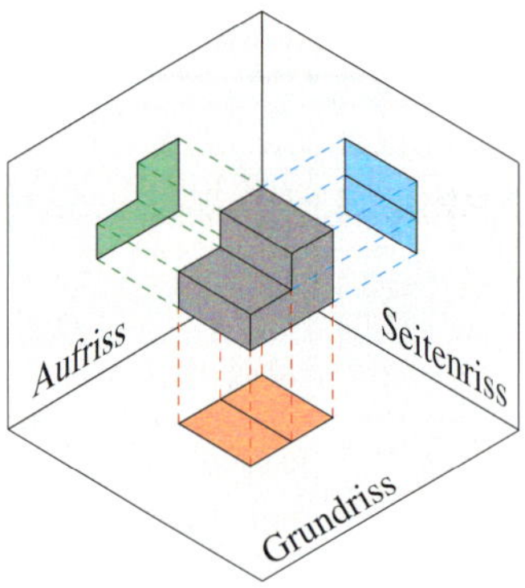

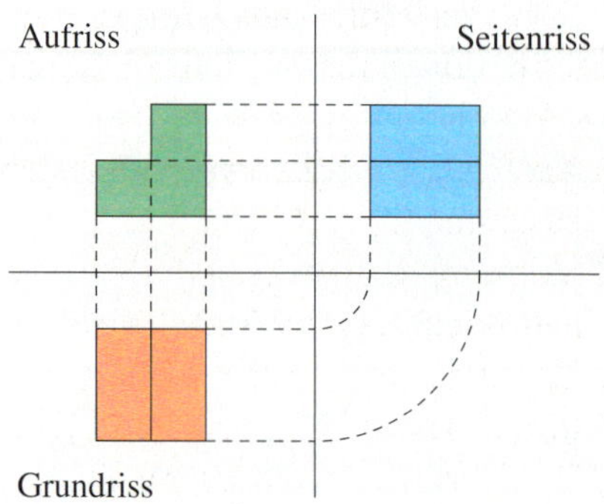

Aufgaben

1 Körper in der Architektur

Welche geometrischen Körper erkennst du oben auf den Fotos?

2 Präsentation

Sammle Informationen zu einem der folgenden Themen, bereite sie zu einem Kurzreferat auf und präsentiere sie in deiner Klasse:

- Gebäude in verschiedenen Kunstepochen
- Zweitafel- und Dreitafelbild
- Dreitafelbild eines Hauses

3 Körper darstellen

Stelle die geraden Körper zunächst in einer Freihandskizze dar. Zeichne sie anschließend in der Kavalierperspektive.

a) quadratische Pyramide: Grundkante $a = 5\,\text{cm}$; Raumhöhe $h = 7\,\text{cm}$

b) Rechteckpyramide: Grundkante $a = 4\,\text{cm}$; Grundkante $b = 6\,\text{cm}$; Raumhöhe $h = 8\,\text{cm}$

c) Kreiskegel: Durchmesser des Grundkreises $d = 7\,\text{cm}$; Raumhöhe $h = 8\,\text{cm}$

ERINNERE DICH
In der Kavalierperspektive werden alle in die Tiefe verlaufenden Kanten im Winkel von 45° um die Hälfte verkürzt angetragen.

4 Berechnungen an Körpern

Berechne die Körper aus Aufgabe 3. Ermittle zunächst die Länge aller verwendeten Hilfslinien. Benutze, falls nötig, eine Formelsammlung.

a) Welches Volumen haben die drei Körper?

b) Wie groß ist der Flächeninhalt von Grund-, Mantel- und Oberfläche der drei Körper?

5 Dreitafelbild eines Körpers

Das Dreitafelbild zeigt den Grundriss, Seitenriss und Aufriss eines Körpers.

a) Welcher Körper ist im Dreitafelbild dargestellt?

b) Entnimm der Abbildung alle notwendigen Längen und zeichne den Körper im Schrägbild.

c) Berechne das Volumen und den Oberflächeninhalt.
Beachte den Maßstab.

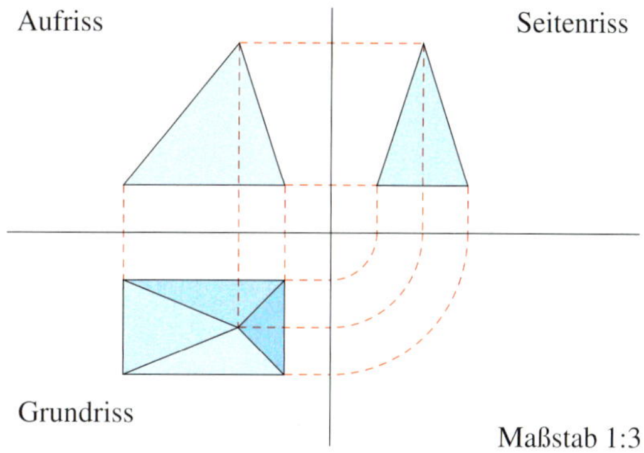

6 Ein Werkstück aus Aluminium

Die Abbildung rechts zeigt ein Netz eines Werkstücks aus Aluminium im Maßstab 1 : 10.

a) Aus welchen Teilkörpern setzt sich das Werkstück zusammen?

b) Skizziere das Werkstück in der Kavalierperspektive und zeichne es im Dreitafelbild.

c) Ermittle den Oberflächeninhalt des Werkstücks.

d) Berechne das Volumen und die Masse des Werkstücks.

e) Der jährliche Stromverbrauch eines 4-Personen-Haushalts liegt durchschnittlich bei 4500 kWh.
Wie viele Tage kommt ein 4-Personen-Haushalt mit der Strommenge aus, der bei der Produktion von 1 t Aluminium verbraucht wird?
Beachte die Angaben im Kasten und die Randspalte.

f) Welche Strommenge wird für ein einziges Werkstück benötigt?
Berechne, wie viele Stunden ein 4-Personen-Haushalt mit dieser Strommenge auskommt.

www 141-1
HINWEIS
Unter dem Webcode findest du den aktuellen Umrechnungskurs für $ und den Arbeitsbetrag von Stromversorgern.

Die Produktionskosten für Aluminium betrugen im Jahr 2007 weltweit durchschnittlich 1600 US-$/t. Davon wurden 28 % durch Kosten für elektrischen Strom verursacht.

Aluminium hat eine Dichte von $2{,}7\,\frac{\text{g}}{\text{cm}^3}$.

Wenn eine Pyramide parallel zur Grundfläche durchgeschnitten wird, so entstehen ein Pyramidenstumpf und eine Ergänzungspyramide. Geschieht dies bei einem Kegel, spricht man von einem Kegelstumpf und einem Ergänzungskegel.

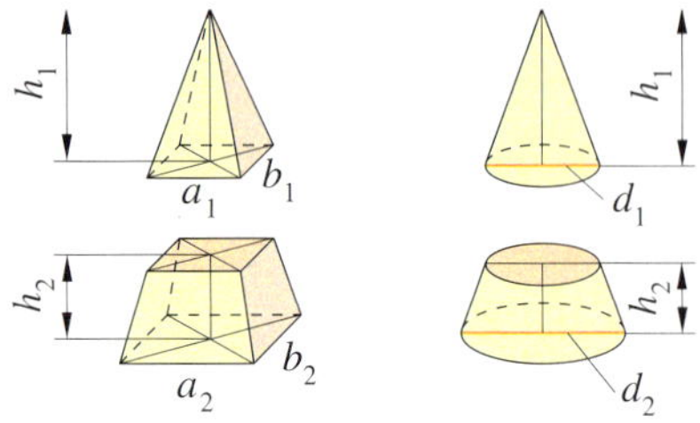

Aufgaben

142-1
BEACHTE
Unter dem Webcode findest du einen Link zum Bastelbogen.

7 Bastelbogen

Dies ist die verkleinerte Darstellung eines Bastelbogens für einen quadratischen Pyramidenstumpf. Der Maßstab beträgt 1 : 3.

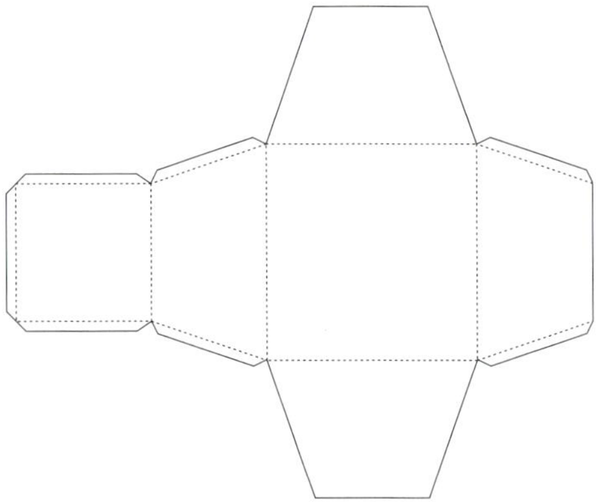

a) Übertrage das Körpernetz ins Heft oder drucke den Bastelbogen aus. Markiere Grund-, Deck- und Mantelfläche.

HINWEIS
Eine Formelsammlung hilft bei den Berechnungen.

b) Stelle eine Formel zur Berechnung von Mantelflächen- und Oberflächeninhalt auf. Diskutiere dein Ergebnis mit deinem Sitznachbarn und vergleiche mit dem Eintrag in der Formelsammlung.

c) Berechne Oberflächeninhalt und Volumen.

8 Pyramiden-Brunnen

Aus dem Spalt unterhalb der quadratischen Ergänzungspyramide fließt Wasser über die Granitflächen des Brunnens. Alle Kanten der Pyramide sind 2,5 m lang, alle Kanten der Ergänzungspyramide 0,5 m.

HINWEIS
Granit hat eine Dichte von 2,8 $\frac{kg}{dm^3}$.

a) Zeichne ein Netz des Brunnens und stelle ihn im Dreitafelbild dar.

b) Berechne den Mantelflächeninhalt des Brunnens.

c) Schätze, ob der Brunnen mit einem 12 t-er LKW transportiert werden kann.

d) Berechne die Masse der gesamten Pyramide und des einzelnen Pyramidenstumpfes.

9 Ähnlichkeit bei Körpern

Nicht nur Flächen, sondern auch Körper können unter bestimmten Bedingungen ähnlich sein.

a) Begründet zu zweit die folgende Aussage:
Eine Ergänzungspyramide ist zur ursprünglichen Pyramide ähnlich.
Nutzt die Zeichnung, um ähnliche Flächen zu finden.

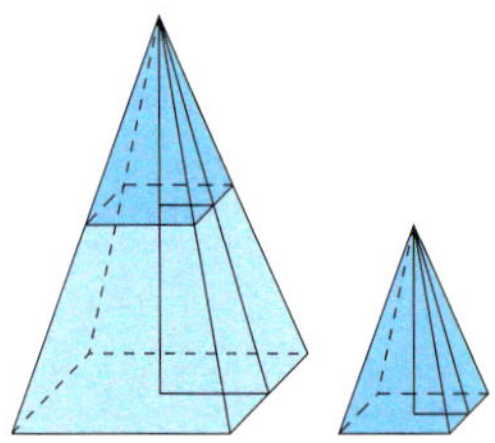

b) Zeichnet das Schrägbild eines Kegels mit seinem Ergänzungskegel. Tragt Strecken ein, mit deren Hilfe man beweisen kann, dass Kegel und Ergänzungskegel ähnlich sind. Führt den Beweis.

c) Wie verhalten sich Grundfläche, Mantelfläche und Volumen von ähnlichen Körpern?

10 Volumen eines quadratischen Pyramidenstumpfes

Das Volumen des Pyramidenstumpfes kann wie folgt berechnet werden.

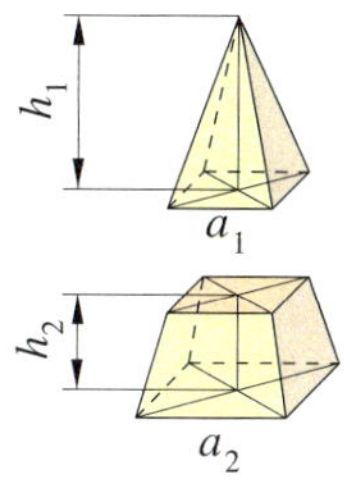

$$V_{Pyramidenstumpf} = V_{Pyramide} - V_{Ergänzungspyramide}$$
$$V_{Pyramidenstumpf} = \frac{1}{3} \cdot a_2^2 \cdot (h_1 + h_2) - \frac{1}{3} \cdot a_1^2 \cdot h_1$$
$$V_{Pyramidenstumpf} = \frac{1}{3} \cdot (a_2^2 \cdot (h_1 + h_2) - a_1^2 \cdot h_1)$$
$$V_{Pyramidenstumpf} = \frac{1}{3} \cdot (a_2^2 \cdot h_1 + a_2^2 \cdot h_2 - a_1^2 \cdot h_1)$$
$$V_{Pyramidenstumpf} = \frac{1}{3} \cdot ((a_2^2 - a_1^2) \cdot h_1 + a_2^2 \cdot h_2)$$

a) Beschreibe die einzelnen Schritte der Herleitung.

b) In einer Formelsammlung findet man zum Volumen eines quadratischen Pyramidenstumpfes diese beiden Formeln:

① $V = \frac{1}{3} \cdot h \cdot (a_1^2 + a_1 a_2 + a_2^2)$ ② $V = \frac{h}{3} \cdot (A_1 + \sqrt{A_1 \cdot A_2} + A_2)$

Wie wird eine Formel aus der anderen hergeleitet? Präsentiere deine Lösung.

11 Blumenkübel

Der Kübel soll mit Blumenerde gefüllt werden. Er hat eine quadratische Grundfläche und eine quadratische Öffnung. Die Grundkante ist innen 38,5 cm lang, die Oberkante innen 52,5 cm. Die innere Füllhöhe beträgt 55 cm. Wie viel Liter fasst der Kübel?

12 Volumenformel von Kegelstümpfen

Leite eine Formel zur Berechnung des Volumens von Kegelstümpfen her.

13 Apollo 11

Mit Apollo 11 flogen 1969 die ersten Menschen auf den Mond. Die drei Astronauten saßen während des Fluges in einer Kommandokapsel, die die Form eines Kegelstumpfes hatte.
Der untere Durchmesser betrug 3,9 m, der obere 0,9 m. Insgesamt hatte die Kapsel eine Höhe von 3,2 m.
Berechne Oberflächeninhalt und Volumen der Kapsel.

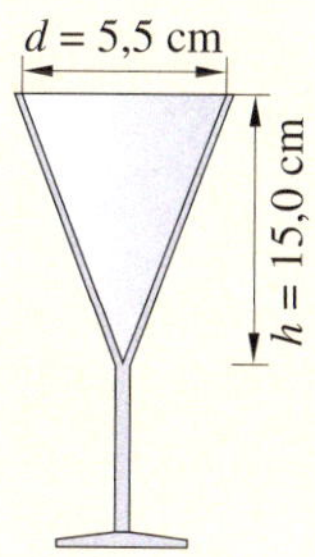

14 Kelchglas-Rätsel

Ein kegelförmiges Kelchglas mit einem inneren Randdurchmesser von 5,5 cm und einer inneren Kelchhöhe von 15,0 cm wird bis zur halben Höhe gefüllt.
Wie viel Prozent des höchstens in das Glas einzufüllenden Volumens wurden gefüllt?

15 Vergoldung der Kuppel des Petersdoms

Goldbarren, die bei Zentralbanken gelagert werden, wiegen 400 Feinunzen. Aus solchen Goldbarren kann durch mehrfaches Walzen Blattgold hergestellt werden. Jede Goldfolie hat dann nur noch eine Dicke von 100 nm.
Wie viele Goldbarren werden benötigt, wenn die Kuppel des Pertersdoms in Rom (siehe S. 140) von innen mit Blattgold verkleidet werden soll? Die Kuppel hat die Form einer Halbkugel mit einem Innendurchmesser von ca. 42 m.

HINWEIS
Eine Feinunze entspricht 31,1 g.
Ein nm entspricht 10^{-9} m.

Sportfest

Verschiedene Turnierformen

HINWEIS
Die „Meisterschale“ ist der Lohn für die erfolgreichste Bundesligamannschaft.

Beim Tennisturnier in Wimbledon erhalten die Sieger beim Dameneinzel (oben) und Herreneinzel (unten) unterschiedliche Trophäen.

Ein Turnier hat das Ziel, den besten Spieler, das beste Team etc. zu ermitteln. Ein Turnier kann in unterschiedlichen Turnierformen durchgeführt werden.
Die Wahl einer Turnierform hängt von vielen Kriterien ab, z. B. von der Sportart und der Anzahl der Teilnehmer. Manchmal werden in einem Turnier auch zwei Turnierformen nacheinander durchgeführt (Kombi-System).

1. Jeder gegen Jeden	Fußball-Bundesliga
Bei dieser Turnierform spielt jede Mannschaft gleich oft gegen jede andere und sammelt je nach Erfolg Punkte. Je erfolgreicher die Teams sind, desto höher sind sie platziert.	Das System „Jeder gegen Jeden“ wird z. B. in der Fußball-Bundesliga angewandt. Der Gewinner erhält 3 Punkte, der Verlierer geht leer aus. Bei einem Unentschieden bekommen beide 1 Punkt. In einer Saison trifft jedes der 18 Teams zweimal auf jedes andere, einmal zu Hause, einmal auswärts. „Deutscher Fußballmeister“ ist die Mannschaft, die am Ende der Saison die Tabelle anführt.

2. K.O.-System (Single Elimination)	Wimbledon
Bei Turnieren, die im K.O.-System durchgeführt werden, gilt die einfache Regel: Wer verliert, -scheidet aus, wer gewinnt, zieht in die nächste Runde des Turniers ein.	Wimbledon ist das älteste und prestigeträchtigste Tennisturnier der Welt. Es wird nach dem K.O.-System durchgeführt. Jährlich nehmen in London 128 Sportler teil.

3. Doppel-K.O.-System (Double Elimination)	Volleyball-Turniere
Dieses Format findet häufig bei Turnieren von Rückschlagspielen wie Tennis oder Volleyball Anwendung. Das Doppel-K.O.-System beruht auf dem K.O.-System. Hinzu kommt eine Verliererrunde. Dort spielt, wer einmal verloren hat. Erst bei zwei Niederlagen scheidet ein Spieler aus dem Turnier aus. Am Ende spielt der Gewinner der Haupt- und der Verliererrunde um den Turniersieg. Diese Turnierform stellt sicher, dass der zweitbeste Spieler den zweiten Platz belegt. Ein Nachteil dieses Systems ist, dass bei gleicher Teilnehmeranzahl etwa doppelt so viele Runden zu spielen sind wie beim K.O.-System.	Die Volleyballturniere des Deutschen Volleyball Verbandes werden nach dem Doppel-K.O.-System durchgeführt. Das gilt auch für Beachvolleyball-Turniere. Im September 2008 fand eine Beachvolleyball-Meisterschaft statt, an der 16 Teams teilnahmen.

4. Kombi-System
Beim Kombisystem werden die Turnierformen „Jeder gegen Jeden“ und K.O.-System miteinander vereint. In der Vorrunde werden Gruppen gebildet, in denen jeder gegen jeden spielt. Die ersten beiden Mannschaften einer Gruppe erreichen die Hauptrunde, in der nach dem K.O.-System gespielt wird.

Aufgaben

1 Wie viele Begegnungen gibt es bei der Turnierform „Jeder gegen Jeden“?

a) Ergänze die Tabelle im Heft. Als Hilfe sind Diagramme für 3 und 4 Teilnehmer in der Randspalte abgebildet. Jede Verbindungslinie steht für eine Begegnung.

Teilnehmerzahl	3	4	5	6	7	8	9	10
Anzahl der Begegnungen								

b) Stelle eine Formel auf, mit der man die Anzahl der Begegnungen für x Teilnehmer berechnen kann. Die Tabelle aus Aufgabenteil a) gibt dazu Anhaltspunkte.

c) Wie viele Begegnungen finden in einer gesamten Bundesligasaison statt? Bedenke, dass jede der 18 Mannschaften zwei Mal auf jede andere Mannschaft trifft.

2 Bestimme die Anzahl der Begegnungen …

a) in Wimbledon (128 teilnehmende Teams, K.O.-System).

b) bei der Beachvolleyball-Meisterschaft (16 teilnehmende Teams, Doppel-K.O.-System).

3 Welche Teilnehmerzahlen eignen sich beim K.O.-System?

a) Untersuche zunächst die Teilnehmerzahlen von 2 bis 10. Beurteile, ob sich ein K.O.-System in den einzelnen Fällen eignet oder nicht. Zeichne für die günstigen Anzahlen je einen Spielplan.

b) Finde eine Regel, die besagt, welche Anzahlen im Allgemeinen günstig sind.

4 Zu welcher Turnierform gehört dieser Spielplan?

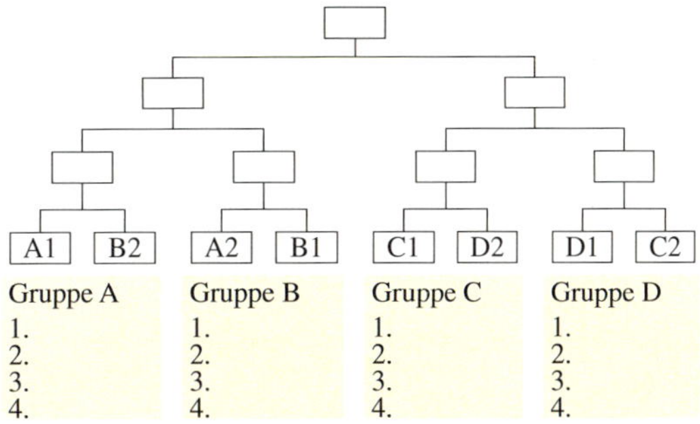

a) Für wie viele Mannschaften ist der Plan? Erläutere den Turnierablauf.

b) Nenne ein bekanntes Turnier, das in dieser Form durchgeführt wurde.

5 Abgebildet sind die Bundesligatabelle vor dem letzten Spieltag der Saison 2001/02 und einige Begegnungen des letzten Spieltages. Welche Mannschaften hätten zu diesem Zeitpunkt noch Meister werden können? Entwickle für jede Möglichkeit Spielausgänge.

Pl.	Verein	Sp.	Tore	Diff.	Pkte.
1	VfL Wolfsburg	33	75:40	35	66
2	Bayern München	33	69:41	28	64
3	VfB Stuttgart	33	62:41	21	64
4	Hertha BSC	33	48:37	11	63
5	Borussia Dortmund	33	59:36	23	58
6	Hamburger SV	33	46:45	1	58

Begegnungen am letzten Spieltag		
VfL Wolfsburg	–	Werder Bremen
Karlsruher SC	–	Hertha BSC
Borussia Mönchengladbach	–	Borussia Dortmund
Eintracht Frankfut	–	Hamburger SV
Bayern München	–	VfB Stuttgart

HILFE

zu Aufgabe 1:

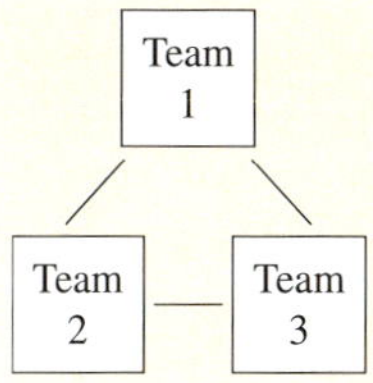

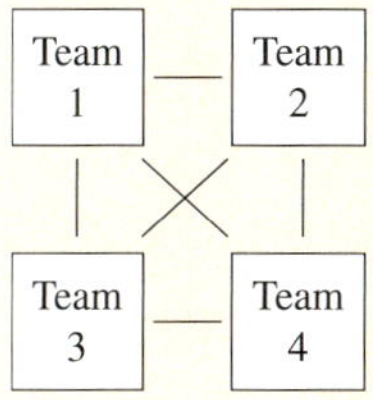

Projekt

Plant für eure Klasse ein kleines Sportfest, bei dem verschiedene Turnierformen zur Anwendung kommen. Überlegt zunächst, welche Sportarten sich dazu eignen (ihr könnt auch neue Sportarten erfinden). Teilt euch in Gruppen ein und wählt pro Gruppe eine geeignete Sportart. Jede Gruppe erhält die Aufgabe, ein Klassenturnier in einem der vorgestellten Systeme zu planen und den Spielplan der Klasse zu präsentieren.
Führt die geplanten Turniere wenn möglich durch.

Mehrkampf

HINWEIS
Weitere bekannte Formen des Mehrkampfes sind der Biathlon (eine Kombination aus Ski-Langlauf und Schießen) und der Triathlon (Schwimmen, Radfahren, Laufen)

Wenn mehrere Sportarten in einem Wettbewerb zusammengefasst werden, spricht man von einem Mehrkampf.
Zwei bekannte Formen des Mehrkampfes sind der Zehnkampf der Männer (Dekathlon) und der Siebenkampf der Frauen (Heptathlon). Bei diesen Wettbewerben werden verschiedene Leichtathletik-Disziplinen miteinander kombiniert.

Zehnkampf der Männer
Der Tscheche Roman Šebrle stellte im Jahr 2001 den Weltrekord im Zehnkampf auf, der bis heute gilt. Er erlangte folgende Einzelergebnisse:

100 m (s)	Weit (m)	Kugel (m)	Hoch (m)	400 m (s)	110 H (s)	Disk. (m)	Stab (m)	Speer (m)	1500 m (min)
10,64	8,11	15,33	2,12	47,79	13,92	47,92	4,80	70,16	4:21,98

Siebenkampf der Frauen
Den deutschen Rekord im Siebenkampf hält seit 1992 Sabine Braun mit folgenden Werten:

100 H (s)	Hoch (m)	Kugel (m)	200 m (s)	Weit (m)	Speer (m)	80 m (min)
13,11	1,93	14,84	23,65	6,63	51,62	2:12,67

BEACHTE
M = gemessene Leistung (in s, cm oder m)
a, b und c sind je nach Sportart variabel (siehe Tabelle).

Um den Sieger zu ermitteln, wird aus den Ergebnissen der einzelnen Disziplinen die Gesamtpunktzahl berechnet. Dazu werden die ermittelten Leistungen in folgende Formeln eingesetzt.
Laufwettbewerbe: $P = a(b - M)^c$
Sprung- und Wurfwettbewerbe: $P = a(M - b)^c$

	Zehnkampf der Männer		
Sportart	*a*	*b*	*c*
100 m	25,4347	18	1,81
Weitsprung	0,14354	220	1,40
Kugelstoßen	51,39	1,5	1,05
Diskus	12,91	4	1,10
Speerwurf	10,14	7	1,08
Hochsprung	0,8465	75	1,42
400 m	1,53775	82	1,81
110 m Hürden	5,74325	28,5	1,92
Stabhochsprung	0,2797	100	1,35
1500 m	0,03768	480	1,85

	Siebenkampf der Frauen		
Sportart	*a*	*b*	*c*
100 m Hürden	9,23076	26,7	1,835
Hochsprung	1,84523	75	1,348
Kugelstoßen	56,0211	1,5	1,05
Weitsprung	0,188807	210	1,41
Speerwurf	15,9803	3,8	1,04
800 m	0,11193	254	1,88
200 m	4,99087	42,5	1,81

Aufgaben

6 Mit seinem Weltrekord aus dem Jahr 2001 überschritt Šebrle als erster eine „magische Grenze“ (Tausenderzahl), die damals für unerreichbar gehalten wurde. Findet heraus, bei welcher Zahl diese Grenze lag, indem ihr Šebrles Gesamtpunktzahl mit Hilfe der Formeln berechnet (Tipp: Teilt die Arbeit untereinander auf).

7 Der 1992 durch Sabine Braun aufgestellte deutsche Rekord im Siebenkampf liegt bei 6985 Punkten. Versucht durch Veränderung ihrer erzielten Werte eine Gesamtpunktzahl zu erhalten, die möglichst nah an 7000 liegt.

8 Die Formeln zur Punktberechnung unterscheiden sich geringfügig voneinander.
Wie lässt sich dieser Unterschied erklären?

Weitsprung

Weitsprung ist eine Sportart, die schon seit der Antike betrieben wird. Bei den alten Griechen war er Teil des Fünfkampfes (Pentathlon) und wurde vermutlich aus dem Stand gesprungen. Der Weitsprung ist olympische Disziplin seit den ersten Olympischen Spiele der Neuzeit, die im Jahr 1896 in Athen stattfanden. Die Bilder zeigen den Bewegungsablauf beim Weitsprung:

147-1

BEACHTE
Unter dem Webcode befindet sich die Weitsprungreihe als Animation.

Aufgaben

9 Die Tabelle zeigt die Weitsprungergebnisse zweier Riegen der 9. Klasse beim letzten Sportfest.

a) Gib die erzielten Werte für die Riegen in ein Tabellenkalkulationsprogramm ein. Bestimme mit Hilfe des Programms Maximum, Minimum, arithmetisches Mittel, Median und Spannweite für beide Riegen.
Vergleiche die Ergebnisse miteinander und bewerte sie.

b) Wähle eine geeignete grafische Darstellung der Werte im Programm. Erstelle mit Hilfe des Programms ein Punktdiagramm zu den Werten. Beurteile das Ergebnis.

c) Welche der Riege ist die erfolgreichere? Erläutere deine Antwort anhand der Ergebnisse von a) und b).

Riege 1	Riege 2
5,79	4,4
3,1	3,62
2,93	3,69
4,8	4,01
3,45	4,27
3,8	3,76
4,45	3,68
4,35	4,3
3,2	4,07
3,15	3,74

10 Die Graphen zeigen die Geschwindigkeitsverläufe der Disziplinen 100-m-Lauf, Weitsprung, Schwimmen und Turmspringen.

a) Wie müssen x- und y-Achse beschriftet werden?

b) Welcher Graph gehört zu welcher Sportart? Begründe.

c) Zeichne Graphen zu weiteren Sportarten deiner Wahl.

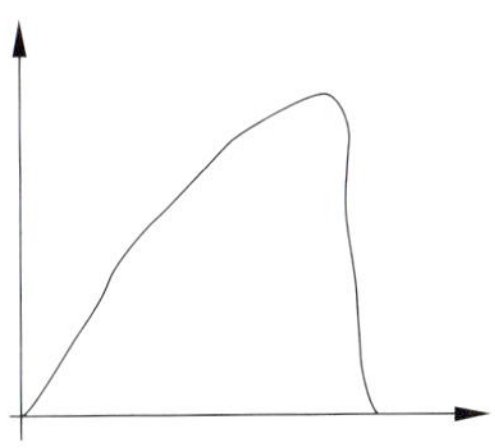

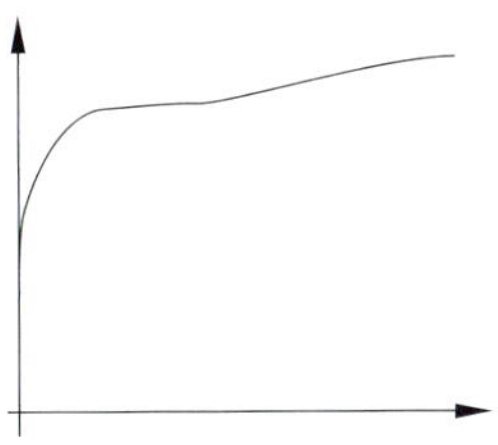

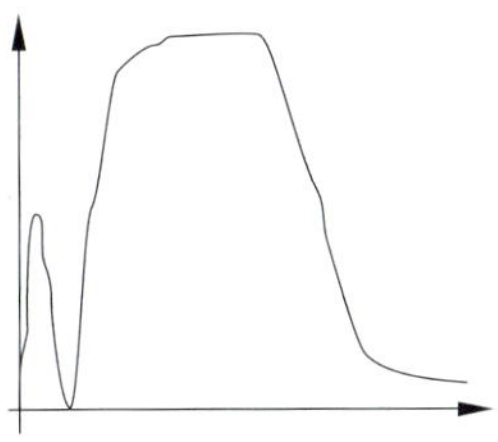

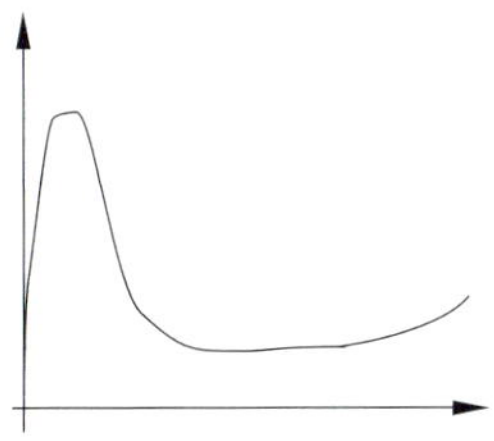

Projekt

Ermittelt eure eigenen Weitsprungergebnisse. Teilt dazu die Klasse wie bei Aufgabe 1 in gleich große Riegen ein.
Wertet die Daten aus und präsentiert die Ergebnisse vor der Klasse.

Glücksspiele

Sportwetten

Einen großen Anteil der Glücksspiele nehmen Sportwetten wie Qddset ein. Oddset ist ein Tippspiel, bei dem auf die Ausgänge von Sportspielen, zum Beispiel Fußball, Eishockey oder Basketball gesetzt wird.

Die Ausgänge von mindestens drei Wettereignissen müssen vorausgesagt werden. Dazu können die Wettereignisse aus einem Spielplan ausgewählt und beliebig miteinander kombiniert werden.
In der Tabelle unten sind Sportbegegnungen aus der Fußball-Bundesliga zu sehen.
Die Quoten haben folgende Bedeutung:
Quote 1: Sieg der Heimmannschaft
Quote 2: Sieg der Gastmannschaft
Quote 0: Unentschieden
Mit den Quoten werden die möglichen Gewinne berechnet. Der Gewinn wird immer nur dann ausgezahlt, wenn alle Tipps zutreffen.
Ein Spieler tippt beispielsweise darauf, dass Schalke und Dortmund gewinnen und dass Nürnberg gegen Aachen unentschieden spielt. Hat der Spieler alle Ereignisse richtig vorhergesagt, so erhält er das $(1{,}90 \cdot 2{,}80 \cdot 3{,}00 =)$ 15,96-fache seines Einsatzes ausbezahlt.

Heim	Gast	Quote 1	Quote 0	Quote 2
FSV Mainz 05	Schalke 04	3,00	2,85	1,90
Borussia Mönchengladbach	Hamburger SV	2,40	2,85	2,25
Borussia Dortmund	Werder Bremen	2,80	2,80	2,00
Arminia Bielefeld	Eintracht Frankfurt	2,10	2,75	2,65
VfL Bochum	Hertha BSC Berlin	2,10	2,75	2,65
1. FC Nürnberg	Alemannia Aachen	1,60	3,00	4,00
1. FC Köln	FC Freiburg	2,05	2,80	2,70

Aufgaben

1 Wie hoch ist der mögliche Gewinn, wenn der Wetteinsatz 10 € beträgt?
a) Herr Kaiser setzt auf Sieg von Schalke, Mönchengladbach und Bielefeld.
b) Frau Seeger setzt auf Sieg von Bochum, Köln und Hamburg.

NACHGEDACHT
Hältst du „Oddset" für fair? Begründe deine Ansicht.

2 Leon sagt: „Ich setze darauf, dass Mainz, Dortmund und Aachen gewinnen, dann bekomme ich das 33,6-fache meines Einsatzes ausbezahlt." Wie bewertest du Leons Strategie?

3 Die Quoten werden von den Lotto-Toto-Gesellschaften festgelegt.
a) Warum müssen alle Quoten größer als 1 sein?
b) Beim Spiel Barcelona gegen Mallorca hat die Gesellschaft eine Quote von 1,2 für einen Sieg von Barcelona festgelegt. Welche Bedeutung hat diese Quote für die Einschätzung der Spielstärke der Teams? Ist es möglich, dass Mallorca das Spiel gewinnt?

Psychologie des Glücksspiels

Gewinnwahrscheinlichkeiten werden in der Regel falsch eingeschätzt. Nach einem Gewinn glaubt man leicht, man habe eine Glückssträhne und setzt weiteres Geld ein.
Nach einem Verlust glaubt man, nun müsse der Ausgleich erfolgen und setzt ebenfalls weiteres Geld ein. Daher können Glücksspiele zu einer ernsthaften und vor allem teuren Sucht werden.

Gewinne beim Lotto

Nur die Hälfte der Einnahmen beim Lotto wird wieder an die Teilnehmer als Gewinne ausgezahlt.
Der Rest der Einnahmen wird wie im Diagramm ersichtlich verteilt.
Doch auch die 50 %, die an die Teilnehmer ausgezahlt werden, können sich lohnen: die bisher höchste Gewinnsumme, über 37 Millionen Euro, gewann im Jahr 2006 ein Krankenpfleger aus Nordrhein-Westfalen.

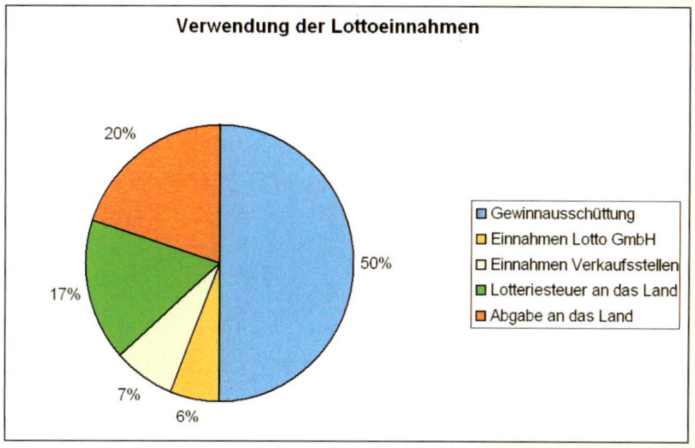

Aufgaben

4 Wann würdest du für einen Tipp eher Geld einsetzen: Wenn du selbst die Sportbegegnungen und ihre Ausgänge auswählst oder wenn ein Fremder sie für dich auswählt? Begründe deine Antwort.

5 Erkläre in eigenen Worten, wie das Lottospiel funktioniert.

6 Warum sind Lotto und andere Glücksspiele für Kinder und Jugendliche verboten? Findest du das Verbot fair?

7 Im Jahr 2006 wurden 5 Milliarden Euro beim Lotto eingesetzt. Berechne anhand des Diagramms, wie viel Geld die einzelnen Stellen erhalten haben.

8 Berechne die Anzahl der Möglichkeiten für den Ziehungsverlauf der sechs Gewinnzahlen.
BEISPIEL für einen Ziehungsverlauf: 47|2|1|12|40|30

9 Für die 10. Ausspielung „Lotto am Samstag" im Jahr 2007 wurden für 1 253 980 „3er" je 10,60 € ausgezahlt. Wie groß war der gesamte Spieleinsatz für diese Veranstaltung Lotto am Sonnabend mindestens?
(Einzelgewinne werden auf eine Stelle nach dem Komma abgerundet.)

10 Berechne für die Gewinnklassen 2, 4, 6 und 8 die Gewinnwahrscheinlichkeiten eines Lottospielers.

Gewinnklasse (Ereignis)	2	4	6	8
Anzahl der zugehörigen Pfade	1	6	15	20

Lösungshinweis: Ermittle die Wahrscheinlichkeiten für die entsprechenden Ereignisse des 6-stufigen Zufallsexperiments mit Hilfe eines Baumdiagramms. Unterscheide an den Pfaden zwischen „getippte Zahl gezogen" und „getippte Zahl nicht gezogen".
Die zu einem Ereignis zugehörigen Pfade haben die gleiche Wahrscheinlichkeit.

Projekte

1. Fairness der Glücksspiele

Arbeitet in Kleingruppen. Wählt eines der abgebildeten Glücksspiele oder ein anderes Glücksspiel, zum Beispiel Roulette, Black Jack, Poker, Glücksrad, Sic Bo, … Sammelt dann im Internet, in Lexika und durch Befragungen Informationen zum gewählten Spiel. Erstellt ein Plakat zu eurem Glücksspiel und geht dabei auf folgende Fragen ein:

- Wie läuft das Spiel ab?
- Welchen Einsatz muss man mindestens bezahlen?
- Wie wahrscheinlich ist es, einen Gewinn/einen Verlust zu erzielen?

Präsentiert eure Plakate in der Klasse.
Vergleicht die untersuchten Glücksspiele und bewertet die Gewinnchancen.

Lotto

Spielautomat, auch einarmiger Bandit genannt

Rubbellos

Pferderennen

2. Der Traum vom Lottoglück

Kennt ihr jemanden, der regelmäßig Lotto spielt? Erstellt in Kleingruppen Fragebögen mit interessanten Fragen zum Thema Lotto spielen.

Haben Sie schon einmal gewonnen?

Was würden Sie mit einem großen Gewinn tun?

Wie häufig spielen Sie Lotto?

Kreuzen Sie immer die gleichen Glückszahlen an?

Führt dann alleine oder zu zweit Interviews mit den Personen durch, die regelmäßig Lotto spielen. Wertet die Fragebögen gemeinsam aus. Schreibt, beispielsweise für die Schülerzeitung, einen Artikel zum Thema „Lotto spielen".

Erstellt in Kleingruppen ein Plakat, auf dem ihr interessante Berechnungen rund um das Lottospielen erklärt.
Präsentiert eure Plakate in der Klasse.

Anhang

Rechnen mit reellen Zahlen und Wurzeln
Du kennst bereits natürliche Zahlen, ganze Zahlen und rationale Zahlen. Alle diese Zahlen sind bestimmten Punkten auf der Zahlengeraden zugeordnet. Es gibt aber auch Punkte auf der Zahlengeraden, denen man keine rationale Zahl zuordnen kann. Zu diesen Zahlen gehören z. B. viele Wurzeln.

Quadratische Funktionen
Ein Vulkanausbruch! Glühendheiße Lava schießt aus dem Krater und wird in einem parabelförmigen Bogen ausgeworfen. Später erstarrt sie zu besonders fruchtbarer Erde.

Gleichungen lösen
Die Flugkurve des Skifahrers beschreibt unter dem Einfluss seiner Anfangsgeschwindigkeit und der Fallbeschleunigung einen Parabelbogen, den Graphen einer quadratischen Funktion. Mit der zugehörigen quadratischen Gleichung können z. B. Höhe und Weite des Sprunges berechnet werden.

Zufall und Wahrscheinlichkeiten
Bei einer Lotto-Ziehung hängen die gezogenen Zahlen vom Zufall ab. Viele Menschen spielen Lotto und erhoffen sich einen großen Gewinn. Allerdings ist die Wahrscheinlichkeit, einen Sechser zu haben, äußerst gering.

Kreiskegel und Kugel
In deiner Umwelt findest du viele Gegenstände, die die Form eines geometrischen Körpers haben. Die drei Lichttürme befinden sich auf dem Dach der Bundeskunsthalle in Bonn. Sie haben die Form eines Kreiskegels.

Rechnen mit reellen Zahlen und Wurzeln

1 Berechne ohne Verwendung des Taschenrechners.

a) $\sqrt{9 \cdot 16 \cdot 100}$ b) $\sqrt{1600}$
c) $\sqrt{9} \cdot \sqrt{16} \cdot \sqrt{100}$ d) $\sqrt{40000}$
e) $\sqrt{25 \cdot 36}$ f) $\sqrt{360000}$

2 Fasse zusammen und berechne das Ergebnis. Runde auf Hundertstel.

a) $2\sqrt{7} - \sqrt{7}$ b) $3\sqrt{5} + 4\sqrt{5}$
c) $3\sqrt{11} - 5\sqrt{7}$ d) $12\sqrt{7} + 5\sqrt{7}$
e) $2{,}5\sqrt{13} - 3\sqrt{13}$ f) $6\sqrt{30} - \frac{1}{7}\sqrt{30}$
g) $3\sqrt{7} - 4\sqrt{8}$ h) $8\sqrt{17} + 2{,}4\sqrt{18}$
i) $22\sqrt{15} + 3{,}6\sqrt{13}$ j) $0{,}8\sqrt{36} - 12\sqrt{27}$
k) $32\sqrt{25} - 19\sqrt{30}$ l) $14{,}2\sqrt{24} - 0{,}8\sqrt{14}$

3 Welche der angegebenen Zahlen sind rational, welche sind irrational? Begründe deine Entscheidung.

6,704 980 843 …	0,333 333 …
20,077 472 53 …	0,037 037 …
1,862 068 966 …	3,043 478 261 …

4 Welche Dezimalbrüche mit einer Nachkommastelle ergeben beim Wurzelziehen den gerundeten Wert 6,7?

5 Zwischen welchen beiden natürlichen Zahlen liegt die Quadratwurzel?

a) $\sqrt{250}$ b) $\sqrt{1000}$ c) $\sqrt{305}$

6 Bestimme mittels Intervallschachtelung jeweils die Quadratwurzel.
Gib jedes Intervall an und runde auf vier Nachkommastellen.

a) $\sqrt{3}$ b) $\sqrt{5}$ c) $\sqrt{11}$

7 Löse die Wurzelgleichungen im Kopf.

a) $\sqrt{x+6} = 6$
b) $\sqrt{x+9} = 7$
c) $\sqrt{x-8} = 2$
d) $\sqrt{x-5} = 5$
e) $\sqrt{x-10} = 8$
f) $\sqrt{2x+6} = 4$

8 Begründe, ob die folgende Aussage wahr oder falsch ist.
Das Produkt zweier rationaler Zahlen ist wieder rational.

9 Gib die Lösungen der folgenden Wurzelgleichungen an.

a) $\sqrt{12x-5} = \sqrt{6x+37}$
b) $\sqrt{16x-8} = \sqrt{4x+13}$
c) $\sqrt{4x+14} = \sqrt{3x+11}$
d) $\sqrt{21x+2} = \sqrt{16x+12}$
e) $\sqrt{25x+9} = 9$
f) $\sqrt{35x+3} = \sqrt{15x+43}$
g) $\sqrt{\frac{x}{3}+47} = \sqrt{9x-5}$

10 Entscheide ohne umzuformen, ob die Gleichung eine Lösung haben kann.

a) $\sqrt{6x} + 50 = 1$
b) $\sqrt{12x} + 15 = -30$
c) $\sqrt{x} + 14 = 24$
d) $\sqrt{3x} + 12 = 5$
e) $\sqrt{19x+22} + 35 = 28$
f) $\sqrt{\frac{x}{5}+5} - 7 = 10$
g) $\sqrt{6x-16} - 17 = 60$

11 Löse die Zahlenrätsel.

a) Die Wurzel aus der Summe einer Zahl und 27 ist halb so groß wie 18.
b) Die Wurzel aus dem Produkt einer Zahl und 5 ist 100.
c) Die Wurzel aus der Differenz einer Zahl und 66 ist 30.
d) Die Wurzel aus der Summe einer Zahl und 32 ist gleich der Wurzel aus der Differenz des Dreifachen dieser Zahl und 1.

12 Konstruiere eine Strecke der Länge $\sqrt{7}$. Beschreibe, wie du vorgehst.

13 Löse die Wurzelgleichungen.
Runde gegebenenfalls auf zwei Nachkommastellen.

a) $\frac{21\sqrt{4+x}}{\sqrt{5x}} = 12{,}6$

b) $\frac{18\sqrt{x+5}}{\sqrt{6x}} = 11{,}63$

c) $\sqrt{\frac{8}{x}+11} = 24$

Quadratische Funktionen

1 Beschreibe den Funktionsgraphen und gib den Scheitelpunkt der Parabeln an.

a) $f(x) = x^2 - 1$
b) $f(x) = -x^2 + 4$
c) $f(x) = -2{,}5x^2 + 5{,}5$
d) $f(x) = \frac{2}{3}x^2 - \frac{1}{2}$
e) $f(x) = (x-4)^2 + 3$
f) $f(x) = 1{,}5(x-1)^2$
g) $f(x) = -\frac{1}{2}(x+4)^2 - 2$
h) $f(x) = 2(x-4)^2$
i) $f(x) = 0{,}8(x-2)^2 + 1$
j) $f(x) = -(x+8)^2$

2 Forme die Funktionsgleichungen in die Scheitelpunktform um. Beschreibe jeweils den Funktionsgraphen und gib den Scheitelpunkt an.

a) $f(x) = x^2 + 14x + 49$
b) $f(x) = x^2 - 6x + 9$
c) $f(x) = x^2 + 18x + 81$
d) $f(x) = x^2 - 4x + 6$
e) $f(x) = x^2 + 3x + 3$
f) $f(x) = -x^2 - 6x + 10$
g) $f(x) = 3x^2 - 9x - 12$
h) $f(x) = -2x^2 + 4x + 30$

3 WANTED!

Gesucht wird die Gleichung einer Parabel mit den folgenden Eigenschaften.

a) Scheitelpunkt $S(2|1)$ und Stauchungsfaktor $\frac{1}{3}$
b) Scheitelpunkt $S(-3|4)$ und Streckungsfaktor -2
c) Scheitelpunkt $S(3|0)$ und Punkt $P(4|2)$
d) Scheitelpunkt $S(1|4)$ und y-Achsenabschnitt $n = 5$
e) Scheitelpunkt im Ursprung und Punkt $P(2|5)$

4 Ein Architekt plant eine Brücke mit einem Parabelbogen entsprechend der angegebenen Skizze.

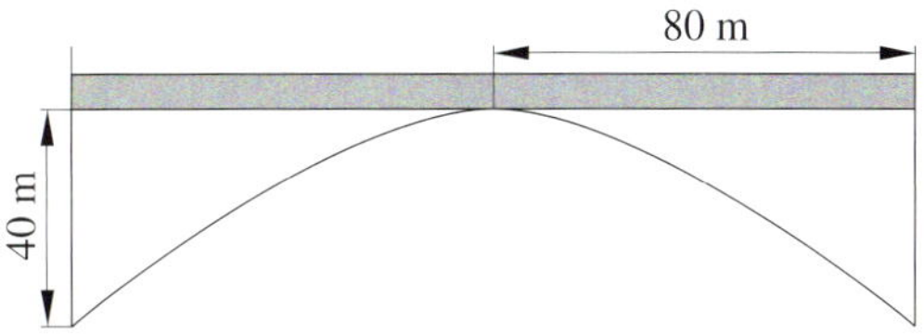

Ermittle den Streckungsfaktor a aus der Gleichung $f(x) = ax^2$.
Stelle anschließend die Funktionsgleichung auf.

5 In einem Park soll eine Wasserfontäne 10 m weit und 4 m hoch spritzen.
Überprüfe, ob die Höhe h des Wasserstahls mit der Gleichung $h(x) = -0{,}16x^2 + 1{,}6x$ beschrieben werden kann.

6 Beschreibe den Graphen der Funktion und begründe, ob die Funktion keine, eine oder zwei Nullstellen besitzt.

a) $f(x) = x^2 - 8x + 16$
b) $f(x) = -x^2 - 2x - 3$
c) $f(x) = 3x^2 + 3x - 6$
d) $f(x) = 2x^2 + 8x + 3$

7 Das „Tor zum Westen“, der Gateway Arch in St. Louis (USA), kann näherungsweise durch den Graphen einer quadratischen Funktion der Form $f(x) = ax^2$ beschrieben werden. Der äußere Begrenzungsbogen hat eine Basislänge von 192 m und die gleiche Höhe. Der innere Begrenzungsbogen hat eine Basislänge von 161,5 m und eine Höhe von 187,5 m.

Bestimme für beide Bögen jeweils die Funktionsgleichung. Wähle den Koordinatenursprung im Scheitelpunkt.

8 Eine Kugel wird senkrecht nach oben geschossen.
Ihre Höhe über der Abschussstelle wird durch die Funktion $h(x) = -5x^2 + 45x$ berechnet. Dabei steht x für die Zeit nach dem Abschuss in s, h für die Höhe in m.

a) In welcher Höhe befindet sich die Kugel nach zwei Sekunden?
b) Nach wie vielen Sekunden erreicht die Kugel ihre maximale Höhe? Wie hoch ist sie dann?
c) Wann trifft die Kugel auf dem Boden auf?
d) Zu welchen Zeiten erreicht die Kugel eine Höhe von 90 m?

Quadratische Gleichungen

1 Löse die quadratischen Gleichungen. Welche Gleichungen haben keine Lösung?

a) $x^2 = 9801$ b) $x^2 = 2025$
c) $3x^2 = 2028$ d) $x^2 + 27 = 9$
e) $x^2 - 157 = 932$ f) $16x^2 = 0$
g) $x^2 + 27 = 556$ h) $2x^2 + 16 = 0$

2 Multipliziert man eine natürliche Zahl mit ihrem Fünffachen, so erhält man 180. Bestimme die Zahl.

3 Eine quadratische Tischplatte hat eine
a) Seitenlänge von 80 cm. Wie lang ist die Diagonale des Tisches?
b) Diagonale mit einer Länge von 80 cm. Welche Seitenlängen hat der Tisch?

4 Löse die quadratischen Gleichungen.

a) $x^2 + 8x - 9 = 0$ b) $x^2 + 4x - 96 = 0$
c) $x^2 - 3x - 18 = 0$ d) $x^2 + 12{,}5x + 25 = 0$
e) $x^2 + x - 20 = 0$ f) $x^2 + 20x + 96 = 0$

5 Löse die quadratischen Gleichungen. Forme falls nötig in die Normalform um.

a) $x^2 - 8x + 15 = 0$ b) $2x^2 - 18x + 40 = 0$
c) $-\frac{1}{2}x^2 + 2x + 16 = 0$ d) $3x^2 = -6x + 9$
e) $0{,}48x^2 = 9{,}6x$ f) $-4x^2 + 16x = 16$
g) $9x^2 + 3x = 20$ h) $0{,}5x^2 - 3x + 4 = 0$

6 Ein rechteckiges Grundstück ist 1575 m² groß. Die eine Seite ist 10 m länger als die andere. Wie lang und wie breit ist das Grundstück?

7 Ein Rechteck hat einen Umfang von 96 cm und einen Flächeninhalt $A = 432\,\text{cm}^2$. Bestimme die Länge und Breite des Rechtecks.

8 Um einen rechteckigen Spielplatz soll eine Rasenfläche angelegt werden, die an allen Seiten gleich breit ist.
Der Spielplatz hat die Maße 25 m × 15 m.
Die Rasenfläche ist fünfmal so groß wie der Spielplatz.
Bestimme, welche Außenmaße die Rasenfläche hat?

9 Eine quadratische Säule ist 7 m hoch. Ihr Oberflächeninhalt beträgt 64 m².
a) Berechne die Seitenlänge der quadratischen Grundfläche.
b) Welches Volumen hat die Säule?

10 Karina ist vier Jahre jünger als ihr Freund Tom. Multipliziert man das Alter der beiden miteinander, so erhält man 357. Wie alt sind die beiden?

11 Die Hypotenuse eines rechtwinkligen Dreiecks ist 15 cm lang. Die Katheten unterscheiden sich um 3 cm.
a) Wie lang sind die Katheten?
b) Berechne den Flächeninhalt des Dreiecks.

12 Verlängert man den Radius eines Kreises um 15 cm, dann verdoppelt sich der Flächeninhalt des Kreises.
a) Wie lang war der ursprüngliche Radius?
b) Um wie viel Prozent wurde der Radius vergrößert?

13 Eine rechteckige Wiese wird durch einen 400 m langen Zaun begrenzt. Läuft man von einer Ecke zur diagonal gegenüberliegenden Ecke, so legt man 143 m zurück. Wie lang und wie breit ist die Wiese?

14 Der Bogen einer Brücke kann annähernd durch die Funktion $f(x) = -0{,}5x^2 + 3x$ beschrieben werden.
Höhe und Breite der Brücke haben die Einheit Meter.
a) Wie breit ist die Brücke?
b) Gib die maximale Höhe der Brücke an.

15 Gegeben sind die beiden Funktionen f und g mit den Funktionsgleichungen $f(x) = \frac{1}{2}x^2 - 2x + 4$ und $g(x) = -2x^2 + 6x + 4$.
a) Forme die Funktionsgleichungen in die Scheitelpunktform um und gib jeweils den Scheitelpunkt an.
b) Berechne die Nullstellen von f und g.
c) Berechne die Schnittpunkte der beiden Graphen f und g.

Zufall und Wahrscheinlichkeiten

1 Wie groß ist die Wahrscheinlichkeit dafür, dass bei dem abgebildeten Glücksrad

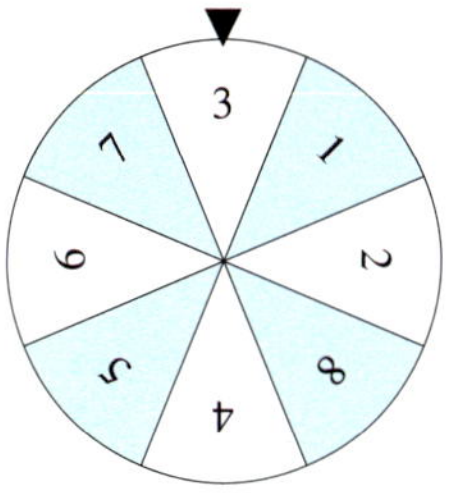

a) die 8 gedreht wird,
b) eine gerade Zahl gedreht wird,
c) ein blaues Feld gedreht wird,
d) eine Zahl kleiner als 6 gedreht wird,
e) ein blaues Feld mit gerader Zahl gedreht wird?

2 Handelt es sich beim Werfen mit dem abgebildeten Würfel um ein Laplace-Experiment? Begründe.

3 Aus einem Skatspiel (32 Karten) wird eine Karte gezogen.
Wie groß ist die Wahrscheinlichkeit, dass folgendes Ereignis eintritt?
a) Herz-Ass wird gezogen
b) ein schwarzer Bube wird gezogen
c) ein König wird gezogen
d) eine „7“ oder eine „8“wird gezogen
e) eine Karo-Karte wird gezogen
f) eine rote Karte wird gezogen
g) eine Dame oder eine schwarze Karte wird gezogen
h) ein Bube, eine Dame oder ein König wird gezogen
i) eine gerade Zahl wird gezogen

4 Welche Situationen können als zweistufige Zufallsexperimente interpretiert werden?
① einmaliges Werfen einer Münze
② zweimaliges Werfen eines Würfels
③ gleichzeitiger Wurf von zwei Münzen
④ in einem Restaurant kann das Menü aus drei Vorspeisen und vier Hauptgerichten zusammengestellt werden

5 Beim Tontaubenschießen gab es folgende Ergebnisse:

Name	Schüsse	Treffer
Hannah	10	8
Katrin	12	9
Thomas	8	4
Michael	15	12
Marco	9	3

a) Gib für jede Person die Wahrscheinlichkeit an, mit der sie die Tontaube trifft.
b) Wer hat das Tontaubenschießen gewonnen?

6 Maria schreibt die Buchstaben ihres Vornamens auf je ein Blatt Papier. Dann zieht sie ohne hinzuschauen ein Blatt.
Wie groß ist die Wahrscheinlichkeit, dass sie
a) das „M“ zieht,
b) ein „A“ zieht,
c) einen Vokal zieht,
d) ein „S“ zieht?

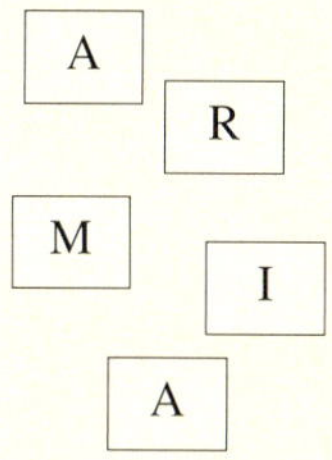

7 Ein Multiple-Choice-Test besteht aus zwei Fragen mit vier Antwortmöglichkeiten, von denen genau eine richtig ist.
a) Wie groß ist die Wahrscheinlichkeit, dass ein ahnungsloser Prüfling beide Antworten richtig errät?
b) Wie groß ist die Wahrscheinlichkeit, dass er mindestens eine Aufgabe richtig löst?
c) Der Tester möchte, dass die Wahrscheinlichkeit, beide Lösungen richtig zu raten, kleiner als 1 % ist. Wie viele Antwortmöglichkeiten müsste er bei den Fragen vorgeben?
Finde mehrere Möglichkeiten.

8 Ein Lehrer schreibt den Klassenspiegel der letzten Mathematikarbeit an die Tafel.

Note	1	2	3	4	5	6
Anzahl	3	5	6	7	4	0

Chantal, die Klassenbeste, sagt:
„Die Wahrscheinlichkeit, dass ich eine „5“ geschrieben habe, liegt bei $\frac{4}{25}$, also bei 16 %.“
„Ich habe sicher eine „5“ geschrieben“, sagt Selina, die in der Klassenarbeit Schwierigkeiten hatte. Nimm Stellung zu den Aussagen der Schülerinnen.

Kreiskegel und Kugel

1 Berechne das Volumen eines Kegels mit den angegebenen Maßen.

a) $r = 6{,}4\,\text{cm}$; $h = 13{,}6\,\text{cm}$
b) $r = 5\,\text{cm}$; $s = 10\,\text{cm}$
c) $s = 15\,\text{mm}$; $h = 10\,\text{mm}$
d) $d = 28\,\text{m}$; $s = 35\,\text{m}$

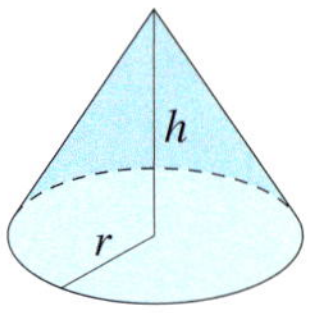

2 Berechne den Mantelflächeninhalt A_M, den Oberflächeninhalt A_O und das Volumen V des Kegels.

a) $h = 17\,\text{cm}$; $r = 5\,\text{cm}$
b) $h = 20\,\text{mm}$; $d = 30\,\text{mm}$
c) $h = 10\,\text{cm}$; $s = 15\,\text{cm}$
d) $s = 9\,\text{cm}$; $r = 40\,\text{mm}$

3 Berechne das Volumen und den Oberflächeninhalt der Kugel für die angegebenen Maße.

a) $r = 3{,}7\,\text{cm}$
b) $d = 12{,}8\,\text{dm}$

4 Die Tabelle zeigt die Maße eines Kegels. Übertrage sie in dein Heft und fülle sie aus. Maße in cm.

	r	h	A_M	A_O	V
a)	6				142
b)		8	100	250	
c)	30	15			
d)	9,5	12,5		590	

5 Berechne den Durchmesser der Kugel.

a) $A_O = 2875\,\text{cm}^2$
b) $A_O = 8{,}22\,\text{m}^2$
c) $V = 28{,}75\,\text{cm}^3$
d) $V = 822\,\text{m}^3$

6 Eine Kugel hat einen Durchmesser von $d = 30\,\text{cm}$.

a) Berechne das Volumen der Kugel.
b) Welchen Durchmesser hat eine Kugel mit einem Viertel des Volumens dieser Kugel?
c) Welchen Oberflächeninhalt haben die beiden Kugeln?

7 Wie verändert sich das Volumen einer Kugel, wenn sich der Radius verdoppelt?

8 Von einer Hohlkugel sind die folgenden Angaben bekannt. Ergänze die folgende Tabelle in deinem Heft.

	r_a	r_i	V
a)	6 cm	2 cm	
b)	15 cm	7,5 cm	
c)	49 dm	2,4 m	
d)	45 cm	1,5 dm	
e)	34 mm		$60\,024\,\text{mm}^3$
f)	18 mm		$859{,}3\,\text{mm}^3$

9 Der Radius einer Kugel beträgt $r = 4\,\text{cm}$.

a) Berechne den Oberflächeninhalt der Kugel.
b) Welchen Radius hat eine Kugel, deren Oberflächeninhalt nur halb so groß ist?
c) Welchen Radius hat eine Kugel, deren Oberflächeninhalt doppelt so groß ist?

10 Ordne die folgenden Körper nach ihrem Volumen.

① quadratische Pyramide mit $a = 10\,\text{cm}$ und $h = 10\,\text{cm}$
② Kegel mit $d = 10\,\text{cm}$ und $h = 10\,\text{cm}$
③ Kugel mit $r = 10\,\text{cm}$

11 Ein Kegel aus Plexiglas hat einen Radius von $r = 5\,\text{cm}$ und ist 10 cm hoch. Der Kegel ist mit Metallkugeln gefüllt, die einen Durchmesser von 3 mm besitzen. Wie viele Metallkugeln können höchstens in dem Kegel sein? Schätze zunächst und berechne dann.

12 Aus einem Holzwürfel mit einer Kantenlänge von 20 cm soll eine Kugel mit dem größtmöglichen Durchmesser herausgearbeitet werden.

a) Welches Volumen hat die entstandene Kugel?
b) Vergleiche das Volumen des Würfels mit dem Volumen der Kugel? Um wie viel Prozent weicht das Volumen der Kugel von dem des Würfels ab?
c) Um wie viel Prozent hat sich der Oberflächeninhalt der Kugel im Vergleich zur Kugel geändert?

Auf dem Weg in die Berufswelt

Da es meistens mehrere Bewerber auf einen Ausbildungsplatz gibt, setzen viele größere Betriebe, Behörden oder Banken Testverfahren ein. So können sie bereits eine Vorauswahl für nachfolgende persönliche Bewerbungsgespräche treffen.

Diese so genannten **Berufseingangstests** unterscheiden sich in ihrer Qualität, ihrer Form und ihrem Inhalt oft sehr voneinander.

Häufig legt man den Bewerbern schriftliche Prüfungen vor, die zur Überprüfung des Wissens eingesetzt werden, das in der Schule vermittelt wurde. Abgefragt werden vor allem die Mathematik- und Deutschkenntnisse sowie das Allgemeinwissen. Je nach Ausbildungsberuf können aber auch weitere Kenntnisse und Fähigkeiten getestet werden, wie etwa technisches Verständnis oder Konzentrationsfähigkeit.

Der nun folgende Diagnosetest (S. 159), die Übungsaufgaben (S. 161) sowie der abschließende Auswahltest (S. 167) sollen eine Vorstellung von dem geben, was bei Berufseingangstests aus dem Bereich der mathematischen Kenntnisse abgefragt werden kann.
Das Mindmap gibt einen Überblick über mögliche mathematische Themen.

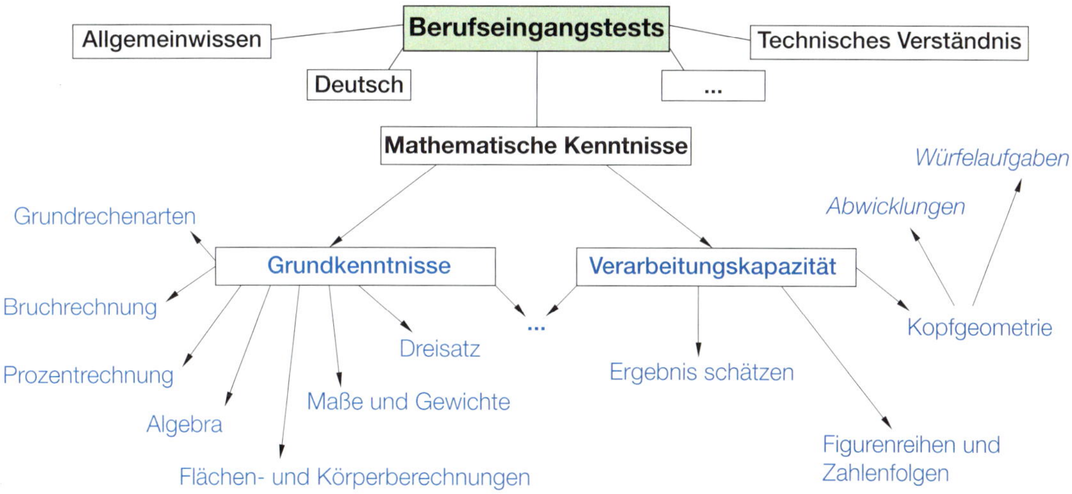

Mit Hilfe der Eingangsdiagnose soll festgestellt werden, wo deine Stärken und deine Schwächen im Bereich der mathematischen Kenntnisse liegen.
Die dann folgenden Aufgaben stellen eine gute Möglichkeit dar, mathematische Inhalte zu wiederholen oder zu vertiefen.
Der abschließende Test soll eine Testsituation nachstellen. Es handelt sich aber keinesfalls um einen „echten Test", da nur ausgewählte mathematische Fähigkeiten abgefragt werden und reale Berufseingangstest wesentlich komplexer sind.

Tipps und Hinweise

158-1
BEACHTE
Über den Webcode gelangt man zu einer Linkliste zu Informationen über Ausbildungsberufe, Bewerbungsschreiben und Ausbildungsplätze.

1. Gezielt bewerben

Bevor du dich auf einen Ausbildungsberuf bewirbst, solltest du versuchen, deine Stärken und Schwächen sowie deine Neigungen möglichst genau einzuschätzen. Nur dann ist es dir möglich, die Berufe herauszufinden, für die du wegen deiner Voraussetzungen besonders geeignet bist. Folgende Fragen solltest du dir stellen:
- Habe ich ein besonderes Talent oder eine besondere Begabung?
- In welchen Bereichen liegen meine Stärken?
- Wofür bin ich überhaupt nicht geeignet bzw. was fällt mir schwer?
- Welche Erfahrungen oder Qualifikationen habe ich bereits gesammelt?
- Stimmen meine Fähigkeiten mit meinen Interessen überein?
- Wie sieht mein Wunsch-Arbeitsplatz aus (Arbeitszeit, Aufstiegschancen, ...)?
- Welches Berufsfeld kommt für mich in Frage?

Bei der Selbsteinschätzung können dir Eltern, Freunde und Verwandte helfen. Auch bei der Berufsberatung findest du unterstützende Hilfe.
Beachte, dass der Arbeitgeber über das Bewerbungsanschreiben den ersten Eindruck von dir erhält. Deswegen muss das Bewerbungsschreiben formal absolut einwandfrei und ohne Rechtschreibfehler sein. Dabei sollten in jedem Fall die geltenden Standards beachtet werden.

2. Vorbereitung

Dem Bewerber werden häufig schulähnliche schriftliche Prüfungen vorgelegt. Darauf kann man sich vorbereiten.
Informiere dich zunächst, welche Kenntnisse für den angestrebten Ausbildungsberuf besonders wichtig sind. Vielleicht ist ein Lehrling oder ein Mitarbeiter bereit, dir Auskunft darüber zu geben, was in den Vorjahren abgefragt wurde und auf welche Kenntnisse besonders großer Wert gelegt wird.
Überprüfe dann selbstkritisch, inwieweit du über diese Kenntnisse verfügst. Schließe deine Wissenslücken durch intensives Üben. Übungsmaterial bietet unter anderem die Agentur für Arbeit an.

158-2
BEACHTE
Unter dem Webcode befindet sich eine Linkliste zu Aufgaben aus Berufseingangstests.

3. Beim Test

Beachte in der Testsituation vor allem Folgendes:
- Lies dir die Aufgabenstellungen sorgfältig durch.
- Löse zunächst die Aufgaben, die du sicher beherrscht.
- Halte dich nicht zu lange mit der Lösung einer Aufgabe auf.
- Bleibe ruhig! Die Zeit zum Lösen der Aufgaben ist häufig sehr knapp kalkuliert.

So wollen die Arbeitgeber sehen, wie die Bewerber in stressigen Situationen reagieren.
Die Bedingungen sind aber für alle Bewerber gleich.

4. Literatur

Besorge dir Literatur zu Bewerbungsschreiben und Einstellungstests. Du kannst auch im Internet nachschauen, wie man sich richtig bewirbt und was man unbedingt beachten muss.

> Berufseingangstest Mathematik problemlos, Cornelsen Verlag.
> Blickpunkt Beruf Einstellungstests, Deutscher Sparkassenverlag.
> Lehrstellenreport Nr. 1 Test-Training, Volksbanken und Raiffeisenbanken.
> Orientierungshilfe zu Auswahltests, Bundesanstalt für Arbeit.

Eingangsdiagnose

Löse die folgenden Aufgaben ganz in Ruhe in deinem Heft. Löse die Aufgaben ohne Taschenrechner und Formelsammlung.

Grundkenntnisse

I Grundrechenarten

1 Berechne.
a) $308 + 9930$
b) $704 - 187$
c) $409 \cdot 814$
d) $48\,656 : 8$
e) $34 + 66 \cdot 2$
f) $(462 - 228) : 26$
g) $1440 : 32 - 470 \cdot 3$

II Maße und Massen

2 Berechne.
a) 30 mm = _____ cm
b) 0,6 km = _____ m
c) 7 kg 500 g = _____ kg
d) 35 kg = _____ t
e) 2 h 10 min = _____ min
f) 2,5 m^2 = _____ cm^2
g) 20 cm^3 = _____ mm^3

3 Gib die Maßeinheit an.
a) Die Handfläche beträgt ungefähr 1 _____ .
b) Eine Seitenfläche eines normalen Spielwürfels beträgt ungefähr 1 _____ .

III Brüche und Dezimalbrüche

4 Wandle um.
a) Wandel $\frac{7}{25}$ in einen Dezimalbruch um.
b) Wandle 0,25 in einen Bruch um.

5 Berechne.
a) $\frac{2}{3} + \frac{2}{9}$
b) $2{,}35 - 1\frac{2}{5}$
c) $\frac{4}{15} \cdot \frac{5}{8}$
d) $1{,}988 : 0{,}7$
e) $2{,}5 + 3\frac{1}{4} \cdot 5{,}8$
f) $\frac{23}{30} - \frac{3}{5}$

IV Prozentrechnung

6 Wandle um.
a) Wandle 8 % in einen Dezimalbruch um.
b) Schreibe 0,3 als Prozentzahl.
c) Schreibe $\frac{8}{10}$ als Prozentzahl.

7 Berechne.
a) 7 % von 800 €
b) 20 % von 600 kg
c) 7 von 25 Autos
d) 6 % sind 240 Schüler
e) 2000 € werden 8 Monate zu 3 % angelegt.
f) Nach einer Reduzierung um 20 % kostet die CD 12 €.
g) 120 € werden angelegt. Nach einem Jahr sind es 126 €.
Wie hoch war der Zinssatz?

V Dreisatz

8 Ein Heft kostet 0,39 €. Wie viel kosten sechs Hefte?

9 Drei Schokoriegel kosten 2,25 €. Wie viel kosten neun Schokoriegel?

10 Ein Maler benötigt 8 h für eine Arbeit. Wie viel Stunden benötigen zwei Maler?

11 Bei einer Geschwindigkeit von 120 $\frac{km}{h}$ benötigt ein Auto 4 h. Wie lange benötigt ein LKW mit 80 $\frac{km}{h}$?

12 Bei einem Ausflug zahlen 26 Teilnehmer je 14,50 €. Wie viel zahlt jeder Teilnehmer, wenn nur 25 Personen mitfahren?

13 Ein Teich wird mit vier Pumpen in $3\frac{1}{2}$ Stunden leer gepumpt. Wie lange dauert es, wenn fünf Pumpen im Einsatz sind?

WWW 159-1

BEACHTE
Die Aufgaben können unter dem Webcode auch als Arbeitsblatt ausgedruckt werden. So können sie anschließend direkt korrigiert werden.

VI Flächen- und Körperberechnungen

14 Der Flächeninhalt eines Rechtecks beträgt $51\,cm^2$. Seite a ist 6 cm lang. Bestimme b.

15 Bestimme den Umfang eines Kreises mit $r = 3\,cm$. ($\pi = 3{,}14$)

16 Bestimme das Volumen eines Quaders mit $a = 5\,m$, $b = 6\,m$ und $c = 9\,m$.

17 Bestimme den Oberflächeninhalt eines Würfels mit der Kantenlänge $a = 10\,cm$.

18 Die Kantenlänge eines Würfels wird verdoppelt. Wie ändert sich sein Volumen?

19 Ein gleichseitiges Dreieck hat einen Umfang von 12 cm. Berechne den Flächeninhalt.

VII Algebra

20 Vereinfache den Term.
$3a + 8b + 7a - 5b$

21 Vereinfache den Term.
$7(2x + 5) - (6 - 3x)$

22 Löse die Gleichung nach x auf.
a) $3x + 5 = 5x - 9$
b) $5x - 13 = 5 - 4x$

23 Jens ist doppelt so alt wie Daniel. Zusammen sind sie 27 Jahre alt. Stelle eine Gleichung auf und löse sie.

24 Die Differenz aus dem Fünffachen einer Zahl und 87 ist 43. Bestimme die Zahl. Stelle eine Gleichung auf und löse sie.

Verarbeitungskapazität

VIII Ergebnisse schätzen

25 Überschlage und schätze die Ergebnisse.
a) 7541 + 5823 + 8751
① 22 089 ② 22 115 ③ 19 115
④ 19 089 ⑤ 25 085
b) $2 \cdot 3 \cdot 4 \cdot 5$
① 12 ② 120 ③ 234
④ 2 345 ⑤ 12 345
c) $38 \cdot 125 + 19 \cdot 125 + 43 \cdot 125$
① 125 ② 1 250 ③ 12 500
④ 38 125 ⑤ 381 943
d) Wie alt bist du ungefähr (in Stunden)?
① 135 h ② 1350 h ③ 13 500 h
④ 135 000 h ⑤ 1 350 000 h

IX Zahlenfolgen und Figurenreihen

26 Ergänze um drei Zahlen oder Figuren.
a) 2, 5, 8, 11, ____, ____, ____
b) 45, 43, 49, 47, 53, ____, ____, ____
c) 2, 5, 7, 12, 19, ____, ____, ____
d) 4, 12, 7, 21, 16, 48, ____, ____, ____
e) 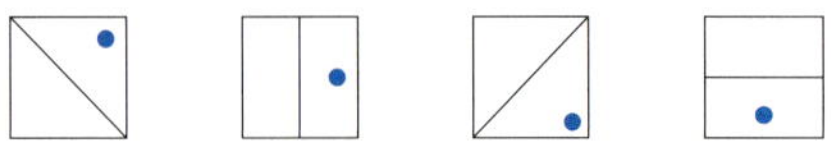

X Kopfgeometrie

27 Welcher der vier Körper links kann aus der Faltvorlage rechts gebildet werden?

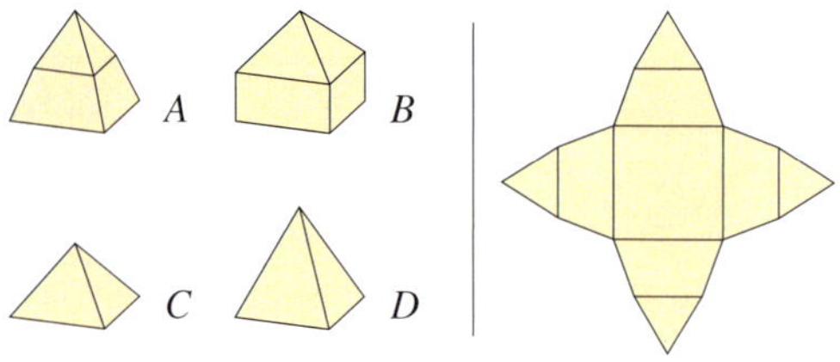

28 Welches der fünf Zeichen passt nicht in die Zeichenfolge?

a) 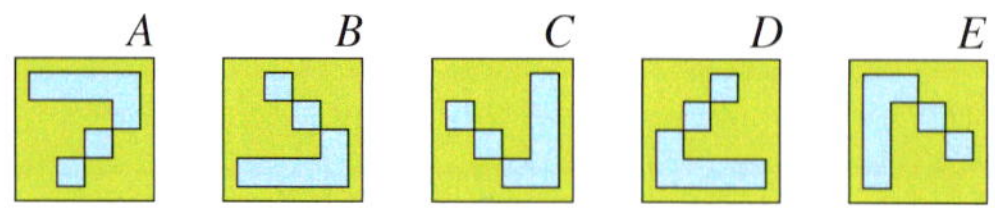

b) 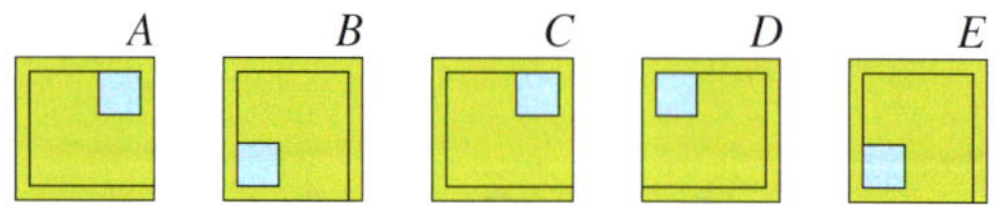

29 Wie viele Flächen hat der Körper insgesamt?

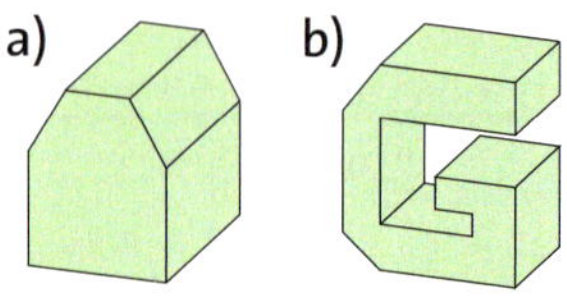

Training

Grundkenntnisse

I Grundrechenarten

1 Berechne.

a) $7546 + 53\,805 + 1929$
b) $18\,024 + 256 + 20\,147 + 2308$
c) $15\,748 - 8952$
d) $205\,801 - 58\,942$
e) $14\,987 - 2547 - 8835$

2 Berechne.

a) $7294 \cdot 917$
b) $40\,802 \cdot 5810$
c) $45\,027 \cdot 2065$
d) $3024 : 4$
e) $14\,399 : 7$
f) $78\,012 : 12$

3 Berechne. Beachte die Rechenregeln.

a) $1\,364 : 31 - 225 \cdot 4$
b) $655 - 14 \cdot (37 + 85) + 216 : (199 - 187)$
c) $(132 + 68) \cdot 17 + 21 \cdot (437 - 77) - 230$

4 Rechne vorteilhaft.

a) $86 + 573 + 207 - 36$
b) $25 \cdot 7 \cdot 4 \cdot 5$
c) $277 : 7 - 137 : 7$
d) $27 \cdot 24 + 27 \cdot 76$

5 Beachte genau die Reihenfolge der Rechenschritte.

a) $147 + 105 \cdot 23 + 64$
b) $(147 + 105) \cdot 23 + 64$
c) $147 + 105 \cdot (23 + 64)$
d) $(147 + 105) \cdot (23 + 64)$
e) $678 - 246 : 6 - 38$
f) $(678 - 246) : (6 - 38)$

II Maße und Massen

6 Rechne in die angegebene Einheit um.

a) 14 dm (cm)
b) 14,6 m (dm)
c) 7,8 km (m)
d) 54 mm (dm)
e) 8500 g (kg)
f) 2,8 t (kg)
g) 4 kg 50 g (g)
h) 2 h (min)
i) 12 min (s)
j) $2\frac{1}{4}$ h (min)

7 Rechne um.

a) in Minuten: 3600 s, 2520 s
b) in Stunden und Minuten: 24 000 s

8 Schreibe in der angegebenen Einheit.

a) $2\,m^2$ (dm^2)
b) $6000\,mm^2$ (cm^2)
c) $0{,}5\,km^2$ (m^2)
d) 5 ha (m^2)
e) $3\,m^3$ (dm^3)
f) $2\,m^3\,50\,dm^3$ (m^3)
g) $1280\,cm^3$ (l)
h) $0{,}3\,m^3$ (l)

III Brüche und Dezimalbrüche

9 Wandle in einen Dezimalbruch um.

a) $\frac{7}{10}$
b) $\frac{47}{100}$
c) $\frac{33}{1000}$
d) $\frac{1}{2}$
e) $\frac{3}{5}$
f) $\frac{12}{2}5$
g) $\frac{17}{20}$
h) $3\frac{7}{50}$
i) $12\frac{3}{8}$

10 Berechne.

a) $0{,}3 + 2{,}4$
b) $3{,}9 + 4{,}71$
c) $5{,}1 - 3{,}8$
d) $2{,}05 - 0{,}5$
e) $8{,}6 \cdot 6{,}3$
f) $0{,}9 \cdot 6$
g) $21{,}44 : 8$
h) $3{,}048 : 6$
i) $1{,}9 : 0{,}5$
j) $3{,}0228 : 0{,}12$
k) $9 : 3{,}6 + 4{,}8$
l) $2{,}6 + 3{,}4 \cdot 0{,}8$
m) $53{,}2 - 9 - 8{,}07$
n) $1{,}44 : (0{,}9 + 0{,}3) : 0{,}6$

11 Berechne und kürze das Ergebnis, falls möglich.

a) $\frac{2}{7} + \frac{4}{7}$
b) $\frac{1}{9} + \frac{5}{9}$
c) $\frac{13}{24} + \frac{5}{24}$
d) $\frac{2}{5} + \frac{2}{10}$
e) $\frac{3}{4} + \frac{1}{5}$
f) $\frac{5}{9} + \frac{1}{12}$
g) $\frac{2}{9} + \frac{9}{10}$
h) $1\frac{1}{2} + 3\frac{5}{8}$
i) $\frac{7}{9} - \frac{5}{8}$
j) $\frac{5}{12} - \frac{1}{4}$
k) $\frac{4}{9} - \frac{5}{18}$
l) $\frac{7}{15} - \frac{1}{6}$
m) $5\frac{7}{8} - 3\frac{1}{6}$
n) $7\frac{1}{2} - 3\frac{5}{6}$
o) $6\frac{4}{5} + 3$

12 Berechne. Kürze, falls möglich.

a) $\frac{2}{7} \cdot \frac{3}{5}$
b) $\frac{3}{8} \cdot \frac{4}{5}$
c) $\frac{5}{6} \cdot \frac{9}{10}$
d) $1\frac{1}{4} \cdot 6$
e) $2\frac{1}{2} \cdot 3\frac{1}{4}$
f) $3\frac{3}{4} \cdot 4\frac{3}{5}$

13 Berechne. Kürze, falls möglich.

a) $\frac{1}{3} : \frac{1}{6}$
b) $\frac{3}{8} \cdot \frac{4}{5}$
c) $\frac{5}{6} \cdot \frac{9}{10}$
d) $1\frac{2}{5} : \frac{3}{19}$
e) $1\frac{4}{5} : 2\frac{1}{2}$
f) $\frac{15}{16} : 27$

14 Berechne.

a) $\frac{3}{4} - \frac{1}{5} \cdot \frac{3}{4}$
b) $\frac{3}{4} \cdot \frac{2}{3} + \frac{1}{4} \cdot \frac{2}{3}$
c) $\left(\frac{2}{3} + \frac{5}{6}\right) : \frac{5}{12}$
d) $7 : \left(\frac{7}{5} - \frac{21}{28}\right)$

IV Prozentrechnung

15 Berechne den Prozentwert.
a) 8 % von 200 kg
b) 25 % von 120 m
c) 20 % von 15 000 Stimmen
d) 15 % von 1200 Schülern
e) 4,75 % von 5 000 €
f) 138 % von 2540 l

16 Bestimme den Prozentsatz.
a) 38 Aufgaben von 50 Aufgaben
b) 8 m von 25 m
c) 138 Punkte von 200 Punkten
d) 45 kg von 375 kg
e) 12 Minuten von einer Stunde
f) 9 von 24 Schülern

17 Berechne den Grundwert.
a) 25 % sind 8 kg
b) 16 % sind 32 m
c) 8 % sind 14 Punkte
d) 23 % sind 184 Schüler
e) 37,5 % sind 937,5 €
f) 12,1 % sind 2 h 1 min

18 Bei einer Produktion sind 3 % Ausschuss angefallen. Wie viele von 6400 Artikeln sind nicht zu gebrauchen?

19 Ute will sich ein Fahrrad für 300 € kaufen. Es fehlen ihr noch 240 € an der Gesamtsumme.
Wie viel Prozent sind das?

20 Eine Versicherung zahlt Herrn Moll bei einem Unfallschaden von insgesamt 1800 € nur 85 %.
a) Wie viel Euro zahlt die Versicherung an Herrn Moll?
b) Wie viel Euro muss Herr Moll noch selbst bezahlen?

21 Der Preis für einen Tisch wurde von 255 € auf 224,40 € reduziert.
a) Auf wie viel Prozent ist der Preis des Tisches gesenkt worden?
b) Um wie viel Prozent ist der Preis gefallen?

22 Ein Sportler hat seinen Wettkampf mit 5123 Punkten beendet. Das sind 94 % der Höchstpunktzahl. Wie viele Punkte waren zu erreichen?

23 Eine Reparatur kostet 470 €. Auf diese Kosten werden 19 % Mehrwertsteuer erhoben.
a) Wie viel Euro entspricht die Mehrwertsteuer?
b) Wie viel Euro kostet die Reparatur einschließlich Mehrwertsteuer (Endpreis)?

24 Nach einer 7%igen Mieterhöhung müssen 660,19 € Miete gezahlt werden.
Wie viel Miete musste vor der Erhöhung bezahlt werden?

25 Frau Klein bekommt beim Kauf eines Mantels 6 % Rabatt. Sie zahlt jetzt für den Mantel noch 219,02 €.
Gib den alten Preis des Mantels an.

26 Franz erhält für sein Sparguthaben, das mit 3,5 % verzinst wurde, 7 € Zinsen.
Wie hoch war das Sparguthaben?

27 Wie viel Zinsen bringt ein Kapital von 4000 € bei einem Zinssatz von 4,5 % in 9 Monaten?

V Dreisatz

28 Welche der folgenden Zuordnungen können proportional oder umgekehrt proportional sein?
Begründe und gib gegebenenfalls notwendige Bedingungen an.
a) Alter → Körpergröße
b) Schriftgröße → Zeilen pro Seite
c) Anzahl der Eiskugeln → Preis
d) Anzahl der LKW → Zeit, um 50 m³ Sand zu liefern
e) Anzahl der 1-Euro-Stücke → Masse
f) Anzahl der Colaflaschen → Zuckergehalt
g) Anzahl der Rasenmäher → Zeit, um einen Rasenplatz zu mähen
h) Seitenlänge eines Quadrats → Umfang
i) Geschwindigkeit → Dauer einer Fahrt

29 Gib Beispiele aus dem Alltag an.

a) Je größer ____, desto größer ____

b) Je größer ____, desto kleiner ____

c) Verdoppelt sich ____, so verdoppelt sich auch ____

d) Wenn sich ____ halbiert, so verdoppelt sich ____

30 Welche der folgenden Zuordnungen sind proportional oder antiproportional?

a)

x	0	1	2	3	4
y	0	4	8	12	16

b)

x	0	1	2	3	4
y	2	3	4	5	6

c)

x	1	2	3	4	5
y	2	5	8	11	14

d)

x	1	2	3	4	6
y	24	12	8	6	4

e)

x	2	4	5	12	15
y	1	2	$2\frac{1}{2}$	6	$7\frac{1}{2}$

31 Sind die Aussagen richtig oder falsch?

a) Proportionale Zuordnungen sind produktgleich.

b) Umgekehrt proportionale Zuordnungen sind quotientengleich.

c) Bei proportionalen Zuordnungen gehört zum Doppelten der Ausgangsgröße das Doppelte der zugeordneten Größe.

d) Der Graph einer proportionalen Zuordnung ist eine Halbgerade durch den Ursprung.

32 Ergänze die Tabellen so, dass eine proportionale Zuordnung vorliegt.

a)

x	1	2	3	4	5
y	6				

b)

x	1	2	3	4	5
y		1,5			

c)

x	$\frac{1}{2}$	1	$1\frac{1}{2}$	2	$2\frac{1}{2}$
y		8			

33 Ergänze die Tabelle im Heft, sodass eine umgekehrt proportionale Zuordnung vorliegt.

a)

x	1	2	3	4	5
y	180				

b)

x	1	2	3	4	5
y		30			

c)

x	1	2	4	5	8
y				16	

34 50 g Fleisch kosten 8,33 €. Gib den Preis für 1 kg Fleisch an.

35 Ein PKW verbraucht auf einer Strecke von 45 km 3,6 l Benzin. Wie hoch ist der Benzinverbrauch auf 100 km?

36 Ein Vater benötigt bei einer Schrittweite von 75 cm für einen Weg 620 Schritte. Wie groß ist die Schrittweite seiner Tochter, die für die gleiche Strecke 930 Schritte benötigt?

37 Ein Mieter muss für 20 m^3 Wasser einschließlich Nebenkosten 46 € bezahlen. Wie viel zahlt ein anderer Hausbewohner für 25 m^3 Wasser?

38 Bei einer Durchschnittsgeschwindigkeit von 120 $\frac{km}{h}$ benötigt Herr Meyer für die Strecke Nürnberg – Lübeck $5\frac{1}{2}$ Stunden. Wie lange benötigt ein LKW mit einer Durchschnittsgeschwindigkeit von 80 $\frac{km}{h}$ für die gleiche Strecke?

39 Herr Bleistein hat 15 m^2 Wandfläche in seinem Bad gekachelt und dafür insgesamt 675 Kacheln benötigt. In der Küche möchte er auf einer insgesamt 4 m^2 großen Wandfläche die gleiche Kachelsorte verwenden.

40 150 Taschenrechner kosten 1 723,50 €. Die Klasse 9c hat 28 Taschenrechner bestellt. Wie viel muss Klasse 9c bezahlen?

41 Der Futtervorrat einer Hundepension reicht 21 Tage für 15 Hunde. Wie lange reicht er für 18 Hunde?

VI Flächen- und Körperberechnungen

42 Ein Rechteck ist 90 m lang und 55 m breit. Berechne den Flächeninhalt und gib den Umfang an.

43 Der Umfang eines Rechtecks beträgt 28 cm und die Breite 6 cm. Bestimme die Länge und den Flächeninhalt des Rechtecks.

44 Eine quadratische Fläche hat eine Größe von 4 ha.
a) Wie viel m^2 sind das?
b) Gib die Seitenlänge in m an.

45 Eine rechteckige Fläche, die 3,5 m lang und 2,8 m breit ist, soll mit quadratischen Fliesen ausgelegt werden.
a) Wie viel cm^2 hat die Rechteckfläche?
b) Wie viele Fliesen braucht man, wenn jede Fliese 49 cm^2 groß ist?

46 Ein Kreis hat einen Radius von 3 cm. Berechne den Umfang und die Fläche des Kreises.

47 Ein 5 m langes und 3 m breites quaderförmiges Schwimmbecken enthält 30 000 l Wasser.
a) Rechne die Wassermenge in m^3 um.
b) Wie hoch steht das Wasser im Becken?

48 Ein zylinderförmiges Glas hat einen Durchmesser von 6 cm und ist 7 cm hoch.
a) Berechne das Volumen des Glases.
b) Wie lang muss ein Strohhalm mindestens sein, damit er aus dem Glas herausragt und man gut aus ihm trinken kann?

49 Bestimme, welcher Körper das größere Volumen hat.
a) Quader mit $a = 3$ cm, $b = 4$ cm und $c = 5$ cm oder Würfel mit $a = 4$ cm
b) Zylinder mit $d = h = 10$ cm oder Würfel mit $a = 10$ cm
c) Pyramide mit quadratischer Grundfläche und $a = h = 5$ cm oder Kegel mit $d = h = 6$ cm

VII Algebra

50 Vereinfache.
a) $7x + 12 - 5x + 23$
b) $4a - 5b + 12a - 9b - 10a$
c) $7(3x - 12)$
d) $(3a + 10)(3a - 7)$
e) $2(3x + 5) + 3(7 - 8x)$
f) $8x - (3x + 9) + 4(5x - 13)$
g) $(3x + 4)(4x - 8)$

51 Löse die folgenden Gleichungen.
a) $x + 12 = 3x + 8$
b) $7t - 9 = 4t + 15$
c) $y - 11 - 10y = 29 - 7y$
d) $\frac{1}{4}v + 7 = \frac{1}{3}v + 6$
e) $2s + 5 - (s + 3) = 11$
f) $3(4 - 3x) + 112 = -5(x - 8)$

52 Die Summe aus dem Siebenfachen einer Zahl und 5 und ist -37. Wie heißt die Zahl?

53 Die Summe von drei Zahlen ist 357. Die erste Zahl ist doppelt so groß wie die zweite Zahl. Die dritte Zahl ist halb so groß wie die zweite Zahl. Wie lauten die drei Zahlen?

54 Addiere zu einer Zahl 5, multipliziere die Summe mit 2 und subtrahiere von diesem Produkt 16, so erhältst du ebenso viel, als wenn du von der Zahl 12 subtrahierst und die Differenz verfünffachst. Wie lautet die Zahl?

55 Robert ist 13 Jahr älter als Enno. Zusammen sind sie 35 Jahre alt. Wie alt sind beide?

56 Mutter, Vater und Sohn sind zusammen 86 Jahre alt. Die Mutter ist 3-mal so alt wie ihr Sohn. Der Sohn ist 26 Jahre jünger als der Vater.
a) Wie alt ist der Sohn?
b) Wie alt sind der Vater und die Mutter?

57 Ein 2 m langes Brett soll in die gleiche Anzahl von Brettchen mit je 1 cm, 2 cm und 5 cm Länge zersägt werden.
a) Wie viele Brettchen gibt es von jeder Sorte?
b) Gib die Gesamtzahl der Brettchen an.

58 Eine 40 m² große Terrasse wird mit quadratischen Platten mit 20 cm Länge ausgelegt. Wie viele Platten sind nötig?

59 Drei Personen teilen sich 3360 € im Verhältnis 3 : 4 : 5. Die Gesamtsumme wird zunächst in 12 Teile geteilt. Person A erhält 3 Anteile, Person B 4 Anteile und Person C 5 Anteile.
a) Wie viel Euro beträgt ein Anteil?
b) Wie viel Euro erhält Person C?

60 In einem Dreieck ist der Winkel β um 60° größer als der Winkel α. Der Winkel γ ist 4-mal so groß wie der Winkel α.
a) Wie groß ist der Winkel α?
b) Wie groß ist der Winkel β bzw. γ?

61 Löse die folgenden Gleichungssysteme.
a) $y = 7x - 21$; $y = 4x - 12$
b) $x + y = 19$; $y = x + 1$
c) $2x + 2y = 8$; $-2x + 3y = 12$
d) $2x + y = -1$; $8x + 4y = 7$

Verarbeitungskapazität

VIII Ergebnisse schätzen

62 Finde das Ergebnis durch Schätzen oder durch einfache rechnerische Überlegungen.
a) 794 + 559
① 1293 ② 1243 ③ 1343 ④ 1353
b) 18 035 – 8233
① 9802 ② 9808 ③ 10 802 ④ 10 808
c) 98 · 3587
① 3526 ② 35 126 ③ 351 526 ④ 3 515 126
d) 3796 : 4
① 949 ② 949,5 ③ 824 ④ 824,5

63 Finde das Ergebnis durch Schätzen.
a) 3596 + 3654 + 3584
① 9834 ② 9837 ③ 10 834 ④ 10 837
b) 245 · 23 + 245 · 77
① 24 500 ② 24 523 ③ 245 100 ④ 2 452 377
c) $\sqrt{39\,204}$
① 98 ② 198 ③ 1098 ④ 10 098
d) 9 · 10 · 11 · 12 · 13
① 1540 ② 15 440 ③ 154 440 ④ 1 544 440
e) $\frac{120}{4} \cdot \frac{330}{3}$
① $\frac{3960}{12}$ ② $\frac{3300}{3}$ ③ 3300 ④ $\frac{13\,200}{4}$

64 Schätze die Ergebnisse der folgenden Aufgaben unter Verwendung runder Zahlen.
a) 345 · 28
b) 52 100 · 0,04
c) 0,045 · 0,24
d) 1144 : 52
e) 489,3 : 0,028
f) 0,28 : 0,039

65 Schätze die Ergebnisse unter Verwendung runder Zahlen.
a) Ein Flug über 4900 km dauerte 6,5 h. Wie viel km wurden pro Stunde ungefähr zurückgelegt?
b) Die Miete für ein Restaurant beträgt 20,50 € pro m². Schätze die ungefähre Höhe der Miete bei 110 m².
c) 30 Flaschen einer bestimmten Weinsorte kosten 177 €. Wie viel Flaschen der gleichen Weinsorte erhält man ungefähr für 500 Euro?

IX Zahlenfolgen und Figurenreihen

66 Ergänze die fehlende Zahl in der Folge.
a) 12, 17, 22, 27, ____
b) 12, 13, 15, 18, 22, ____
c) 16, 12, 17, 13, 18, ____
d) 19, 17, 20, 16, 21, 15, ____
e) 3, 8, 15, 24, 35, ____
f) 5, 3, 6, 3, 9, 5, ____
g) 1, 4, 9, 16, ____
h) 5, 6, 11, 17, 28, ____

67 Eines der fünf Zeichen passt nicht in die Zeichenfolge. Gib den Buchstaben an.

a) 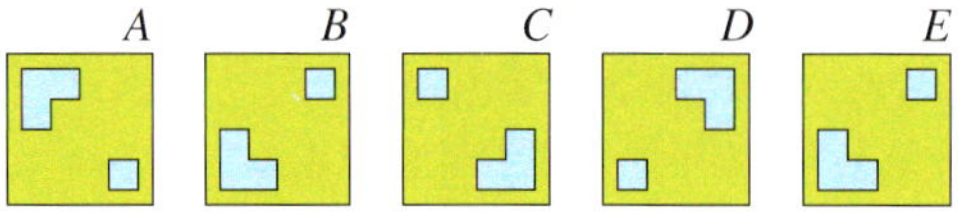

b) 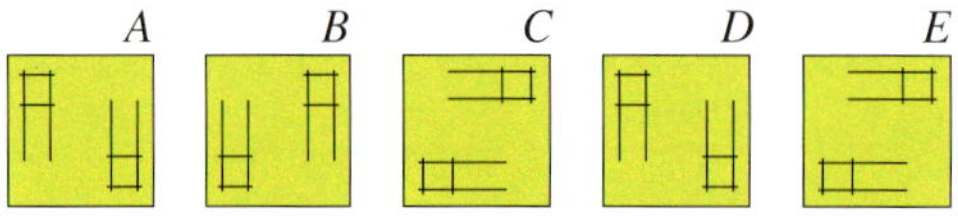

c) 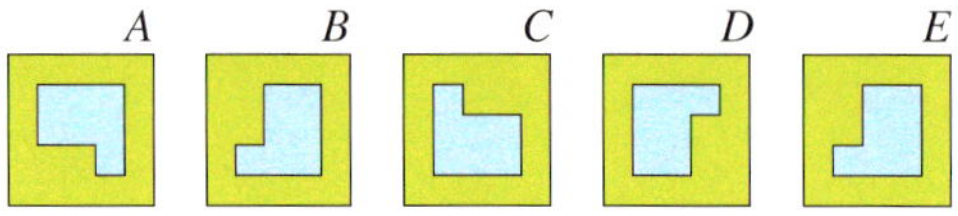

d) 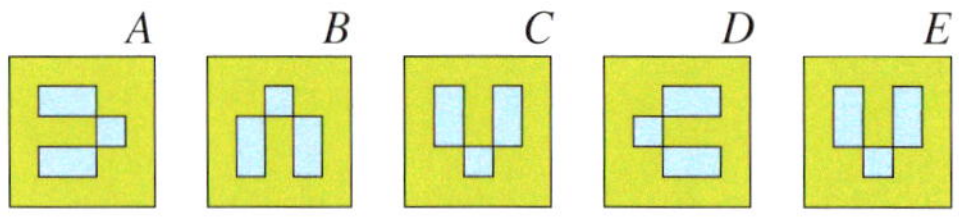

68 Ergänze passend zu der jeweiligen Reihe die fünfte Figur.

a) 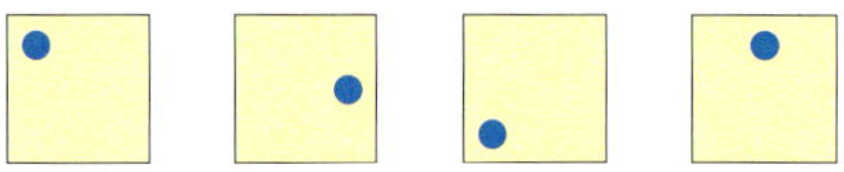

b) 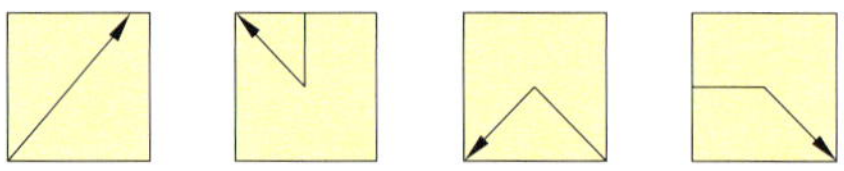

c) 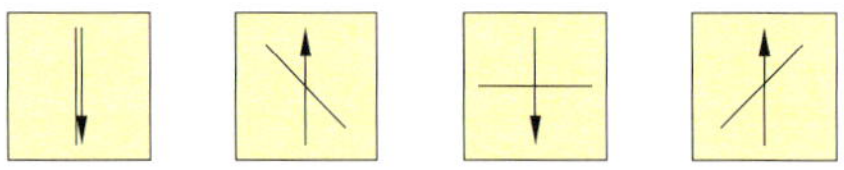

X Kopfgeometrie

69 Welcher der vier Körper kann aus der Faltvorlage rechts gebildet werden?

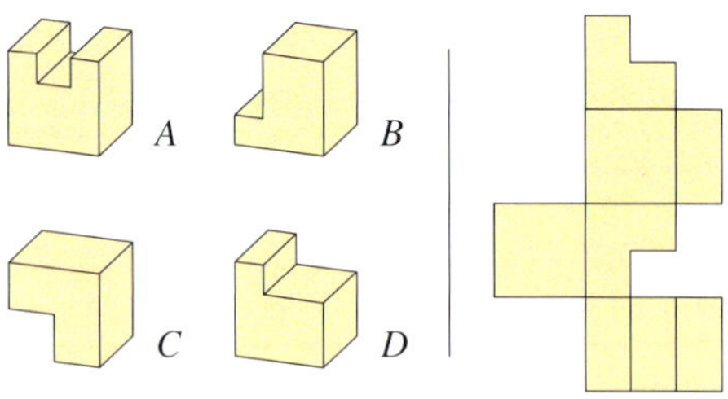

70 Wie viele Flächen hat der gezeichnete Körper? Zähle auch die nicht sichtbaren Flächen mit.

a) 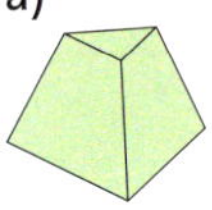

b) 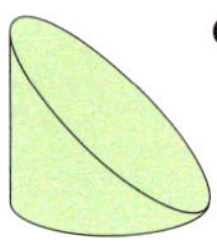

c) 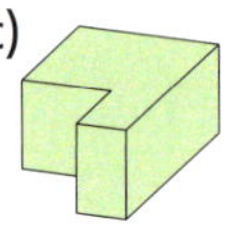

d) 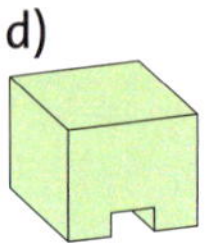

71 In der Zeichnung befindet sich links die perspektivische Darstellung eines Körpers und rechts daneben das zugehörige Netz. Ordne jeder mit einer Zahl gekennzeichneten Kante (Schwarz) oder Fläche (Rot) des Körpers den entsprechenden Buchstaben im Netz zu.

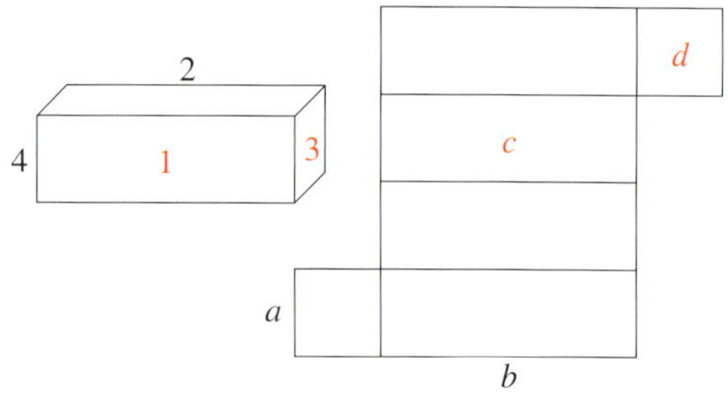

72 Alle Würfel haben die gleichen 6 verschiedenen Zeichnungen auf ihren Würfelseiten. Diese sind in unterschiedlicher Lage auf jedem der vier Würfel zu finden.

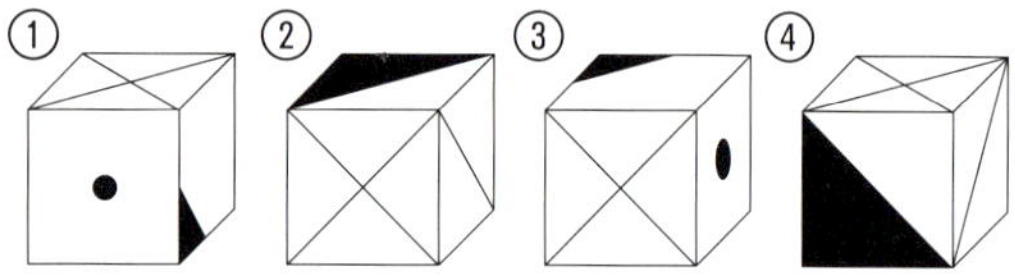

Die folgenden Würfel entsprechen jeweils einem Würfel oben in veränderter Lage. Ordne zu.

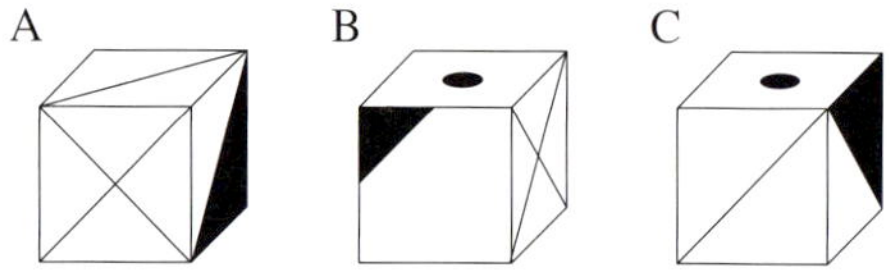

73 Von welcher Seite aus wird die Figur jeweils betrachtet? Gib den Buchstaben an.

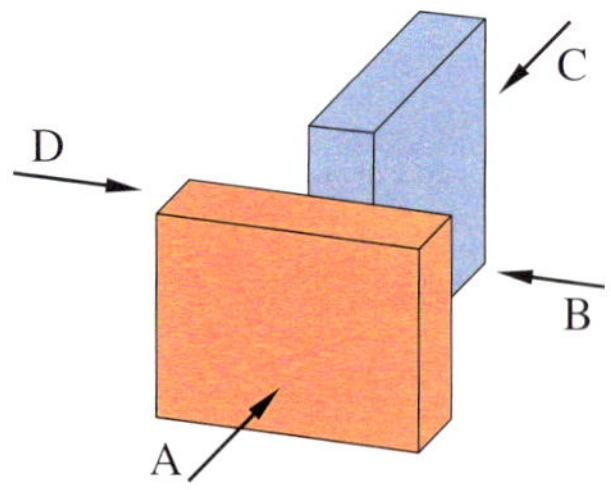

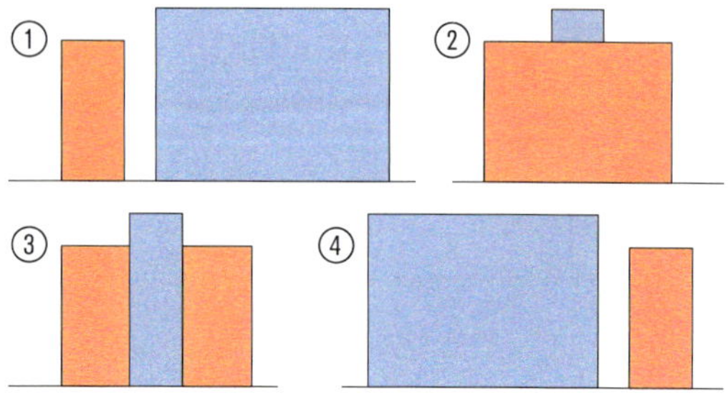

Test

1 Berechne.
a) 358 401 + 58 942
b) 59 602 – 5897
c) 1582 + 5407 + 418 + 93
d) 2305 · 6187
e) 210 126 : 6
f) 65 042 : 17
g) 13 + 7 · 3
h) 139 – (39 + 25)

2 Die 306 Schülerinnen und Schüler sowie 8 Lehrer einer Gesamtschule wollen ein Theaterstück besuchen.
In einem Bus können 52 Personen transportiert werden. Wie viele Busse müssen bestellt werden?

3 Rechne in die angegebene Einheit um.
a) 12 cm (mm)
b) 800 cm (dm)
c) 3,5 km (m)
d) 150 m (km)
e) 6000 kg (t)
f) 450 g (kg)
g) 7 t 50 kg (kg)
h) 3 kg 50 g (kg)
i) 7 € 4 ct (€)
j) 2 € (ct)
k) 7 min (s)
l) 540 min (h)
m) 1 h (s)
n) 0,6 h (min)

4 Berechne und kürze das Ergebnis, falls dies möglich ist.
a) $\frac{5}{11} + \frac{3}{11}$
b) $\frac{5}{9} - \frac{2}{9}$
c) $\frac{5}{12} + \frac{1}{6}$
d) $8\frac{1}{2} - 5\frac{1}{6}$
e) $\frac{5}{6} + \frac{3}{8}$
f) $3\frac{3}{4} - 1\frac{7}{8}$
g) $\frac{3}{5} \cdot \frac{2}{7}$
h) $\frac{3}{4} \cdot 6$
i) $\frac{9}{14} \cdot \frac{7}{36}$
j) $1\frac{2}{3} \cdot 1\frac{4}{5}$
k) $\frac{6}{11} : 3$
l) $12 : \frac{3}{4}$
m) $\frac{1}{4} : \frac{3}{8}$
n) $2\frac{5}{11} : 1\frac{4}{5}$

5 Berechne.
a) 18,36 + 16,4
b) 3,572 + 0,28
c) 2 – 0,24
d) 7,654 – 4,567
e) 4,25 · 0,87
f) 8,99 · 12
g) 16,92 : 3
h) 1,221 : 0,6

6 Ergänze die fehlenden Zahlen in den Zahlenfolgen.
a) 57, 61, 65, 69, ___, ___, ___
b) 76, 73, 70, 67, ___, ___, ___
c) 10, 7, 14, 11, 22, ___, ___, ___
d) 13, 15, 19, 25, 33, ___, ___, ___
e) 5, 15, 7, 21, 13, ___, ___, ___
f) 3, 5, 8, 13, 21, 34, ___, ___, ___

7 Bestimme die fehlenden Werte.

	p%	G	W
a)	50%	700 €	
b)	9%	60 kg	
c)	56%	1350 m	
d)		80 Schüler	20 Schüler
e)		300 €	12 €
f)	5%		13 t
g)	34%		85 Stück

8 Herr Wassenberg hat 8000 € mit einem Zinssatz von 4,5 % bei einer Bank angelegt.
a) Berechne die Zinsen für ein Jahr.
b) Wie hoch sind die Zinsen im Folgejahr? Berücksichtige den Zinseszinseffekt.

9 Bei der Bürgermeisterwahl erhielt Herr Knickfeld 53 % der Stimmen. Damit wurde er von 9858 Bürgern gewählt.
a) Wie viele Bürger haben bei der Wahl ihre Stimme abgegeben?
b) Gegenkandidat Mittermayer erhielt 5896 Stimmen. Berechne den Prozentsatz.

10 Ein quaderförmiges Aquarium ist 50 cm lang, 30 cm breit und 40 cm hoch.
a) Berechne das Volumen des Aquariums. Gib das Fassungsvermögen in Liter an.
b) Das Aquarium ist zu 95 % mit Wasser gefüllt. Wie viel Wasser ist enthalten?

11 Ein Landwirt besitzt ein rechteckiges Feld. Das Feld hat einen Flächeninhalt von 27 000 m^2 und ist 300 m lang.
a) Wie breit ist das Feld?
b) Eine Anlage bewässert 21 000 m^2 des Feldes. Wie viel Prozent sind das?

HINWEIS
Bei diesem Test wird – wie beim richtigen Einstellungstest auch – der mathematische Bereich nicht mehr angegeben, damit man beim Lösen der Aufgabe keine Vorinformationen hat.

www 167-1

BEACHTE
Die Aufgaben können unter dem Webcode auch als Arbeitsblatt ausgedruckt werden. So können sie anschließend direkt korrigiert werden.

12 Bei Bäckermeister Reffeling kostet ein Brötchen 0,24 €. 10 Brötchen verkauft er zum Sonderpreis von 2,10 €.

a) Mona kauft drei Brötchen. Wie viel Geld muss sie bezahlen?

b) Mona zahlt mit einer 1-€-Münze. Wie viel Geld erhält sie von der Verkäuferin zurück?

c) Herr Kleinen hat für 5,40 € Brötchen gekauft. Wie viele Brötchen hat er dafür erhalten?

13 An einer Großbaustelle sind 15 Arbeiter für ein Unternehmen tätig. Der Chef schätzt, dass die Arbeiten in 21 Tagen erledigt sind. Wie viele Arbeiter muss er an der Baustelle beschäftigen, wenn die Arbeit in 14 Tagen beendet sein muss?
Runde das Ergebnis sinnvoll.

14 Ein Kreis hat einen Umfang von 94,25 cm.

a) Berechne seinen Radius.

b) Bestimme den Flächeninhalt des Kreises.

c) Besitzt ein Kreis mit doppeltem Radius den doppelten Umfang (den doppelten Flächeninhalt)?

15 Ein Dreieck hat die Seitenlängen $a = 14\,\text{cm}$, $b = 11{,}5\,\text{cm}$ und $c = 8\,\text{cm}$.
Ist das Dreieck rechtwinklig?
Begründe deine Meinung.

16 Löse die folgenden Gleichungen.

a) $15x + 48 = 20x - 12$

b) $3(4x + 6) = 2(8x - 3)$

c) $5x - (6 - 3x) = 18$

17 Ein Hotel hat 42 Zimmer. In Einzel- und Doppelzimmern stehen insgesamt 66 Betten. Wie viele Einzel- und wie viele Doppelzimmer hat das Hotel?

18 Inas Vater ist drei Jahre älter als ihre Mutter. Zusammen sind sie 99 Jahre alt. Bestimme das Alter von Inas Vater.

19 Ein Ehepaar ist zusammen 80 Jahre alt. Der Mann ist 4 Jahre älter als die Frau.

20 Finde das Ergebnis durch Schätzen.

a) $1895 + 5865 + 3584$
① 9344 ② 9345
③ 11344 ④ 11345

b) $7215 - 217$
① 6992 ② 6998
③ 7002 ④ 7008

c) $17 \cdot 45 - 7 \cdot 45$
① 100 ② 450
③ 1045 ④ 1450

d) $997 \cdot 1002$
① 8994 ② 98 994
③ 998 994 ④ 9 998 994

21 Eines der fünf Zeichen passt nicht in die Zeichenfolge. Gib dessen Buchstaben an.

a) A B C D E

b) A B C D E

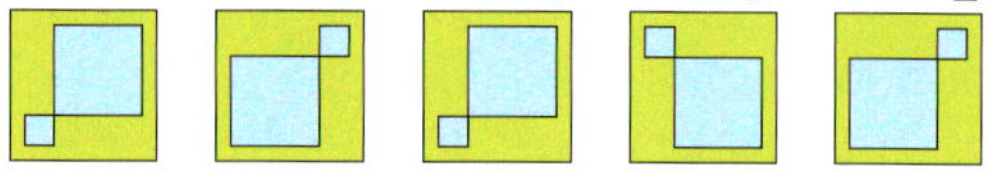

22 Welcher der vier Körper kann aus der Faltvorlage rechts gebildet werden?

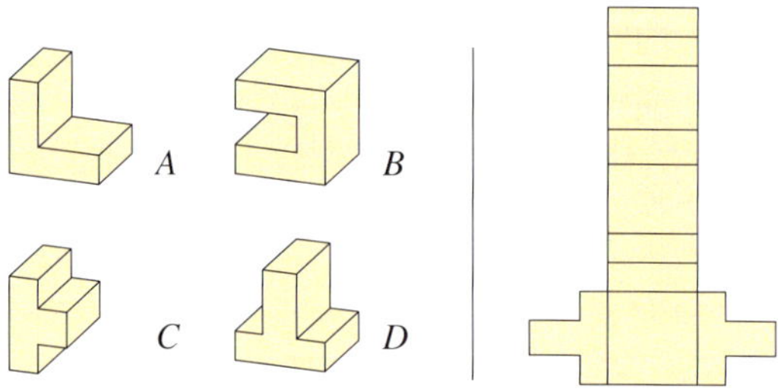

23 Wie viele Flächen hat der gezeichnete Körper? Zähle auch die nicht sichtbaren Flächen mit.

a)

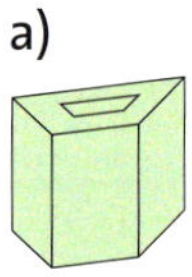

b)

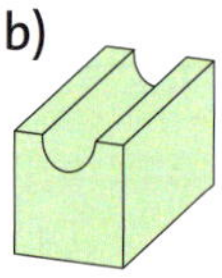

24 Welche drei Figuren sind gleich?

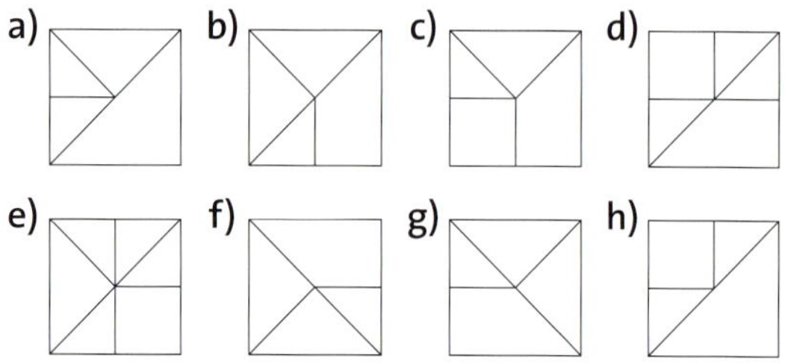

Rechnen mit reellen Zahlen und Wurzeln

a

b

1
a) 3,65 b) 2 c) 7,12 d) 0,60 e) 5 f) 0,60

2 (a)
a) 4
b) 6
c) −4
d) 8
e) 12
f) 16

2 (b)
a) 8
b) 1
c) $\frac{11}{6}$
d) 12
e) 2
f) 5

3
a) $\sqrt{147} : \sqrt{3} = \sqrt{\frac{147}{3}} = 7$
b) $\sqrt{24} \cdot \sqrt{6} = \sqrt{\frac{24}{6}} = 2$
c) $\sqrt{125} : \sqrt{5} = \sqrt{\frac{125}{5}} = 5$
d) $\sqrt{192} : \sqrt{3} = \sqrt{\frac{192}{3}} = 8$
e) $\sqrt{12} \cdot \sqrt{4} : \sqrt{3} = \sqrt{12 \cdot \frac{4}{3}} = 4$

4 (a)
a) $\sqrt{169} = 13$
b) $\sqrt{2{,}5} \approx 1{,}58$
c) $\sqrt{0{,}04} = 0{,}2$
d) $\sqrt{0{,}049} \approx 0{,}22$
e) $\sqrt{400} = 20$
f) $\sqrt{32} \approx 5{,}66$

4 (b)
[2; 3], [2,6; 2,7], [2,64; 2,65], [2; 3],
[2,645; 2,646], [2,6457; 2,6458],
$\sqrt{7} \approx 2{,}646$

5 (a)
a) rational
b) irrational
c) rational
d) irrational

5 (b)
a) rational
b) irrational
c) irrational
d) rational
e) irrational
f) irrational

6 (a)
a) $x = 2$
b) $x = 12$
c) $x = 3$
d) $x = 6$
e) $x = 8$
f) $x = 25$

6 (b)
a) $x = 4$
b) $x = 15$
c) $x = 30$
d) $x = 7$
e) $x = 3$
f) $x = 24$

7 Es ist die Zahl 12 gemeint.

Quadratische Funktionen

a

b

1

a) $(2x + y)^2 = 4x^2 + 2xy + y^2$

b) $(3x - y)^2 = 9x^2 - 3xy + y^2$

c) $(x + 5)(x - 5) = x^2 - 25$

d) $(6a + 4)(6a - 4) = 36a^2 - 16$

2

		Scheitelpunkt	Öffnung	Form	Anzahl Nullstellen
a)	$f(x) = (x - 3)^2 + 2$	$(3\|2)$	oben	normal	keine
b)	$f(x) = (x + 2)^2$	$(-2\|0)$	oben	normal	eine
c)	$f(x) = -x^2 + 4$	$(0\|4)$	unten	normal	2
d)	$f(x) = -(x + 1{,}5)^2 - 1$	$(-1{,}5\|-1)$	unten	normal	keine
e)	$f(x) = 2x^2 - 5$	$(0\|-5)$	oben	gestreckt	2
f)	$f(x) = 0{,}75(x - 2)^2 + 3$	$(2\|3)$	oben	gestaucht	keine

3

$f(x) = (x - 3)^2$
$g(x) = -x^2 + 4$
$h(x) = (x + 2)^2 - 1$
$i(x) = (x - 1)^2 - 2$

3

$f(x) = (x - 4)^2 + 2$
$g(x) = \frac{1}{2} \cdot (x + 2)^2$
$h(x) = -2x^2 + 3$
$i(x) = \frac{3}{16}(x - 2)^2 - 3$

4

a) $S(-2|-3)$ b) $S(3|-6)$ c) $S(6|-32)$ d) $S\left(\frac{1}{4}\middle|\frac{31}{16}\right)$

5

a) keine Nullstellen
b) 2 Nullstellen: $x_1 = 2$; $x_2 = -2$
c) 2 Nullstellen: $x_1 = 0$; $x_2 = -5$

5

a) 2 Nullstellen: $x_1 = 4$; $x_2 = 2$
b) 2 Nullstellen: $x_1 = -1{,}5$; $x_2 = 2{,}5$
c) 2 Nullstellen: $x_1 = -4$; $x_2 = 2{,}5$

6

a) $S(0|10)$, $x_1 = -\sqrt{90} \approx -9{,}49$,
$x_2 = \sqrt{90} \approx 9{,}49$
Höhe: $10\,(\text{m})$
Länge: $2 \cdot \sqrt{90}\,(\text{m}) \approx 18{,}97\,\text{m}$

b) $A = 2 \cdot \sqrt{90}\,\text{m} \cdot \frac{2}{3} \cdot 2 \cdot \sqrt{90}\,\text{m} = 240\,\text{m}^2$

6

a) $f(1) = 21{,}75$; $f(4) = 21{,}75$
Nach 1 s und nach 4 s befindet sich der Stein in einer Höhe von 21,75 m.

b) Nach 2,5 s erreicht der Stein seine Maximalhöhe von 33 m.

c) $x_1 \approx -0{,}07$, $x_2 \approx 5{,}07$
Nach ca. 5 s trifft der Stein am Boden auf.

Gleichungen lösen

a

b

1

a) $\left(-\frac{8}{11}; \infty\right)$ b) $(-\infty; -7]$ c) $(-\infty; -11)$ d) $\left[\frac{1}{4}; \infty\right)$ e) $(-\infty; -2]$ f) $(-65; \infty)$

2 (a)

$x \leq 1{,}4$

2 (b)

$x \geq -2$

3

a) $x_1 = 2{,}5;\ x_2 = -2{,}5$ b) $x_1 = 3{,}5;\ x_2 = -3{,}5$ c) $x_1 = 0;\ x_2 = 4{,}5$ d) $x_1 = 3;\ x_2 = -6$

e) $x_1 = 0{,}5;\ x_2 = -2$ f) $x_1 = \frac{1}{3};\ x_2 = \frac{1}{2}$ g) $x_1 = 8;\ x_2 = 5$ h) $x_1 = 2;\ x_2 = 4$

4 (a)

a) z. B. $(x + 12) \cdot (x - 12) = x^2 - 144 = 0$
b) z. B. $x \cdot (x - 7) = x^2 - 7x = 0$
c) z. B. $(x - 8)^2 = x^2 - 16x + 64 = 0$
d) z. B. $x^2 = -1$

5 (a)

a) $a^2 + a^2 = 128^2$
$a_1 = 64\sqrt{2};\ a_2 = -64\sqrt{2}$
Eine Seite ist etwa 90,51 cm lang.
b) $6a^2 = 121{,}5$
Die Seiten sind 4,5 cm lang.

6 (a)

a) x = Breite des Zuschauerraums
$(120 - 2x)(80 - 2x) = 0$
$x_1 \approx 10{,}76;\ (x_2 \approx 89{,}24)$
b) Das Spielfeld ist etwa 98,5 m lang und 58,5 m breit.

4 (b)

a) z. B. $(x - 9) \cdot (x - 12) = x^2 - 21x + 108 = 0$
b) z. B. $x \cdot (x - 9) = x^2 - 9x = 0$
c) z. B. $(x - 12)^2 = x^2 - 24x + 144 = 0$
d) z. B. $(x - 2) \cdot (x - 4) = x^2 - 6x + 8 = 0$

5 (b)

a) $a \cdot (23 - a) = 120$
Die Seiten sind 8 cm und 15 cm lang.
b) $\frac{(h+1) \cdot h}{2} = 120;\ g = h + 1$
Die Grundseite ist 16 cm lang.

6 (b)

a) $\pi \cdot (r + 50)^2 = 2 \cdot \pi \cdot r^2$
$r_1 \approx 120{,}7;\ (r_2 \approx -20{,}7)$
Der Radius war zuvor etwa 120,7 cm lang.
b) Der Radius wurde um etwa 41,4 % verlängert.

Zufall und Wahrscheinlichkeiten

a

1

a) Laplace-Experiment, wenn die Teilnehmer in gleichen Abständen im Kreis sitzen, der Boden eben ist und die Flasche „fair" gedreht wird.

b) kein Laplace-Experiment
Die Marmeladenseite ist schwerer als die andere. Die Toastseiten sind viel kleiner als die großen Flächen.

c) kein Laplace-Experiment
Der Korken bleibt häufiger auf der Seite liegen als dass er stehen bleibt.

b

1

mögliche Ergebnisse: lange Seite, kurze Seite, Noppen, Hohlraum
Man müsste den Legostein sehr viele Male werfen und notieren, wie er liegen bleibt. Aus den Aufzeichnungen könnte man die Wahrscheinlichkeiten näherungsweise bestimmen.

2

a) $P(\text{grün}) = \frac{1}{10}$

b) $P(\text{gelb}) = \frac{4}{10} = \frac{2}{5}$

c) $P(\text{rot oder blau}) = \frac{2}{10} + \frac{3}{10} = \frac{5}{10} = \frac{1}{2}$

d) $P(\text{rot oder gelb}) = \frac{2}{10} + \frac{4}{10} = \frac{6}{10} = \frac{3}{5}$

3 (a)

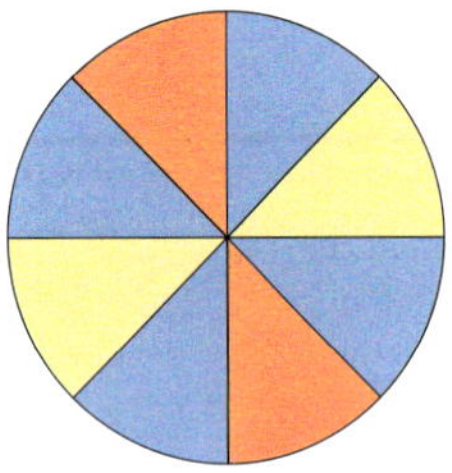

3 (b)

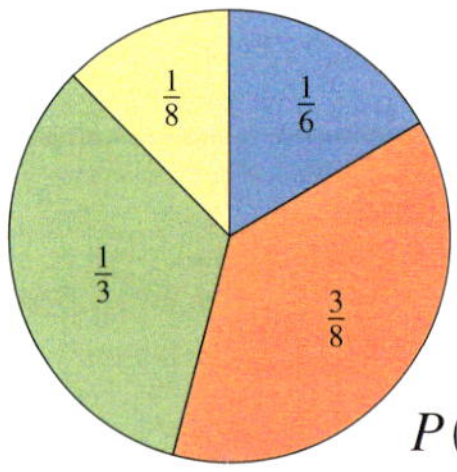

$P(\text{gelb}) = \frac{1}{8}$

4

a) Stimmt.

b) Kann sein, muss aber nicht sein.

c) Stimmt nicht, es können gelbe Kugeln enthalten sein.

d) Es ist wahrscheinlich so, muss aber nicht zwingend so sein.

5 (a)

$3 \cdot 2 = 6$
Es gibt 6 Kombinationen.

5 (b)

$30 \cdot 29 : 2 = 435$

Es gibt 435 Möglichkeiten, die Reihenfolge spielt keine Rolle.

6

a) Individuell.

b) $0{,}8 \cdot 0{,}8 = 0{,}64$
Die Wahrscheinlichkeit, zwei Nieten zu ziehen beträgt 64 %.

c) $0{,}8 \cdot 0{,}05 + 0{,}15 \cdot 0{,}05 + 0{,}05\,(0{,}8 + 0{,}15 + 0{,}05) = 0{,}0975 = 9{,}75\,\%$
Die Wahrscheinlichkeit, mindestens einen Hauptpreis zu ziehen, beträgt 9,75 %.

Kreiskegel und Kugel

a

1
Individuelle Zeichnung.

2
Der Oberflächeninhalt beträgt etwa $35{,}34\,dm^2$; das Volumen beträgt etwa $13{,}69\,dm^3$.

3
Der Oberflächeninhalt beträgt etwa $17\,203{,}36\,mm^2$; das Volumen beträgt etwa $212\,174{,}8\,mm^3$.

4
Individuelle Zeichnung.

5
a) Der Körper besteht aus einem Zylinder und einem Kreiskegel. $V \approx 160{,}22\,cm^3$

b) $A_M \approx 23{,}09\,cm^2$

b

1
Individuelle Zeichnung.

2
Der Oberflächeninhalt beträgt etwa $46{,}40\,cm^2$, das Volumen etwa $20{,}94\,cm^3$.

3
Der Radius beträgt etwa 4,15 cm.
Der Oberflächeninhalt beträgt $216{,}72\,cm^2$.

4
Individuelle Zeichnung.

5
Der Körper besteht aus einem Kreiskegel und einem Prisma.

$V = 10{,}28\,cm^3$

$A_O = 39{,}05\,cm^2$

6
a) Der Radius beträgt etwa 2,31 cm.

b) Der Radius würde etwa 1,84 cm betragen.

7
$V \approx 8181{,}23\,cm^3$

$m \approx 22\,089\,g \approx 22\,kg$

Lösungen zum Training

Seite 152 Rechnen mit reellen Zahlen und Wurzeln

1 a) $\sqrt{9 \cdot 16 \cdot 100} = \sqrt{9} \cdot \sqrt{16} \cdot \sqrt{100} = 3 \cdot 4 \cdot 10 \cdot = 120$
b) $\sqrt{1600} = 40$
c) $\sqrt{9} \cdot \sqrt{16} \cdot \sqrt{100} = 3 \cdot 4 \cdot 10 = 120$
d) $\sqrt{40000} = 200$
e) $\sqrt{25 \cdot 36} = \sqrt{25} \cdot \sqrt{36} = 5 \cdot 6 = 30$
f) $\sqrt{360000} = \sqrt{36} \cdot \sqrt{10000} = 6 \cdot 100 = 600$

2 a) $2\sqrt{7} - \sqrt{7} = \sqrt{7} \approx 2{,}65$
b) $3\sqrt{5} + 4\sqrt{5} = 7\sqrt{5} \approx 15{,}65$
c) $3\sqrt{11} - 5\sqrt{7} = -2\sqrt{11} \approx -6{,}63$
d) $12\sqrt{7} + 5\sqrt{7} = 17\sqrt{7} \approx 44{,}98$
e) $2{,}5\sqrt{13} - 3\sqrt{13} = -0{,}5\sqrt{13} \approx -1{,}80$
f) $6\sqrt{30} - \frac{1}{7}\sqrt{30} = \frac{41}{7}\sqrt{30} \approx 32{,}08$
g) $3\sqrt{7} - 4\sqrt{8} \approx -3{,}38$
h) $8\sqrt{17} + 2{,}4\sqrt{18} \approx 22{,}80$
i) $22\sqrt{15} + 3{,}6\sqrt{13} \approx 98{,}19$
j) $0{,}8\sqrt{36} - 12\sqrt{27} \approx -57{,}55$
k) $32\sqrt{25} - 19\sqrt{30} \approx 55{,}93$
l) $14{,}2\sqrt{24} - 0{,}8\sqrt{14} \approx 66{,}57$

3 6,704 980 843 …, 20,077 472 53 …, 1,862 068 966 … und 3,043 478 261 … sind irrational. 0,333 333 … und 0,037 037 … sind rational.

4 Jeder Dezimalbruch mit einer Nachkommastelle aus dem Intervall von 44,3 bis 45,5 ergibt beim Wurzelziehen den gerundeten Wert 6,7.

5 a) $15 < \sqrt{250} < 16$ b) $31 < \sqrt{1000} < 32$
c) $17 < \sqrt{305} < 18$

6 a) [1; 2], [1,7; 1,8], [1,73; 1,74], [1,732; 1,733], [1,7320; 1,7321], [1,73205; 1,73206], $\sqrt{3} \approx 1{,}7321$
b) [2; 3], [2,2; 2,3], [2,23; 2,24], [2,236; 2,237], [2,2360; 2,2361], [2,23606; 2,23607], $\sqrt{5} \approx 2{,}2361$
c) [3; 4], [3,3; 3,4], [3,31; 3,32], [3,316; 3,317], [3,3166; 3,3167], [3,31662; 3,31663], $\sqrt{11} \approx 3{,}3166$

7 a) $x = 30$ b) $x = 40$ c) $x = 12$
d) $x = 20$ e) $x = 74$ f) $x = 5$

8 Das Produkt zweier rationaler Zahlen ist wieder rational.

9 a) $x = 7$ b) $x = 1{,}75$ c) $x = -3$ d) $x = 2$
e) $x = 2{,}88$ f) $x = 2$ g) $x = 6$

10 a), b), d) und e) können keine Lösung haben. c), f) und g) können eine Lösung haben.

11 a) $\sqrt{x + 27} = 9$, also $x = 54$
b) $\sqrt{5x} = 100$, also $x = 2000$
c) $\sqrt{x - 66} = 30$, also $x = 966$
d) $\sqrt{x + 32} = \sqrt{3x - 1}$, also $x = 16{,}5$

12 Individuell verschieden.

13 a) $x = 5$ b) $x \approx 3{,}32$ c) $x \approx 10{,}11$

Seite 153 Quadratische Funktionen

1 a) nach oben geöffnet; um 1 nach unten verschoben; $S(0|-1)$
b) nach unten geöffnet; um 4 nach oben verschoben; $S(0|4)$
c) nach unten geöffnet; gestreckt mit Faktor 2,5; um 5,5 nach oben verschoben; $S(0|5{,}5)$
d) nach oben geöffnet; gestaucht mit Faktor $\frac{2}{3}$; nach unten um $\frac{1}{2}$ verschoben; $S\left(0|-\frac{1}{2}\right)$
e) nach oben geöffnet; um 4 nach rechts und um 3 nach oben verschoben; $S(4|3)$
f) nach oben geöffnet; gestreckt mit Faktor 1,5; um 1 nach rechts verschoben; $S(1|0)$
g) nach unten geöffnet; gestaucht um Faktor $\frac{1}{2}$; um 4 nach links und um 2 nach unten verschoben; $S(-4|-2)$
h) nach oben geöffnet; gestreckt mit Faktor 2; um 4 nach rechts verschoben; $S(4|0)$
i) nach oben geöffnet; gestaucht mit Faktor 0,8; um 2 nach rechts und um 1 nach oben verschoben; $S(2|1)$
j) nach unten geöffnet; um 8 nach links verschoben; $S(-8|-1)$

2 a) $f(x) = (x + 7)^2$; $S(-7|0)$ b) $f(x) = (x - 3)^2$; $S(3|0)$
c) $f(x) = (x + 9)^2$; $S(-9|0)$ d) $f(x) = (x - 2)^2 + 2$;
e) $f(x) = (x + 1{,}5)^2 + 0{,}75$; $S(-1{,}5|0{,}75)$
f) $f(x) = (-x + 3)^2 + 19$; um 3 nach links und um 19 nach oben verschoben; $S(-3|19)$
g) $f(x) = (3x - 1{,}5)^2 - 18{,}75$; nach oben geöffnet; gestreckt mit dem Faktor 3; um 1,5 nach rechts und um 18,75 nach unten verschoben; $S(1{,}5|-18{,}75)$
h) $f(x) = -2(x - 1)^2 + 32$; nach unten geöffnet; gestreckt mit dem Faktor 2; um 1 nach rechts und um 32 nach oben verschoben; $S(1|32)$

3 a) $f(x) = \frac{1}{3}(x - 2)^2 + 1$ b) $f(x) = -2(x + 3)^2 + 4$
c) $f(x) = 2(x - 3)^2$ d) $f(x) = (x - 1)^2 + 4$
e) $f(x) = 1{,}25x^2$

4 $a = -\frac{1}{160}$, $f(x) = -\frac{1}{160}x^2$

5 Die Gleichung beschreibt den Wasserstrahl.
Nullstellen: $x_1 = 0$ und $x_2 = 10$; Scheitelpunkt $S(5|4)$

6 a) $f(x) = (x - 4)^2$; Scheitelpunkt bei $S(4|0)$; nach oben geöffnet; eine Nullstelle
b) $f(x) = -(x + 1)^2 - 2$; Scheitelpunkt bei $S(-1|-2)$; nach unten geöffnet; keine Nullstelle
c) $f(x) = 3(x + 0{,}5)^2 - 6{,}75$; Scheitelpunkt bei $S(-0{,}5/-6{,}75)$; nach oben geöffnet; zwei Nullstellen
d) $f(x) = 2(x + 2)^2 - 5$; Scheitelpunkt bei $S(-2|-5)$; nach oben geöffnet; zwei Nullstellen

7 äußerer Bogen: $f(x) = -\frac{1}{48}x^2$
innerer Bogen: $f(x) = -0{,}028\,755\,x^2$

8 a) $f(2) = 70$, also befindet sie sich in 70 m Höhe.
b) Der Scheitelpunkt liegt bei $S(4{,}5|101{,}25)$.
Nach 4,5 s ist die Kugel in einer Höhe von 101,25 m.
c) Nach 9 s trifft sie auf dem Boden auf.
d) Nach 3 s oder nach 6 s befindet sie sich in einer Höhe von 90 m.

Seite 154 Quadratische Gleichungen

1 a) $x_1 = 99$ und $x_2 = -99$ b) $x_1 = 45$ und $x_2 = -45$
c) $x_1 = 26$ und $x_2 = -26$ d) keine Lösung
e) $x_1 = 33$ und $x_2 = -33$ f) $x = 0$
g) $x_1 = 23$ und $x_2 = -23$ h) keine Lösung

2 $x \cdot 5x = 180$: Die Zahl ist 6.

3 a) Die Diagonale ist ca. 113,1 cm lang.
b) Die Seitenlänge beträgt ca. 56,6 cm.

4 a) $x_1 = 1$ und $x_2 = -9$ b) $x_1 = 8$ und $x_2 = -12$
c) $x_1 = 6$ und $x_2 = -3$ d) $x_1 = -2{,}5$ und $x_2 = -10$
e) $x_1 = 4$ und $x_2 = -5$ f) $x_1 = -8$ und $x_2 = -12$

5 a) $x_1 = 5$ und $x_2 = 3$ b) $x_1 = 5$ und $x_2 = 4$
c) $x_1 = 8$ und $x_2 = -4$ d) $x_1 = 1$ und $x_2 = -3$
e) $x_1 = 20$ und $x_2 = 0$ f) $x = 2$
g) $x_1 = \frac{4}{3}$ und $x_2 = -\frac{5}{3}$ h) $x_1 = 4$ und $x_2 = 2$

6 I: $x = y + 10$ und II: $1575\,\text{m}^2 = x \cdot y$
I in II einsetzen: $(y + 10) \cdot y = 1575$
Das Grundstück ist 45 m lang und 35 m breit.

7 I: $2a + 2b = 96\,\text{cm}$; nach Umformen folgt $a = 48\,\text{cm} - b$
II: $a \cdot b = 432\,\text{cm}^2$ I in II einsetzen
$b_1 = 36\,\text{cm} \Rightarrow a_1 = 12\,\text{cm}$ und
$b_2 = 12\,\text{cm} \Rightarrow a_2 = 36\,\text{cm}$
Das Rechteck ist 36 cm lang und 12 cm breit.

8 $(25\,\text{m} + 2x) \cdot (15\,\text{m} + 2x) = 6 \cdot 25\,\text{m} \cdot 15\,\text{m}$;
Zusammenfassen und Anweden der p-q-Formel
auf die Normalform ergibt: $x \approx 13{,}85\,\text{m}$
Länge: 52,70 m; Breite: 42,70 m

9 $2x^2 + 4 \cdot 7x = 64x = 2$
a) Seitenlänge: 2 m b) Volumen: $28\,\text{m}^3$

10 $x(x - 4) = 357 \Leftrightarrow x = 21$
Karina ist 17 und ihr Freund Tom ist 21 Jahre alt.

11 a) $a^2 + b^2 = 15^2$ mit $b = a - 3\,\text{cm}$
$a = 12\,\text{cm} \Rightarrow b = 9\,\text{cm}$
Eine Kathete ist 12 cm, die andere 9 cm lang.
b) Der Flächeninhalt beträgt $54\,\text{cm}^2$.

12 a) $2 \cdot \pi r^2 = \pi(r + 15)^2 \Leftrightarrow r \approx 36{,}21$
Der ursprüngliche Radius war 36,21 cm.
b) Der Radius wurde um ca. 41,4 % vergrößert.

13 $x^2 + (200 - x)^2 = 143^2$; $x_1 = 114{,}98$ und $x_2 = 85{,}02$
Die Wiese ist ca. 155 m lang und 85 m breit.

14 Die Brücke ist 6 m breit und 4,5 m hoch.

15 a) $f(x) = 0{,}5(x - 2)^2 + 2$: $S_f(2|2)$
$g(x) = -2(x - 1{,}5)^2 + 8{,}5$; $S_g(1{,}5|8{,}5)$
b) f: keine Nullstellen
g: $x_1 = 3{,}56$ und $x_2 = -0{,}56$
c) $f(x) = g(x)$ gilt für $x_1 = 3{,}2$ und $x_2 = 0$
Schnittpunkte: $S_1(3{,}2|2{,}72)$ und $S_2(0|4)$.

Seite 155 Zufall und Wahrscheinlichkeiten

1 a) $P(„8“) = \frac{1}{8}$
b) $P(„\text{gerade Zahl}“) = \frac{1}{2}$
c) $P(„\text{blaues Feld}“) = \frac{1}{2}$
d) $P(„\text{Zahl} < 6“) = \frac{5}{8}$
e) $P(„\text{blaues Feld mit gerader Zahl}“) = \frac{1}{8}$

2 Da die Flächen des Quaders unterschiedlich groß sind, sind die Elementarergebnisse nicht gleich wahrscheinlich.
Es ist beispielsweise wahrscheinlicher, eine „5“ zu werfen als eine „3“. Damit liegt kein Laplace-Experiment vor.

3 a) $P(„\text{Herz-Ass}“) = \frac{1}{32}$
b) $P(„\text{schwarzer Bube}“) = \frac{2}{32} = \frac{1}{16}$
c) $P(„\text{König}“) = \frac{4}{32} = \frac{1}{8}$
d) $P(„\text{7 oder 8}“) = \frac{8}{32} = \frac{1}{4}$
e) $P(„\text{Karo}“) = \frac{8}{32} = \frac{1}{4}$
f) $P(„\text{rote Karte}“) = \frac{16}{32} = \frac{1}{2}$
g) $P(„\text{Dame oder schwarze Karte}“) = \frac{18}{32} = \frac{9}{16}$
h) $P(„\text{Bube, Dame oder König}“) = \frac{12}{32} = \frac{3}{8}$
i) $P(„\text{gerade Zahl}“) = \frac{8}{32} = \frac{1}{4}$

4 ②, ③ und ④ können als zweistufige Zufallsexperimente interpretiert werden. Bei ① handelt es sich um ein einstufiges Zufallsexperiment.

5 schwarze Karte gezogen
a) $P(„\text{Hannah trifft}“) = \frac{8}{10} = 80\,\%$
$P(„\text{Katrin trifft}“) = \frac{9}{12} = \frac{3}{4} = 75\,\%$
$P(„\text{Thomas trifft}“) = \frac{4}{8} = \frac{1}{2} = 50\,\%$
$P(„\text{Michael trifft}“) = \frac{12}{15} = \frac{4}{5} = 80\,\%$
$P(„\text{Marco trifft}“) = \frac{3}{9} = \frac{1}{3} \approx 33{,}3\,\%$
b) Hannah und Michael haben das Schießen gwonnen.

6 a) $P(„\text{M}“) = \frac{1}{5}$ b) $P(„\text{A}“) = \frac{2}{5}$
c) $P(„\text{Vokal}“) = P(„\text{A oder I}“) = \frac{3}{5}$c) $P(„\text{S}“) = 0$

7 a) $\frac{1}{4} \cdot \frac{1}{4} = \frac{1}{16} = 6{,}25\,\%$
b) $\frac{1}{4} \cdot \frac{1}{4} + \frac{1}{4} \cdot \frac{3}{4} + \frac{1}{4} = \frac{7}{16} = 43{,}75\,\%$
Mit einer Wahrscheinlichkeit von 43,75 % wurde mindestens eine Aufgabe richtig beantwortet.
c) Bei zehn Antwortmöglichkeiten, von denen genau eine richtig ist, liegt die Wahrscheinlichkeit, beide Fragen durch Raten zu lösen, bei genau 1 %.

8 Die Aussagen der Schülerinnen sind mathematisch gesehen falsch. Sucht man willkürlich einen Schüler aus der Klasse aus, so liegt die Wahrscheinlichkeit dafür, dass er eine „5“ geschrieben hat, bei $\frac{4}{25} = 16\,\%$. Chantal hat als Klassenbeste sehr wahrscheinlich keine 5 geschrieben. Andererseits ist es keinesfalls sicher (d. h. die Wahrscheinlichkeit beträgt 1), dass Selina eine „5“ geschrieben hat.
Günstiger wäre der Audruck „sehr wahrscheinlich“.

Seite 156 Kreiskugel und Kegel

1 a) $V = 583{,}3\,cm^3$
b) $h \approx 8{,}7\,cm$, $V \approx 226{,}7\,cm^3$
c) $r \approx 11{,}2\,mm$, $V \approx 1309{,}0\,mm^3$
d) $h \approx 32{,}1\,m$, $V \approx 6584{,}0\,m^3$

2 a) $s \approx 17{,}7\,cm$, $A_M \approx 278{,}3\,cm^2$, $A_O \approx 356{,}9\,cm^2$, $V \approx 445{,}1\,cm^3$
b) $r = 15\,mm$, $s = 25\,mm$, $A_M \approx 1178{,}1\,mm^2$, $A_O \approx 1885{,}0\,mm^2$, $V \approx 4712{,}4\,mm^3$
c) $r \approx 11{,}2\,cm$, $A_M \approx 526{,}9\,cm^2$, $A_O \approx 919{,}6\,cm^2$, $V \approx 1309{,}0\,cm^3$
d) $r = 4\,cm$, $A_M \approx 113{,}1\,cm^2$, $A_O \approx 163{,}4\,cm^2$, $h \approx 8{,}1\,cm$, $V \approx 135{,}1\,cm^3$

3 a) $V \approx 212{,}2\,cm^3$, $A_O \approx 172{,}0\,cm^2$
b) $V \approx 1098{,}1\,dm^3$, $A_O \approx 514{,}7\,dm^2$

4

	r	h	A_M	A_O	V
a)	6	3,77	133,57	246,67	142
b)	6,91	8	100	250	400
c)	30	15	3161,17	5988,60	14137,17
d)	9,5	12,5	468,58	590	1181,37

5 a) $d \approx 30{,}3\,cm$ b) $d \approx 1{,}6\,m$
c) $d \approx 3{,}8\,cm$ d) $d \approx 11{,}6\,m$

6 Eine Kugel hat einen Durchmesser von $d = 30\,cm$.
a) Das Volumen der Kugel beträgt $14\,137{,}17\,cm^3$.
b) Einen Durchmesser von 18,9 cm.
c) Der Oberflächeninhalt der ersten Kugel beträgt $2827{,}43\,cm^2$ und der zweiten Kugel $1122{,}21\,cm^2$.

7 Das Volumen der Kugel vergrößert sich um das Achtfache.

8

	r_a	r_i	V
a)	6 cm	2 cm	$871{,}27\,cm^3$
b)	15 cm	7,5 cm	$12\,370{,}02\,cm^3$
c)	49 dm	2,4 m	$434{,}90\,m^3$
d)	45 cm	1,5 dm	$367{,}57\,dm^3$
e)	34 mm	29,23 mm	$60\,024\,mm^3$
f)	18 mm	17,79 mm	$859{,}3\,mm^3$

9 a) $A_O \approx 201{,}1\,cm^2$
b) $r \approx 2{,}8\,cm$
c) $r \approx 5{,}7\,cm$

10 $V_{Kugel} \approx 4189\,cm^3 > V_{Pyramide} \approx 333\,cm^3 > V_{Kegel} \approx 262\,cm^3$

11 $\frac{V_{Kegel}}{V_{Kugel}} = \frac{\frac{1}{3} \cdot \pi \cdot (50\,mm)^2 \cdot 100\,mm}{\frac{4}{3} \cdot \pi (1{,}5\,mm)^3} \approx 18\,518{,}5$
Vom reinen Volumen her würden maximal 18 518 Kugeln hineinpassen, durch Hohlräume sind es aber deutlich weniger Kugeln.

12 a) Die entstandene Kugel hat ein Volumen von $4188{,}79\,cm^3$.
b) Der Würfel hat ein Volumen von $8000\,cm^3$. Also weicht das Volumen der Kugel um 47,64 % von dem des Würfels ab.
c) Der Oberflächeninhalt der Kugel weicht ebenfalls um 47,64 % von dem Oberflächeninhalt des Würfels ab.

Lösungen zu „Auf dem Weg in die Berufswelt"

Seite 157 Eingangsdiagnose

Grundkenntnisse

I Grundrechenarten

1 a) 10238 b) 517 c) 322926
d) 6082 e) 166 f) 9
g) −1365

II Maße und Massen

2 a) 3 cm b) 600 m c) 7,5 kg
d) 0,035 t e) 130 min f) 25000 cm^2
g) 20000 mm^3

3 a) 1 dm^2 b) 1 cm^2

III Brüche und Dezimalbrüche

4 a) $\frac{28}{100} = 0{,}28$ b) $\frac{25}{100} = \frac{1}{4}$

5 a) $\frac{8}{9}$ b) $0{,}95 = \frac{19}{20}$ c) $\frac{1}{6}$
d) 2,84 e) 21,35 f) $\frac{1}{6}$

IV Prozentrechnung

6 a) 0,08 b) 30 % c) 80 %

7 a) $W = 56$ € b) $W = 120$ kg
c) $p\,\% = 28\,\%$ d) $G = 4000$ Schüler
e) $Z = 40$ € f) $G = 15$ €
g) $p\,\% = 5\,\%$

V Dreisatz

8 0,39 € · 3 = 2,34 € Sechs Hefte kosten 2,34 €.

9 2,25 € · 3 = 6,75 € Neun Schokoriegel kosten 6,75 €.

10 8 h : 2 = 4 h Zwei Maler benötigen 4 h.

11 $120\frac{km}{h} \cdot 4\,h : 80\frac{km}{h} = 6\,h$
Der LKW benötigt 6 h.

12 26 · 14,5 € : 25 = 15,08 €.
Bei 25 Teilnehmern zahlt jeder 15,08 €.

13 3,5 h · 4 : 5 = 2,8 h = 2 h 48 min
Fünf Pumpen benötigen 2 h 48 min.

VI Flächen- und Körperberechnungen

14 $b = 8{,}5$ cm

15 $u = 18{,}84$ cm

16 $V = 270\,cm^3$

17 $A_O = 600\,cm^2$

18 Das Volumen wird achtmal so groß.

19 Seitenlänge $a = b = c = 4$ cm; $h \approx 3{,}5$ cm; $A \approx 6{,}9\,cm^2$

VII Algebra

20 $10a + 3b$

21 $17x + 29$

22 a) $x = 7$ b) $x = 2$

23 $x + 2x = 27$; $x = 9$
Daniel ist 9 Jahre und Jens ist 18 Jahre alt.

24 $5x - 87 = 43$
$x = 26$

Verarbeitungskapazität

VIII Ergebnisse Schätzen

25 a) ① 22115 b) ② 120
c) ③ 12500 d) ④ 135000 h

IX Zahlenfolgen und Figurenreihen

26 a) 2, 5, 8, 11, **14**, **17**, **20**
b) 45, 43, 49, 47, 53, **51**, **57**, **55**
c) 2, 5, 7, 12, 19, **31**; **50**; **81**
d) 4, 12, 7, 21, 16, 48, **43**; **129**; **124**
e) 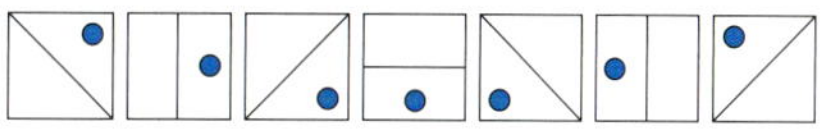

X Kopfgeometrie

27 Körper A

28 a) Zeichen A b) Zeichen D

29 a) Der Körper hat 8 Flächen.
b) Der Körper hat 16 Flächen.

Seite 159 Training

Grundkenntnisse

I Grundrechenarten

1 a) 63 280 b) 40 735
c) 6796 d) 146 859
e) 3605

2 a) 6 688 598 b) 237 059 620
c) 92 980 755 d) 756
e) 2057 f) 6501

3 a) −856 b) −1035
c) 10 730

4 a) 830 b) 3500
c) 20 d) 2700

5 a) 2626 b) 5860
c) 9282 d) 21 924
e) 599 f) −13,5

II Maße und Massen

6 a) 140 cm b) 146 dm
c) 7800 m d) 0,54 dm
e) 8,5 kg f) 2800 kg
g) 4050 g h) 120 min
i) 720 s j) 135 min

7 a) 60 min; 42 min b) 6 h 40 min

8 a) $200\,dm^2$ b) $60\,cm^2$
c) $500\,000\,m^2$ d) $50\,000\,m^2$
e) $3000\,dm^3$ f) $2{,}05\,m^3$
g) 1,28 l h) 300 l

III Brüche und Dezimalbrüche

9 a) 0,7 b) 0,47
c) 0,033 d) 0,5
e) 0,6 f) 0,48
g) 0,85 h) 3,14
i) 12,375

10 a) 2,7 b) 8,61
c) 1,3 d) 1,55
e) 54,18 f) 5,4
g) 2,68 h) 0,508
i) 3,8 j) 25,19
k) 7,3 l) 5,32
m) 36,13 n) 2

11 a) $\frac{6}{7}$ b) $\frac{2}{3}$
c) $\frac{3}{4}$ d) $\frac{3}{5}$
e) $\frac{19}{20}$ f) $\frac{23}{36}$
g) $1\frac{11}{90}$ h) $5\frac{1}{8}$
i) $\frac{1}{4}$ j) $\frac{1}{6}$
k) $\frac{1}{6}$ l) $\frac{3}{10}$
m) $2\frac{17}{24}$ n) $3\frac{2}{3}$
o) $9\frac{4}{5}$

12 a) $\frac{6}{35}$ b) $\frac{3}{10}$
c) $\frac{3}{4}$ d) $7\frac{1}{2}$
e) $8\frac{1}{8}$ f) $17\frac{1}{4}$

13 a) 2 b) $1\frac{3}{5}$
c) $\frac{14}{15}$ d) $8\frac{13}{15}$
e) $\frac{18}{25}$ f) $\frac{5}{144}$

14 a) $\frac{3}{5}$ b) $\frac{2}{3}$
c) $3\frac{3}{5}$ d) $10\frac{10}{13}$

IV Prozent

15 a) $W = 16$ kg
b) $W = 30$ m
c) $W = 3000$ Stimmen
d) $W = 180$ Schüler
e) $W = 237{,}5$ €
f) $W = 3505{,}2$ l

16 a) $p\,\% = 76\,\%$
b) $p\,\% = 32\,\%$
c) $p\,\% = 69\,\%$
d) $p\,\% = 12\,\%$
e) $p\,\% = 20\,\%$
f) $p\,\% = 37{,}5\,\%$

17 a) $G = 32$ kg
b) $G = 200$ m
c) $G = 175$ Punkte
d) $G = 800$ Schüler
e) $G = 2500$ €
f) $G = 16$ h 40 min

18 Es sind 192 Artikel nicht zu gebrauchen.

19 Ute fehlen noch 80 % des Betrags.

20 a) Die Versicherung zahlt 1530 €.
b) Er muss noch 270 € zahlen.

21 a) Der Preis wurde auf 88 % reduziert.
b) Der Preis ist um 12 % gefallen.

22 Es waren 5450 Punkte zu erreichen.

23 a) Die Mehrwertsteuer entspricht 89,30 €.
b) Die Reparatur kostet insgesamt 559,30 €.

24 Vorher mussten 617 € Miete gezahlt werden.

25 Der Mantel kostete vorher 233 €.

26 Sein Sparguthaben betrug 200 €.

27 Das Kapital bringt 135 € Zinsen.

V Dreisatz

28 a) nicht proportional, da man unterschiedlich schnell wächst.
b) antiproportional, je größer die Schrift desto weniger Zeilen passen auf eine Seite
c) proportional (soweit es keine Rabatte bei mehreren Kugeln gibt), je mehr Kugeln, desto höher der Preis
d) antiproportional, je mehr LKW, desto weniger Zeit benötigen sie
e) proportional, da jede Münze gleich viel wiegt
f) nicht proportional, da der Zuckergehalt (Anteil des Zuckers im Getränkt) nicht steigt sondern gleich bleibt
g) antiproportional, je mehr Rasenmäher mähen, desto schnelle kann eine Fläche gemäht werden
h) proportional, je länger die Seite, desto größer der Umfang
i) antiproportional, je höher die Geschwindigkeit, desto kürzer ist die Fahrt für eine gleich lange Strecke, sofern keine Pausen eingelegt werden

29 individuell verschieden; Beispiele
a) Je größer der Kreis ist, desto größer ist sein Umfang.
b) Je größer ein Eimer, desto kleiner die Anzahl der Schüttungen, um eine Badewanne zu füllen.
c) Verdoppeln sich die verkauften Karten, so verdoppeln sich auch die Einnahmen.
d) Wenn sich die Anzahl der Arbeiter halbiert, so verdoppelt sich die benötigte Zeit.

30 a) proportional
b) nicht proportional und nicht antiproportional
c) nicht proportional und nicht antiproportional
d) antiproportional
e) proportional

31 a) falsch
b) falsch
c) richtig
d) richtig

32 a)

x	1	2	3	4	5
y	6	12	18	24	30

b)

x	1	2	3	4	5
y	0,75	1,5	2,25	3	3,75

c)

x	$\frac{1}{2}$	1	$1\frac{1}{2}$	2	$2\frac{1}{2}$
y	4	8	12	16	20

33 a)

x	1	2	3	4	5
y	180	90	60	45	36

b)

x	1	2	3	4	5
y	60	30	20	15	12

c)

x	1	2	4	5	8
y	80	40	20	16	10

34 Ein kg Fleisch kostet 9,80 €.

35 Auf 100 km verbraucht der PKW 8 l.

36 Die Schrittweite der Tochter beträgt 50 cm.

37 Der andere Hausbewohner zahlt 57,50 €.

38 Ein LKW benötigt 8 h 15 min.

39 Er benötigt für die Küche 180 Kacheln.

40 Ein Taschenrechner kostet 11,49 €.

41 Für 18 Hunde reicht der Vorrat 17,5 Tage

VI Flächen- und Körperberechnungen

42 $u = 290\,\text{cm}$; $A = 4950\,\text{cm}^2$

43 Länge $b = 8\,\text{cm}$; $A = 48\,\text{cm}^2$

44 a) $A = 40\,000\,\text{m}^2$ b) $a = 200\,\text{m}$

45 a) $A = 980\,000\,\text{cm}^2$ b) Man benötigt 20000 Fliesen.

46 $u \approx 18{,}85\,\text{cm}$; $A \approx 28{,}27\,\text{cm}^2$

47 a) $V = 30\,\text{m}^3$ b) 2 m

48 a) $V \approx 197{,}9\,\text{cm}^3$ b) Der Strohhalm muss mindestens 9,3 cm lang sein. Günstig wäre z. B. eine Länge von 12 cm.

49 a) Würfel b) Würfel c) Kegel

VII Algebra

50 a) $2x + 35$ b) $6a - 14b$
c) $21x - 84$ d) $9a^2 + 9a - 70$
e) $-18x + 31$ f) $25x - 61$
g) $12x^2 - 8x - 32$

51 a) $x = 2$ b) $t = 8$
c) $y = -20$ d) $v = 12$
e) $s = 9$ f) $x = 21$

52 $7x + 5 = -37$
$x = -6$
Die Zahl heißt −6.

53 $2x + x + \frac{1}{2}x = 357$
$x = 102$
Die erste Zahl ist 204, die zweite 102 und die dritte 51.

54 $(x + 5) \cdot 2 - 16 = (x - 12) \cdot 5$
$x = 18$
Die gesuchte Zahl ist 18.

55 $x + (x + 13) = 35$;
$x = 11$
Enno ist 11 Jahre und Robert ist 24 Jahre alt.

56 a) $3x + x + (x + 26) = 86$
$x = 12$
Der Sohn ist 12 Jahre alt.
b) Der Vater ist 38 Jahre und die Mutter ist 36 Jahre alt.

57 a) $x + 2x + 5x = 200$
$x = 25$
Von jeder Sorte erhält man 25 Brettchen.
b) Es sind insgesamt 75 Brettchen.

58 $40\,m^2 = 400\,000\,cm^2$
Es sind mindestens 1000 Platten nötig.

59 a) Ein Anteil beträgt 280°
b) Person C erhält 1400°.

60 a) Der Winkel α hat eine Größe von 20°
b) Die Winkel β und γ haben jeweils eine Größe von 80°.

61 a) $x = 3,\ y = 0$ b) $x = 9,\ y = 10$
c) $x = 0,\ y = 4$ d) keine Lösung

Verarbeitungskapazität

VIII Ergebnisse schätzen

62 a) ④ 1353 b) ① 9802
c) ③ 351 526 d) ① 949

63 a) ③ 10 834 b) ① 24 500
c) ② 198 d) ③ 154 440
e) ③ 3300

64 a) $9660 \approx 10\,000$ b) $2084 \approx 2000$
c) $0{,}0108 \approx 0{,}01$ d) $22 \approx 20$
e) $17\,475 \approx 17\,000$ f) $7{,}179\,487 \approx 7$

65 a) ca. 750 km/h b) ca. 2100 €
c) ca. 85 Flaschen

IX Zahlenfolgen und Figurenreihen

66 a) 32 b) 27
c) 14 d) 22
e) 48 f) 20
g) 25 h) 45

67 a) *E* b) *B*
c) *E* d) *C*

68 a)  b)  c) 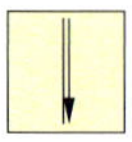

IX Kopfgeometrie

69 *C*

70 a) 5 b) 8
c) 2 d) 10

71 1 – *c*; 2 – *b*; 3 – *d*; 4 – *a*

72 ① B,
② kann B sein,
③ kann A oder C sein,
④ A, kann auch B oder C sein

73 ① B; ② A; ③ C; ④ D

Seite 167 Test

1 a) 417 343 b) 53 705
c) 7500 d) 14 261 035
e) 35 021 f) 3826
g) 34 h) 75

2 Sechs Busse reichen gerade nicht, demnach müssen sieben Busse bestellt werden

3 a) 120 mm b) 80 dm
c) 3500 m d) 0,15 km
e) 6 t f) 0,45 kg
g) 7050 kg h) 3,05 kg
i) 7,04 € j) 200 ct
k) 420 s l) 9 h
m) 3600 s n) 36 min

4 a) $\frac{8}{11}$ b) $\frac{1}{3}$
c) $\frac{7}{12}$ d) $3\frac{1}{3}$
e) $1\frac{5}{24}$ f) $1\frac{7}{8}$
g) $\frac{6}{35}$ h) $4\frac{1}{2}$
i) $\frac{1}{8}$ j) 3
k) $\frac{2}{11}$ l) 16
m) $\frac{2}{3}$ n) $1\frac{4}{11}$

5 a) 34,76 b) 3,852
c) 1,76 d) 3,087
e) 3,6975 f) 107,88
g) 5,64 h) 2,035

6 a) … 73, 77, 81
b) … 64, 61, 58
c) … 19, 38, 35
d) … 43, 55, 69
e) … 39, 31, 93
f) … 55, 89, 144

7 a) $W = 350$ €
b) $W = 54$ kg
c) $W = 756$ m
d) $p\% = 25\%$
e) $p\% = 4\%$
f) $G = 260$ t
g) $G = 250$ Stück

8 a) Die Zinsen für ein Jahr betragen 360 €.
b) Im Folgejahr betragen die Zinsen 376,2 €.

9 a) Es haben 18 600 Bürger ihre Stimme abgegeben.
b) Gegenkandidat Mittermayer erhielt etwa 31,7 % der Stimmen.

10 a) $V = 60\,000\,\text{cm}^3 = 60\,\text{l}$
b) Es befinden sich 57 l Wasser im Aquarium.

11 a) Das Feld ist 90 m lang.
b) Die Anlage bewässert etwa 77,8 % des Feldes.

12 a) Mona muss 72 ct bezahlen.
b) Sie erhält 28 ct zurück.
c) Er hat 25 Brötchen gekauft.

13 Es müssen 23 Arbeiter tätig sein.

14 a) $r = 15\,\text{cm}$
b) $A = 706{,}9\,\text{cm}^2$
c) Bei doppeltem Radius verdoppelt sich auch der Umfang, aber der Flächeninhalt vervierfacht sich.

15 Das Dreieck ist rechtwinklig, da der Satz des Pythagoras gilt, wobei a die Hypotenuse ist.

16 a) $x = 12$ b) $x = 6$ c) $x = 3$

17 I $x + y = 42$
II $x + 2y = 66$
$x = 18$, $y = 24$
Das Hotel hat 18 Einzel- und 24 Doppelzimmer.

18 $x + (x + 3) = 99$
$x = 48$
Die Mutter ist 48 Jahre alt, der Vater ist 51 Jahre alt.

19 $x + (x + 4) = 80$
$x = 38$
Die Frau ist 38 Jahre alt, der Mann ist 42 Jahre alt.

20 a) ③ 11 344
b) ② 6998
c) ② 450
d) ③ 998 994

21 a) *B*
b) *D*

22 *D*

23 a) 10
b) 8

24 b), f) und g)

Stichwortverzeichnis

Bildquellenverzeichnis

Titelbild Corbis/zefa
5 Bildagentur Huber, Garmisch-Partenkirchen
7 Cornelsen Verlagsarchiv
8 picture-alliance/OKAPIA/Oswald Eckstein
9 Cornelsen Verlagsarchiv/Heike Schulz
10/1–3 Cornelsen Verlagsarchiv/Heike Schulz
11/1 Jens Schacht
11/2 HG Mauritius images; Hanser Verlag, München
27 Corbis/Roger Ressmeyer
38 wikipedia, Tone Rosbach Jensen
45 Blickwinkel/M. Haddenhorst
48 arthur/Görner
49 ullstein bild/Imagebroker.net
50 Jens Schacht, Düsseldorf
52 Daimler Chrysler, Stuttgart
53 ullstein bild/Imagebroker.net
55 wikipedia, Johannes 1024
58/1–2 Matthias Hamel, Berlin
58/3 BRT Architekten/Alexander von Heyer, Hamburg
61 Bildagentur-online/Gerard Vandystadt
66 Fotolia.com/Felix Schollmeyer
67/1 wikipedia/GNU/Henry Mühlpferdt, Königstein Ts.
67/2 www.pozun.de
71 wikipedia
77 Jens Schacht, Düsseldorf
78/1 Getty Images/Stone/Edward Holub
78/2 picture-alliance/dpa/Frank Rumpenhorst
79/1 Wirtschaftsförderung Halle (Saale)
79/2 Getty Images
79/3 Getty Images/Image Bank
80 Getty Images/Photographers Choice/ Christopher Thomas
81 akg–images, Berlin
85 argum
87/1–11 Cornelsen Verlagsarchiv
88/1–2 Cornelsen Verlagsarchiv
89 picture–alliance/dpa/Jochen Lübke
90 Cornelsen Verlagsarchiv
93/1 Gerald Zörner, Berlin
93/2 Cornelsen Verlagsarchiv
95 Volker Döring, Hohen Neuendorf
97/1 www.donnerwetter.de/ Karsten Brandt
97/2 Cornelsen Verlagsarchiv, Peter Hartmann
102 BildArt/Volker Döring, Hohen Neuendorf
103 Wikimedia Commons/MichaelFrey (Gummibärchen)
108 let's make a deal, Los Angeles
109 DER SPIEGEL, Hamburg
111/1 Avenue Images, Hamburg
111/2 Parabel Verlag
113 pixelio.de/Gundula Kerekes
116 Cornelsen Verlagsarchiv, Peter Hartmann
117 arturimages
120 arco/Wothe
123 RMB Dieter Hauck
125 Cornelsen Verlagsarchiv
126 arturimages
127 Cornelsen Verlagsarchiv
128 Werner Wildermuth, Dachau
129 Räthgloben 1917 Verlags GmbH, Markranstädt
130 NASA.JPL.Gov.
131 Cornelsen Verlagsarchiv
132 mauritius images/Rossenbach
133/1 mauritius images/Vidler–c/o Key Photos
133/2 mauritius images/Vidler
133/3 mauritius images/Phototake
134 Cornelsen Verlagsarchiv
135/1 Creativ Studis Hermann/Westend 61
135/2 Alexander Grobe, Berlin
136/1 Tropical Island/Pressebild
136/2 Helga Lade Fotoagentur, Frankfurt am Main
136/3 NASA. Alexander Chernov
139 picture-alliance/dpa/Wissen Media Verlag
140/1 wikipedia/GNU/Thomas
140/2 wikipedia/GNU/Björn Sörensen
140/3 akg–images
140/4 Bioshere 2 Oracle/Werkfoto, AZ (USA)
140/5 Daimler Pressefoto
140/6 Bridgemann Art Library, Berlin/London
141 Wikipedia/CC/alchimist-hp
142 Meiwa Springbrunnenbau, Extertal
143/1 Jens Schacht, Düsseldorf
143/2 NASA/JPL/Gov.
143/3 www.goldundsilberkontor.com
144/1 Jürgen J. Kiefer, Schlingen
144/2 Wimbledon/Pressebild Ltd.
147 www.sportunterricht.de
148 ullstein bild/Pressefoto Ulmer
150/o.r. Cornelsen Verlagsarchiv
150/u.l. ullstein bild/Imagebroker.net
150/m. W.M. Weber/TV–yesterday
150/u.r. Cornelsen Verlagsarchiv, Peter Hartmann
153 Herbert Strohmayer, Aachen
155 Cornelsen Verlagsarchiv/Heike Schulz
157 Jens Schacht
158 commons.wikimedia/ MichaelFrey

Trotz intensiver Bemühungen konnten möglicherweise nicht alle Rechteinhaber ausfindig gemacht werden. Bei begründeten Ansprüchen wenden sich Rechteinhaber bitte an den Verlag.

Wie zufällig sind Zufallszahlen?

Zufallszahlen werden häufig verwendet, um Zufallsexperimente zu simulieren.
Sie können mit Taschenrechnern oder Computerprogrammen erzeugt werden.
Mit verschiedenen Verfahren kann die Qualität einer Reihe von Zufallszahlen geprüft werden.

BEISPIEL für Zufallszahlen
51531 36829 25972 74690 73597 93085 15038 27164 44553 78648 12667 66853 44268
99232 06045 38292 32528 75703 11634 50933 77271 45326 40170 44945 34842 10461

Häufigkeitsanalyse

Der Anteil jeder Ziffer von 0 bis 9 sollte etwa $\frac{1}{10}$ betragen, da es zehn Ziffern gibt und sie etwa gleich verteilt sein sollten.

BEISPIEL
Die Anzahl der einzelnen Ziffern in der oben angegebenen Zahlenreihe wird ermittelt. Der Anteil wird berechnet, indem die Anzahl der Ziffern durch die Gesamtanzahl (130) geteilt wird.

Ziffer	0	1	2	3	4	5	6	7	8	9
absolute Häufigkeit	10	11	15	16	17	15	13	13	10	10
relative Häufigkeit	0,077	0,085	0,115	0,123	0,131	0,115	0,1	0,1	0,077	0,077
Erwartungswert	0,1	0,1	0,1	0,1	0,1	0,1	0,1	0,1	0,1	0,1

Pokertest

Zufallszahlen sollen gut durchmischt sein. Das kann man mit dem Pokertest überprüfen. Beim Kartenspiel Poker gibt es Muster, in denen die Spielkarten abgelegt werden können: ein Paar (zum Beispiel zwei Neuner), Dreier (zum Beispiel drei Zehner) oder Full House (zum Beispiel zwei Asse und drei Buben). Wie häufig die Muster auftreten, ist bekannt. Diese Häufigkeiten sollen auch bei Zufallszahlen vorliegen. Zur Überprüfung werden die Zufallszahlen in Fünfergruppen zerlegt und die relative Häufigkeit der Muster mit dem Erwartungswert vom Poker verglichen.
Die Ziffern, die ein Muster bilden, müssen nicht nebeneinander stehen.

BEISPIEL
Die oben angegebene Zahlenreihe wird auf Muster, die aus dem Pokerspiel bekannt sind, untersucht.

Muster	ein Paar	zwei Paare	Dreier	Full House	Vierer
absolute Häufigkeit	15	3	2	0	0
relative Häufigkeit	0,577	0,115	0,077	0	0
Erwartungswert	0,504	0,108	0,072	0,009	0,005